戦争の新しい10のルール

慢性的無秩序の時代に勝利をつかむ方法

ショーン・マクフェイト　川村幸城 訳

The New Rules of War

VICTORY IN THE AGE OF DURABLE DISORDER

SEAN McFATE

中央公論新社

戦争の新しい10のルール——慢性的無秩序の時代に勝利をつかむ方法　目次

戦争の新しい10のルール——慢性的無秩序の時代に勝利をつかむ方法

百戦百勝は善の善なる者に非ざるなり。戦わずして人の兵を屈するは善の善なる者なり。

——孫子

『孫子』町田三郎訳（中公文庫、二〇〇一年）、二〇頁。

前言

唯一の目標は相手を倒すことのみ。そのような敵と対峙することは、非常に骨の折れることだ。敵の目標が、いかなる犠牲を払ってでもひたすら混沌をもたらすことであれば、その戦いはきわめて絶望的なものに感じられる。

二〇〇三年、私は統合特殊作戦軍（ＪＳＯＣ）を指揮するためイラクに着任したとき、戦争の性質の変化を目の当たりにした。イラクのアルカーイダ（ＡＱＩ）は自動車爆弾や熱狂的な自爆テロにより、歴史上の他のテロ集団と比較して、数多くの民間のターゲットを攻撃した。これまで神聖視されてきた空間――モスク、野外市場、巡礼者保護地区――が突如、ＡＱＩの攻撃リストの筆頭に掲げられた。

アブ・ムサブ・アル・ザルカウィは、これまでの伝統的ルールや構造を一切無視しようとする、彼の決意が反映された全く新しい戦い方を用いて我々を打倒しようとしている。ＡＱＩは計画的というよりも有機的な変貌を遂げながら、外部から拘束されず自主的に活動している。拡大を遂げるアルカーイダなど、他のテロ組織は、厳格な方針と手続きに従って運営されているように見えるが、ＡＱＩにはそのような拘束がないため、着実に成果をあげていた。ザルカウィは方法や犠牲にとらわれることなく、イラクに無政府状態の大混乱を引き起こそうとしていた。

ＡＱＩは無政府状態に陥ったイラクで、彼らの事業に必要な供給品を必死に探す必要はなかった。実際、イラク人の怒りがグループの活動資源を育んだと言ってもよかった。イラク軍とバース党を解体する決定を行ったことで、アメリカは期せずして反乱勢力の巨大センターを作り出してしまったのだ。怒り狂う失業したイラク人の集団、地域にふんだんに流入する兵器類、不道徳だが誘拐した身代金による収入など、ザルカウィと彼の一味は成功に必要とされるほぼすべてを手中に収めた。

〔AQIが成功した〕最後の要因は、情報テクノロジー（IT）を用いて有利な状況を作り出すAQIの技能だ。ジハード主義者らは、イラク国境を越えた遠隔地からAQIの活動に賛同を寄せ、彼らの運動に貢献した。最も重要なことは、ITにより暴力のペースと意義付けをコントロールできたことである。各ノードを速いペースで接続できたおかげで、ITはAQIの広域ネットワーク化を促進し、この組織を実態よりも大きく見せ、急速に成長を遂げているかのような印象を与えた。

AQIは新しい戦争のルールを採用したが、はじめから私は、JSOCが非通常戦的な手法に適応できると確信していた。この戦術的柔軟性は、私見だが、我々が最も得意とする専門分野のはずだった。そうした敵との戦争において、私の部隊はほとんどすべての銃撃戦で勝利した。我々は十分に武装され、管理され、訓練を積んでいた。

ところが、我々の戦術的成功は兵士ばかりか政策決定者に対して、我々の戦略はうまくいっているという誤った印象を与えてしまった。実際、我々は個別の任務を実行していただけであり、その任務は敵に対して物理的な効果をあげていたかもしれないが、国家戦略とか戦いの最終局面とは何らつながっていなかったのである。我々は一度に一つの作戦だけを遂行し、その成功を祝っていたが、我々が与えたインパクトを正しく評価する尺度を欠いていた。ベテラン軍人が戦地の経験を積み上げるにつれて陥りがちなことだが、我々がAQIが復元力を備えるにいたった条件を突き止める十分な努力をしてこなかったことに私は気づいた。

我々を取り巻く状況を仔細に検討するほど、その解決策は――それがいかに驚くものであっても――明らかだった。つまり、過去に無敵を誇ったJSOCの強み――組織構成、装備、ドクトリン、文化――こそ、我々を拘束していたものだったのだ。我々は自分たちが作った檻の中で身動きがとれなくなっていた。自分たちは戦術的に柔軟であると信じているけれども、我々の行動や、国家の広範な戦略ははたして妥当なものであるのか、我々は疑問を抱くことをやめてしまっていた。未知の領域の中で、チームと私は戦争努力におけるＪＳＯＣの役割と、アメリカの対外政策における地位をもう一度考え直してみた。

イラクでの我々の体験は、ＪＳＯＣのみならず欧米世界全体に特有の、より大きな問題を浮き彫りにした――我々の文化は、指導者たちに戦略と適応性の関連を考慮に入れることを促さない。その理由の一端は、我々の信じがたいほどの特権意識である。ＡＱＩは、ひたすら生き延びるために自らの戦略を常に軌道修正している。アメリカは、テロやトラウマに単独で立ち向かいながら、世界的な超大国に留まり続けている。我々はあまりにも長きにわたり、世界に向けて我々のルールに従って行動するよう期待してきた。その間、もしルールが現実にそぐわなくなった場合に何が起こるのか、我々は自問自答してこなかった。

逆説的だが、アメリカはいかなる場面であれ、戦略的適応性を恐れているように見える。政策が失敗するまでは、それを変更するべきではないという考えに固執し、状況の改善に向けて何ができるかを自らに問いかけようとしない。現状維持を貫くことは短期的には容易な行動方針であるけれども、それは危険でもある。

世界はいまや、従来にも増して急激に変化しており、当然、新たなスタイルのリーダーシップがこれまで以上に重要性を帯びる。我々はもはや、すぐに信条を変える偶像破壊者や規則や慣例のみに従う管理者のみに任せておくことはできない――既成の枠にとらわれない独創的かつ秩序だった思考を採り入れなければならない。この種のハイブリッド型のリーダーシップは、戦闘における成功のみならず、他の世界でも必要とされるだろう。

指導者は危機が起こるのを待つのではなく、それが起きないように予防しなければならない。我々がイラクで学んだように、目の前の短期的な確実性のために長期的な戦略を犠牲にすることは浅はかであるし、持続するはずもない。我々は崖っ縁に立たされていたが、JSOCは自己変革が必要であると認識する以前に、数多くの敵の襲撃を耐え抜くことができたことは我々にとって幸運だった。幸運ではなかった組織もある。アマゾン社の急成長への対応に後れを取った多くのビジネス例を見てほしい。しかし、問題は依然として残っている。変革を不安視する世界において、我々はいかにして戦略的適応性を実現する指導者を作れるのか？

まずはじめのステップは、我々がイラクで経験し、本書でショーン・マクフェイトが専門的に論じているように、我々の文化に根付いた問題を見抜くことだ。マクフェイトが適切に指摘しているように、軍事指導者は新しい紛争スタイルに遭遇したら、順応性と大局的思考を組み合わせて対処しなければならない。そうして我々は「昨日の戦争ルールに従っても、今日の（もしくは明日の）成功につながらない」――これを理解してのみ人命を救える――という事実を受け容れなければならない。我々は「戦争の新しいルール」がもたらす影響への取り組みを開始しなければならないのだ。さもなければ、我々はみな完全に後れを取ってしまうだろう。

――スタンリー・マクリスタル退役大将

著者によるメモ

参考文献や資料源に関する詳細な情報について関心のある読者は、巻末に収録した註と推薦図書目録をご覧いただきたい。

戦略の退化

なぜアメリカは戦争に勝てなくなってしまったのか。

Dデイ前日の一九四四年六月五日、イギリス南部においてジョージ・S・パットン将軍は急ごしらえの台上に大股で立ち、数千人のアメリカ兵に向かって演説した。「アメリカ人はいつの時代も勝者の役を演じてきた」とパットンは言った。「だからこそ、アメリカ人が戦争に敗北することは決してなかったし、これからも敗北することはない。敗北という発想そのものが、アメリカ人には馴染みのないものである」[*1]。

それ以来、アメリカ軍は敗北しか経験していない。朝鮮半島では今も膠着状態が続いている。ヴェトナムは共産主義者の手に渡った。イラクとアフガニスタンでの戦争も失敗している。ISISはイラクの広大な領域を荒らし、イランはバグダッドに触手を伸ばしている。タリバーンは、地方政府が統治するよりも広大なアフガニスタン領を支配している。一九四五年以降の戦争は、戦地では何ら解決することもできずに、ただアメリカ人の血を犠牲にし、数兆ドルの税金を浪費し、国家の名誉にダメージを与えてきた。

我々は負け続きなのだ。国民も心配している。失敗を認めようとしない人たちの信念は、もしかすると勝利についての誤った考えに基づいているのかもしれない。勝利とは、誰がより多くの敵を殺害し、より多くの領土を獲得したかに関するものではない。そのような要因は関係ない。重要なことは「戦争が終結したとき、どこにいるか」ということだけである。つまり、当初に設定した目的を達成したか。もし答えがノーなら、勝利を宣言することはできないことになる。ある人は失敗を正当化したり、目的を修正して失敗を取り繕おうとするかもしれない。しかし、歴史を欺くことはできない。最後にアメリカが紛争で決定的に勝利した時代は、電子機器は真空管を使っていた。

この問題は民主党と共和党の対立といった次元を超えた、むしろアメリカ全体の問題である。両党から出た大統領はいずれも、勝てない戦争に私たちを引きずり込み、あるいは約束したにもかかわらず、戦争から私たちを救い出すことに失敗してきた。しかし、すべての責任をホワイトハウスに押し付けてはならない――トルーマン政権以来、議会はずっとAWOL《職務放棄》のままだった。朝鮮、ヴェトナム、グレナダ、パナマ、ソマリア、バルカン半島、イラク（二回）、アフガニスタン、そしてシリアで武力紛争を戦ってきたにもかかわらず、議会が正式に宣戦を布告したのは第二次世界大戦が最後だった。アメリカの兵士たちは一体、何のために命を落としたのか。一人の元部隊指揮官として、私はそれを知りたい。それは私一人だけではないはずだ。

これはアメリカだけで起きている問題ではない。過去七〇年間にわたり、憂慮すべきトレンドが立ち現れつつある。それは、欧米が戦争に勝利する方法を忘れてしまったということだ。このことは明白であるのに、反響を恐れて誰も語ろうとしない。イギリスや他の西欧諸国は第二次世界大戦以降、インドシナにおけるフランス、アフガニスタンにおけるNATOなど、数多くの紛争を戦ってきた。欧米諸国はいたる所で泥沼にはまっている。国連の平和維持任務は改善の兆しが見えない。現代戦で唯一変わらぬことは、世界最強の軍隊が弱者の敵に敗れるということが、今や、当たり前になったということである。

欧米は最高の兵器、訓練、テクノロジー、装備、資源を有している――そうであるなら、何が問題なのか。

ある専門家は、他を圧倒するテクノロジーや数十億ドルの予算を投入して、自分たちの中核となる軍事力をさらに強化すべきだと考える。しかし、我々は数十年かけてそれに取り組み、何も改善しなかった。こうした解決策は、瘋癲《ふうてん》の古典的定義――同じことを何度も何度も繰り返しながら、違った結果を待ち望むこと——の代表例だ。第二次世界大戦以降、十分な物資もなく訓練も施されていない原始的兵器で武装したローテクの民兵が、巨大な軍隊を日常的に打ち負かしている。フランスはアルジェリアとインドシナで、イギリスはパレスチナとキプロスで、ソヴィエト連邦はアフガニスタンで、イスラエルはレバノンで、そしてアメリカはヴェトナム、ソマリア、イラク、アフガニスタンで敗れた。将来も同じ方法で戦争を遂行することは、問題の解決とはならない。

他の専門家は、現実から目を背けている。一部の人々は、例えばアフガニスタンを引き合いに出し、我々は勝利した、あるいは少なくとも負けてはいないと、いまだに信じている。彼らは孤立している。ピュー・リサーチセンター〔アメリカの世論調査機関〕が二〇一八年に行った複数の世論調査から、アメリカ人の半数以上が、イラクとアフガニスタンでの戦争は「ほとんど失敗」(mostly failed)と考えていることがわかった。[*2] イギリスの世論調査からも同じように悲観的結論が確認されている。[*3] ジョン・マケイン上院議員でさえ、イラク戦争は開戦する時もエスカレートする時も非常に困難な戦いであったが、「過ち以外の何物でもなかったと判断せざるを得ない。それはきわめて深刻な過ちであり、私もその責任の一端を受け入れねばならない」[*4]と敗北を認めた。

武力紛争を解決するため、国連や国際法の役割に期待をかける者もいる。しかし、これは夢想家のやることだ。彼らは戦争をあるがままの現実ではなく、「そうあって欲しいもの」と考えている。国連はルワンダやダルフールで起きた集団虐殺《ジェノサイド》を防ぐのに何もできなかった。ロシアによるクリミアの強奪に対抗することも、中東での数十年にわたる殺戮を減らすこともできなかった。そんな夢想家たちが好んで使う兵器は、「語気を強めた覚書」だ。その中には多くのことが書かれてある。武力紛争法も魅力的だが、効力を欠く。戦争法規とは驚くべきフィクションであると退役軍人はみな語るだろう。こうした「法」[*5]は名ばかりの存在である。誰も戦闘を法制化することも規制することもできない。そうした試みは尊大でさえある。戦争に対する慈悲深い解決策は、さらに多くの人々を殺戮に追いやるだけだ。

「戦争は複雑すぎて理解などできない。そんな試みをする必要はない」と言いながら、苛立ちのあまり、もうお手上げだと諦めてしまう者もいる。これは腰抜けの言い訳であり、彼らは間違っている。彼らの多くは対外政策の専門家で、優れた戦略を案出することを試行錯誤してきたが、それを諦めてしまっている。この専門家たちはかつて、サッダーム・フセインは大量破壊兵器を保有していると主張し、また、イラクとアフガニスタンの戦争は迅速かつ安上がりに勝利できると私たちに断言した。そんなことは現実には起こらず、次に彼らは勝利するには国家建設が必要であると語った。そして、対反乱戦略がすべてを元通りにすると約束した。そうならないことがわかると、今度は兵力の「増派」が二つの戦争を救うだろうということになった。それも失敗に終わった今、イラクとアフガニスタンの情勢はアメリカ軍が到着する以前よりも悪化している。

専門家は「戦争は不可知だ」と言いながら立ち去った。しかし、戦争は彼らにのみ不可知なのだ。彼らは、戦争の「ルール」は存在しないと主張するだろうが、彼らを信じてはいけない。私はいつも、武力紛争は決して理解されないとする無知の態度に驚かされる。真実はと言うと、人類は古代中国の孫子から一九世紀欧州のカール・フォン・クラウゼヴィッツに至るまで、数千年にわたって戦争研究に取り組んできた。我々は今日においてもいまだ、そうした戦争の達人たちの著作を読んでいる。彼らは私たちに、戦争は知ることができるものであり、「いかに勝利するか」をめぐる時代を超えた不朽のアイディアがあることを示している。そうしたアイディア、原理、ルール——それは意味論である——を彼らから聞き出してみるとよい。人は独自のアイディアを持たないとき、意味論を論じることを好むものだ。

それではなぜ、欧米は戦争に負け続けているのだろうか。しかも、はるかに劣る敵に対して、なぜそうなのか。問題は兵力や資源——欧米は最高のものを持っている——ではない。みなそう思っている。問題なのは我々の戦略である。我々自身の戦略的無能さゆえに、我々は負けているのだ。

　今日、我々の最も深刻な問題の一つは、我々が戦争とは何かを知らないことであり、もし戦争を理解していなければ、そもそも戦争に勝利することはできない。フランスの歴史家マルク・ブロック〔アナール学派の創始者〕は一九四〇年にドイツの電撃戦がフランス軍を粉砕するのを目の当たりにし、「私たちの指導者は……新しい戦争という視点から考えることができなかった……（指導者たちの）精神状態はあまりに順応性を欠いていた」[*6]と嘆いた。

　今日でも、精神状態は順応性を欠いている。欧米の軍隊は「通常戦」（conventional war）戦略と呼ばれているもののパラダイムに縛られている。「通常戦」戦略とは第二次世界大戦をモデルとしているのだが、今やそれは「敵に弾丸を食らわせ、それでも敵が倒れなければ、本国に撤退する」というものに退化してしまっている。より多くの敵部隊を殺戮し、多くの領土を獲得した方が勝者となる。これが勝利だ。しかし現実には、それはタイタニック号の乗船チケットだ。これでは常に失敗するだろう。なぜなら、敵も〔勝敗を決める〕投票権を持ち、今となっては「通常戦」を戦う者はいないからだ――我々を除いて。

　欧米は戦略的退化[*7]に苛まれ、負け続けている。我々は栄光の時代であった一九四五年のような通常戦を戦うことを欲しながら、なぜ戦争に勝利できなくなったのか不思議でならない。戦争はどんどん先へ進化しており、我々の敵はその進化に追随している。しかし、我々は往年の幻想から抜け出せないでいる。それゆえ、我々は失敗続きなのだ。我々は、他の種類の戦争、とりわけ今日の混乱した終わりの見えない戦争の戦い方を知らない。専門家たちは将来と向き合うよりも過去を振り返り、現代のより高度なテクノロジーを使ったロボット戦争や、第二次世界大戦と似た中国との壮大な空と海の戦いを想像している。

　知っていることは一度忘れてしまおう――将来の戦争は過去の戦争とまったく異なるのだ。仮にアメリカと中国のように、大国間の主要な紛争が起きたら、なぜ人はいつも、その戦争が通常戦のように戦われると仮定するのだろうか。そうはならない。通常戦は死んだのだ。伝統的なマインドセットから抜け出せない人は、手遅れになるまで、おそらく将来の紛争を戦争であると認識することさえしないだろう。

「戦争」（war）は「戦争の仕方」（warfare）よりも多くの意味を持ち、「戦争の仕方」は殺戮（killing）よりも多くの意味を持つ。これを理解することが戦勝獲得への鍵となる。現代の紛争は新しいルールに支配されている。そのルールを我々の敵は把握しているが、我々はいまだに把握できていない。やがて敵は我々より優位を占め、我々は大敗北を喫するだろう。古代ローマ帝国は、紀元四一〇年に西ゴート族によって略奪されるまで、自分たちは難攻不落であると思い込んでいた。現代の欧米世界も同様である。永遠に続くものはなく、蛮族は門のそばまで近づいている。無敗の軍隊でも、戦争に敗れることはあるのだ。

敗北は、アメリカ人すべてにとってそうであるように、私にも受け容れられない。退役軍人として、私たちの指導者の低い戦略的ＩＱのせいで、戦闘で友人が殺されるのを目の当たりにすることは耐えられない。納税者として私は、政府が海外で数兆ドルを無駄にし、現地の情勢を悪化させていることを忌々しく思う。一人のアメリカ人として、力の劣る敵によって私たちの国家の名誉が汚されることに反感を覚える。これは過去の世代が犠牲を払ったものとは異なる。アメリカにはもっと崇高な価値があるはずだ。世界にも。

「戦争の新しいルール」は欧米の戦略的退化を矯正する手助けになるだろう。あるルールは古代のもので、別のルールは新しいものだ。そして、どれも効果がある。これらのルールに従えば、勝利を得られる。将来の戦争に勝つ方法を知っていると主張する人々は大方間違っている。本書は違う。学問と現実世界の経験に裏付けられた本書は、過去七〇年間に存在し、次の七〇年間に続くトレンドを見分けている。本書の記述は未来のことばかり描写しているように思われるだろうが、それは私たちがあまりに過去の出来事――少なくとも戦争については――にとらわれ過ぎてきたからに他ならない。

戦争は人類にとって普遍的事象の一つである。私たちがいかに啓蒙されようと、互いの殺し合いに時間を使い続けるだろう。したがって、今日の若い世代が戦争を経験することは避けられないのだ。問題は、それが「いつか」ということだけだ。将来、ある紛争は地域的なもので、別の紛争は私たちすべてに影響を及ぼすものとなろう。あるものは小規模で、別のものは大規模である。だが、どれもみな戦慄すべきものとなろう。

良い知らせは、我々はまだ勝てるということだ。戦争は知ることができる。勝利の半分は、戦争というものが何であるかを知ることから始まる。悪い知らせは、我々が勝ち方を忘れてしまったことだ。欧米の戦略思想は時代遅れとなり、私たちの安全を守ることができなくなっている。今日の最大の脅威はテロリスト、ならず者国家、そしてロシアや中国のような現状変更勢力であると多くの人が考えている。これらの敵はたしかに悪いが、最も悪いわけではない。通常戦タイプの戦略は、ある時期におけるただ一つの国や集団を視野に収めることはできるけれども、より重要な問題はシステム的なものだ。世界中の紛争の火種は、混沌による脅威によってもたらされている。我々は生き残りたいなら、無秩序（disorder）の時代にあって勝利する術を学ばねばならない。

慢性的無秩序

二一世紀は永続的カオスに包まれた世界にはまり込んでおり、それを抑え込む方法はない。これまでの試みは失敗に終わり、紛争が私たちの時代を特徴づけるモチーフとなっている。人々は直観的にこのことに気づいており、そこにはいくつかの注目すべき事実がある。

武力紛争の発生件数は第二次世界大戦以降、倍増し、ある研究が示しているように、冷戦期のアメリカ人の方が今日よりもずっと安全だった。[*8] 世界一九四カ国のうち、約半数の国々が何らかの戦争を現在経験している。「平和的解決」とか「政治的解決」というフレーズは、今では実体のないものとなった。ある研究結果から、和平合意の五〇パーセントが五年以内で破綻しており、スリランカの「タミルの虎」やグロズヌイのチェチェン人のように、紛争当事者の一方が完全に殲滅されない限り、戦争は終結しないようになっていることが[*9]明らかにされている。その代わり、現代の紛争は明白な勝者、敗者の区別なく、慢性的にくすぶり続けている。

スンニ派とシーア派のムスリムのように古くから続く亀裂が再燃し、地域全体を不安定にしている。国連平和維持活動は破綻しているが、そもそも「維持すべき平和」が存在していない。一か八かの交渉、超大国の介入、トラックⅡ外交、戦略的非暴力、国家建設、民衆の心を勝ち取ることなど、どれを取っても機能しそうにないものばかりだ。すべてが失敗している。紛争はトリブル〔アメリカの人気番組『スタートレック』第四二話に登場する生命体〕のように増殖し、国際コミュニティはそれを防ぐのに無力であることを露呈している。

この拡散する無秩序化は、私が「慢性的無秩序」（durable disorder）と呼ぶ新しいグローバルシステムの到来を示している。それは問題を解決するのではなく包み込んでいる。この状態は来るべき時代を規定するだろう。世界はアナーキー〔無政府状態〕に向かうのではなく、私たちが知るルールに基づく秩序（rules-based order）が崩壊し、もっと生々しい野蛮な世界に取って代わられるだろう。無秩序は中東とアフリカを覆い、アジアとラテンアメリカの相当部分に広がり、欧州に迫りつつある。やがてそれは北アメリカに到達するかもしれない。

「慢性的無秩序」の決定的な特徴は、いつ果てるとも知れぬ武力紛争が継続することであり、それは私たちが経験したことのないものだ。私たちは、現代と将来の戦争に関する厄介な問題を問いかけ――そして答え――なければならない。つまり、誰が戦うのか、なぜ戦うのか？　いかに戦うのか？　いかにして我々は勝利できるのか？

今後数十年、私たちは「国家の関与しない戦争」（wars without states）を目の当たりにするだろう。そして国家はより強力なグローバル・アクターに乗っ取られる戦利品となるだろう。すでにそうなっている国もあるが、多くの国民国家は名ばかりの存在になる。戦争はたいてい隠密な手段によって目立たない形で戦われ、情報時代においては火力よりも「武力紛争への関与を否認できるもっともらしい根拠」（plausible deniability）の方が有効であることが証明されるだろう。

伝統的戦闘というものがあるとすれば、それは決定的な役割を果たさない。勝利の方法は変化し、勝利は戦場ではなく、どこか別の場所で達成されるだろう。紛争は始まりも終わりもなく「永遠の戦争《フォーエバー・ウォー》」の中ですり潰される。「戦争」や「平和」という用語は無意味となる。戦争法規は記憶から消え失せるだろう。国連も同じように紛争に対して無力をさらけだすだろう。仮に国連は存続しても、単なるレターヘッド〔便せんの上部に印刷された社名やロゴマーク〕のようなものになってしまうだろう。

また、傭兵が復活するだろう。それはＡＫ‐47を肩に吊るした傭兵ではなく、ドローンのガンシップを飛ばしたり、特殊作戦部隊チームを競売にかける傭兵である。ある者は国を乗っ取り、王として君臨するかもしれない。戦争の民営化は戦い方を根本から変え、伝統的な戦略家たちには理解不能な現実となる。それは国際関係を歪める。大富豪が軍隊をレンタルできるようになれば、彼らは新しいタイプのスーパーパワーとなり、国家や「ルールに基づく秩序」に対抗する力を持つ。各界の億万長者がするように、巨大石油会社は私的軍隊を持つだろう。実際、これはすでに起きている。麻薬密売組織のボスは私的な武装組織を保有し、国家を乗っ取り、ゾンビのような「麻薬国家」に変えている。

最も効果的な兵器は弾丸を撃たないだろう。情報、難民、イデオロギー、そして時間といったノンキネティックな〔弾丸やミサイルなど運動エネルギーを利用した兵器と異なる非物理的な〕要素が兵器として使用される。巨大軍隊や超絶テクノロジーは無能振りをさらけ出す。核兵器は大きな爆弾（big bomb）と見なされ、限定核戦争は一部で許容されるだろう。核のタブーが永久に続くとは想定できないのだ。

他の国はすでに新しい環境下で戦っており、勝利を収めている。ロシア、中国、イラン、テロ組織、麻薬カルテルは勝利に向けて「慢性的無秩序」を利用しており、欧米の戦略的退化によって勢いづいている。これらの敵は欧米と比べはるかに少ない資源しか持っていないが、戦争では効率よく戦っている。

なぜか？　それは、我々がいまだ認識できていない新しいルールに従って、彼らがプレーしているからに他ならない。

我々は危険なまでに準備ができていない。戦争が進化し続けているのに、アメリカや他の西欧諸国はそれに追いついていないのだ。欧米は将来が過去と同じようになると仮定し、伝統的戦略が来るべき数十年間においても機能すると思い込んでいる。この愚行が続けば、我々は最終的に試練を受け、敗北を喫するだろう。しかし、我々は今すぐに行動を起こせば、その危機を避けることができる。

「戦争の新しいルール」は通常戦の戦士たちの頭を吹き飛ばしてしまうだろうが、それは予測済みだ。新しいルールは「そうあって欲しい」と誰かが望んだものではなく、現実にあるがままの戦争の本質を捉えており、有効である。これらのルールに従ってこそ、我々は「慢性的無秩序」の時代にあって優位に立てる。もしそれに従わなければ、通常戦通りに戦わないテロリスト、ならず者国家や他のアクターが新しい世界の継承者になるだろう。

なぜ、我々は戦争を見誤ったのか？

『不思議の国のアリス』は戦略的退化を理解する上で最高の案内書である。その中から一つの教えを挙げると、「どこに向かっているのか、あなたにはわからなくても、道が目的地まであなたを導いてくれる」というものがある。チェシャ猫がアリスにこう告げたとき、あたかも今日の軍事作戦について論じているかのように感じられる。現実を直視しよう。我々は負けているのだ。なぜ私たちは数十年間も戦争をそのように間違って認識してきたのだろうか？　そうした誤った考えはどこからもたらされたのか？

戦争の未来学者。それは未来の戦争シナリオを思い描く人たちを指す。彼らが描く明日の架空の戦闘で私たちの頭は一杯に満たされ、今日の戦略的判断を誘導する。彼らが頭に描いたことが「我々を殺しにくるものは何か、いかに応戦すべきか」をめぐるワシントンの世界観を形成する。いうなれば、彼らのアイディアが戦争と平和に関する私たちの現在の概念を形成しているのだ。問題は、彼らが――いつも――間違っている、ということである。傑出した戦争研究者であるローレンス・フリードマンは、近代史を振り返り、未来の戦争に関する予測はほとんどいつも間違っていたことを見出した。*1

戦争の未来学者は「その時が来る前に、敢えて愚かなことをするな」という首都ワシントンの諺《ことわざ》を具現化している。未来学者には〔未来がなぜそうなるのかに関する〕説明責任はなく、これまでずっと「マジック・エイト・ボール」〔一九五〇年代以降アメリカで流行した占いの玩具〕によって出し抜かれてきた。それにもかかわらず、ワシントンはずっと彼らの主張に耳を傾け、それが軍事費や軍事戦略に影響を与えてきた。軍は次なる戦争の準備に数十億ドルを投じているが、軍は何を購入すべきなのだろうか？　それはすべて将来の戦争のヴィジヨンをどう描くかに依存し、航空母艦が一隻あたり一三〇億ドル（艦載機や乗組員を除いて）することを考えれば重大な問題である。将来、何隻の航空母艦が必要とされるのだろうか？　一隻か、一〇隻か、それ以上か？　いかなる戦略が航空母艦の存続を可能にし、あるいは退役を促すのだろうか？　私たちが購入していないものの中で、航空母艦の代わりに必要になるかもしれないものとは何だろうか？　賢明な選択をしなければならない。なぜなら、人々の命がかかっているのだから。もし選択を誤れば、国家は滅亡するかもしれないのだ。

軍事計画という大建造物は、未来学者の想像の上に築かれている。であれば、彼らが未来の戦争を誤って認識すれば――彼らは十中八九いつも誤っている――そこから派生するものすべてがうまくいかない。これを数十年間にわたって続けてきたため、国家は戦争に勝利することをやめてしまっている。その中の一部の国は、実際に撃破されている。このトレンドを逆転させるため、私たちはこうしたペテン師から脱却しなければならない。彼らは私たちを欺き、戦略的退化を助長している。彼ら〔の影響力〕を取り除くため「彼らが何者であるか、彼らは何を語っているのか」を知る必要がある。それを知って、あなたは驚くにちがいない。

偽りの予言者

影響力を持つ戦争の未来学者とはどのような人たちだろうか。軍の将軍、インテリジェンス分析官、大学教授、シンクタンクの研究者などの名が思想的指導者として挙げられるだろう。しかし、これら一人一人は、ポップカルチャーの担い手たちのイマジネーションに触発されている。つまり、欧米世界で最も影響力を持つ戦争の未来学者とは、芸術家、小説家、映画製作者であり、彼らのヴィジョンは私たちにひらめきを与える。しかし、彼らは私たちを惑わしている。良い映画を製作することが有効な戦略を作ることにはならないし、その逆も然りである。それにもかかわらず、未来の戦争に関するワシントンのヴィジョンは、ハリウッドの映画セットから抜け出してきたようなものばかりだ。

戦争の未来学者は、「ニヒリスト」、「愛国者」、「ハイテク礼賛者」の三つの系統に分かれる。「ニヒリスト」は、『ワールド・ウォーZ』といった小説や映画『マッドマックス』シリーズに代表されるようなゾンビや黙示録的な破局後の世界として未来を描いており、人類滅亡後のホッブズ的な未来を現示している。これらの作品はどれも娯楽的で恐ろしさに満ちている。「ニヒリスト」が描く未来は無秩序ではなく地獄であり、孤独なサバイバルを超えた深い洞察を与えてくれるものではない。

第二のグループは「愛国者」であり、トム・クランシーの作品をモデルとするスリラー小説を生み出している。彼らにとって、国籍が何よりも重要であり、テクノロジーが戦争物語の中心となる。彼らは自ら描き出す軍事的ヴィジョン、すなわち「工業力に支えられた、ありとあらゆる種類の通常戦火力」を礼賛する。「愛国者」にとって戦争の未来とは、より近代的な兵器で戦われる第二次世界大戦のようなものだ。

例えば、一九八〇年代中頃に書かれたクランシーのベストセラー小説『レッド・ストーム作戦発動《ライジング》』を取り上げてみよう。本書は第三次世界大戦を描いたもので、作中ではソヴィエト軍が巧妙な戦術を用いて先制攻撃に成功した。最終的には、アメリカが通常戦で攻勢の主導権を発揮し、善良（the good guys）なNATOが決定的勝利を得る。核兵器はまったく登場せず、〔その意味で〕本書は「第三次」というよりも「第二次」世界大戦により近いと言えるが、読者にとって、こうした「ありえない省略」は気にならない。私が陸軍士官候補生のとき、将校たちは、クランシーの小説を神から頂戴した戦略的託宣のごとく持ち歩いていたことを覚えている。彼らは今でもクランシーの後継者たちが書いた小説を持ち歩いている。

クランシーは何もかも間違っていた。『レッド・ストーム作戦発動《ライジング》』の出版後、わずか三年でベルリンの壁は倒壊し、それとともにソヴィエト連邦も消滅した。実際、一九八〇年代のソヴィエト連邦は西側の脅威ではなく、脅威に近づいてもいなかった。軍の将校たちが『レッド・ストーム作戦発動《ライジング》』が将来戦を暗示したものと考えていた事実は、いかに彼らが敵に関して無知であったかを示している。CIAも敵を完全に見誤った。[*2] 歴史に残る最大のインテリジェンスの失敗を、ある元CIA長官によれば「一マイルも見誤った」。おそらく彼らはインテリジェンス・レポートの代わりに、クランシーの小説を読んでいたのだろう。CIAは一九八〇年代末期以降の報告書の中で、ソヴィエト連邦を拡張主義的で、難攻不落であると記述していた。CIAの主要任務がソヴィエト連邦の強さを予測することであったことを考えれば、〔ソヴィエト連邦崩壊に対する〕CIAの驚愕ぶりはいかばかりであっただろうか？ ソヴィエト連邦をめぐるクランシー的世界観のトップチアリーダーはロバート・ゲーツであったが、彼は大失態を演じたにもかかわらず、後にCIA長官と国防長官になった。政府には得てして説明責任が課せられないときがあるものだが、将来の戦争準備に際してそのことが別の問題を生み出している。

第三のグループは「ハイテク礼賛者」のメンバーであり、最も欺瞞的な戦争未来学者たちだ。彼らは風変わりな機械類をやみくもに崇拝し、ターミネーターロボットの誕生やアイアンマンのスーツの創造、スカイネットやマトリックスの現代版の幕開けを予言する。驚くべきことに、ペンタゴンはそれを買っているのだ。そっくりそのまま。ペンタゴンはTALOS（戦術近接戦闘用軽量歩兵スーツ）と呼ばれるアイアンマン・スーツに八〇〇〇万ドルを支出している。[*3] 軍の要求は、防弾効果と兵器化を兼ね備えた「パワー強化された外骨格」（powered exoskeleton）であり、そのスーツは装着者の生理状態をモニターし、運動力と認知力の向上を期待されている。TALOSの唯一の問題は、動力源としてトニー・スターク〔映画『アイアンマン』に登場する一七歳でMITを首席卒業したという設定の主人公〕が発明したアーク・リアクター〔熱プラズマ反応炉。アイアンマンの胸に埋込まれた動力源〕を必要とする点にある。むろんアーク・リアクターとは、マーベル・コミックス社〔ニューヨークに本社を置くアメリカの漫画出版社〕の想像の産物ではあるが。誰からも邪魔されることなく——おそらくさらなる予算をつぎ込むよう議会を取り込んで——

軍は偽のスーツの披露会を開催するため、ハリウッドの衣装デザイン会社であるレガシー・エフェクツ社〔特殊効果制作スタジオ〕と契約を交わした。

「ハイテク礼賛者」は観衆に売り込むため、恐怖心を煽るやり方を選ぶ。その彼らが好んで用いる方法の一つが「ロボット革命」である。このシナリオは、マシンが人類の存在を知覚し、人類に反旗を翻し、人類を絶滅させる未来を描いている。そんな映画をこれまで見たことはないだろうか？　ある未来学者は、もし私たちの運が良ければ、ロボットは私たちの何人かをペットとして飼ってくれるだろうと考えている。ペンタゴンでさえ、自律型殺人ロボットの誕生を想定し、大ヒット映画シリーズから着想を得て「ターミネーターの難問」（Terminator Conundrum）という専門的な響きを持つ用語を作り出した。[*4]

ところが、さまざまな研究から明らかなように、人工知能（ＡＩ）は現在のところ、基礎的な認知作業すら果たせていない。スタンフォード大学のある実験では、機械学習アルゴリズムに物体の像を入力し、そのアルゴリズムが像の識別を学習することができるかどうかを試した。その結果、子供でもしないような「へま」をしでかした。例えば、歯ブラシをつかみ取ろうとしている赤ん坊の絵を、マシンは「少年が野球のバットを握っている」と分類した。マシン隆盛の時代はすぐにはやって来ないだろう。[*5]

サイバー戦争がもたらす破局の予言者は、「ハイテク礼賛者」の中でも最大の詐欺師的なアーティストであり、〔その意味では〕大した偉業を成し遂げている。専門家たちの主張をよそに、実際には誰も「空間内の1と0の世界」という以外に「サイバー」とは何を意味しているのかを知る者はいない。[*6]これまで誰一人としてサイバー兵器で殺された者はいない。しかし、そうした事実があっても、たった一人のハッカーがニューヨーク市や東部沿岸地域あるいは地球全体を停電させるといったアルマゲドン的シナリオを未来学者がでっち上げることを止められないでいる。彼らは『００７／スカイフォール』（Skyfall）などの映画から着想を得ていた。それはジェームズ・ボンド・シリーズの映画で、キーボードに触れた者がいわば神になるという話だ〔『007』シリーズの二三作目〕。しかし本物のハッカーたちが明かすように、ハッキング〔コンピューターへの不正侵入〕とは退屈なもので、せいぜい低俗なテレビ番組しか生み出さない。

ハリウッド映画によるサイバー戦争の大げさな描写は、ワシントンに強烈な影響を与えている。二〇一一年に遡るが、当時CIA長官だったレオン・パネッタは議会に「次のパールハーバーは、サイバー攻撃である公算が高い」と警告した。[*7] 二〇一七年、エネルギー省は、アメリカ国内の送電網が、数十億ドル規模の損失と人命を脅かす全国規模の大停電《ブラックアウト》を生み出すサイバー攻撃の「差し迫った危険に直面している」と公表した。そうした人騒がせな警告は、途方もないでっち上げだ。ある研究によると、大停電をもたらす原因をめぐっては、リスの方がハッカーたちよりも深刻な脅威となる。おそらくCIAは「次なるパールハーバー」のリストに「齧歯《げっし》動物戦争」(Rodent War)〔齧歯動物とはネズミ、リス、ビーバーなど物をかじるのに適した大きな切歯を持つ齧歯目の小動物〕を加えるべきだろう。[*8]

サイバー戦争とは魔法のような思考に彩られている。ところが、サイバー専門家はサイバーテクノロジーは新たな戦争の兵器であるだけでなく、戦争の新たな様式であることの証拠としてスタックスネット(Stuxnet)を挙げる。スタックスネットとは、二〇一〇年にナタンズ〔イラン高原中央部に位置する都市〕にあるイラン核施設のネットワークに注入されたアメリカとイスラエルの共同開発によるコンピューターワームである。ワームはいくつかのコンピュータを乗っ取り、原子炉の遠心分離機にバラバラに高速回転するよう命じ、その五分の一を使用不能にしたと言われている。多くの人々が、これがイランの核兵器プログラムに深刻な打撃を与えたと(確たる証拠もなく)主張し、奇妙なことだが、他の誰もがそれを信じた。購読者の多い『バニティー・フェア』誌の記事では、このエピソードは戦争の未来を表しており、「スタックスネットはサイバー戦争のヒロシマである」と主張された。実際には、スタックスネットはイランの核プログラムに何ら影響を及ぼしていない。核プログラムを破棄に追い込んだわけでも、遅滞させたわけでもなかった。

イラン人たちは単に故障した遠心分離機を交換しただけであり、ウィルス対策プログラムの運営を開始し、核兵器開発を再開した。スタックスネットはまったくの誇大宣伝なのだ。[*9]

サイバーは重要であるが、人々が考えているものとは違う。それは妨害工作、情報窃盗、プロパガンダ、欺騙、スパイ行為など、古くからあることを異なる方法を用いて可能にするだけだ。どれ一つ新しいものはない。現代戦におけるサイバー戦争の真のパワーとは影響力であり、破壊行為ではない。インターネットを使って人々の心を動かすことは、サーバーを爆破することよりも強力である。プロパガンダの面で新しいことは何もない。

過去七〇年間の武力紛争から何か一つの教訓を導き出すとすれば、それは「現代の戦争においてテクノロジーは決定的ではない」ということだ。「ハイテク礼賛者」はどういうわけか、この事実に気づいていない。第二次世界大戦以降、ハイテク軍隊は常にテクノロジーとは無縁なラッダイト〔テクノロジーを嫌う人たち〕によって阻止されてきた。インドシナとアルジェリアでのフランス、アデン、パレスチナ、キプロスでのイギリス、アフガニスタンでのソヴィエト連邦、レバノンでのイスラエル、そしてヴェトナム、イラク、アフガニスタンでのアメリカといったように。「魅力的な」テクノロジーでは戦争に勝てないのだ。

ワシントンは戦争そのものを研究するよりも、ハリウッドから将来の戦争に関する知識を引き出している。これでは我々が勝利できないのも無理はない。明日に備えるためにも、我々は戦争を「そうあって欲しいと望むもの」としてではなく、「あるがままの現実」として受け容れなければならない。だからこそ、一部の専門家たちは不可知であることを理由に「未来志向」を完全に拒絶する。だが、これもまた臆病者のすることである。このような人々にとって望み得る最善のことは、敵が我々に投げかけてくるものに対し、それが何であれ、素早く反応することだろう。これは受動的な戦略であり、これでは戦略がないのと同じである。

我々はもっとうまくやれるはずだ。きわめて稀であるが、戦争の真の未来学者は存在するのである。

真の予言者

ウィリアム・〝ビリー〟・ミッチェル将軍は、間違った行為を認めない人だった。第一次世界大戦期のアメリカの戦争の英雄でパイロットだった彼には、将来が見えていた。エアパワーである。[*10] ミッチェル将軍は「すべての戦争を終わらせるための戦争」〔アメリカが第一次世界大戦に参戦するにあたってウィルソン大統領が用いたスローガン〕が実際に目的を果たせるという信念に世界が惑わされてはならないと自覚していた。「もし世界征服の野望を抱く国家が将来の戦争で好調なスタートを切れば」と、彼は言った。「その国は、過去に大陸を支配した国よりも容易に、全世界を支配することができるかもしれない」。

第一次世界大戦が終わると、ミッチェルはエアパワーの重要性を説いて回った。彼の予測は同時代の通常戦思想家たちにとって異端だった。彼は航空機で戦艦を沈めることができるとまで主張した。当時は超弩級戦艦の時代であり、航空機は電動モーターを搭載した凧にすぎなかった。彼は嘲笑され、相手にされなかった。それでも諦めず、これからは航空母艦がそれまで海戦の王者として長期にわたり君臨してきた戦艦に取って代わるはずだと主張した。彼がこう主張した一九二四年はと言えば、曲芸パイロットが動いている船の上に飛行機を着陸できれば上等だと考えられていた時代であった。

ジョン・J・パーシング将軍は、ミッチェルを太平洋の視察旅行に派遣した。おそらくそれは、ミッチェルがさらなるトラブルに巻き込まれないようにするためだった。数カ月後、ミッチェルは五二五頁に及ぶ報告書を携えて戻ってきた。その中で彼は、日本とアメリカの戦争を予測し、それは日本による空からの奇襲攻撃で開始されるだろうと述べた。驚くべきことに、それはパールハーバーで起こるとまで予測した。[*11]「日本は、アメリカがおそらく過去の戦法と兵器で次の戦争を開始することを完全に見抜いている」

と、彼は書いた。「日本はハワイ群島の防衛はオアフ島を基盤とし、全群島の防衛ではないことも知り抜いている」。つまり日本は、たった一つの島を叩くだけでアメリカ太平洋艦隊を無力化できたのである。

軍上層部はすでにミッチェルを変わり者だと見ていた。彼の新しい考えは常識のレベルを超えていた。彼は軍内で重大な罪とされる不服従者であると判断された。彼のアイディアの一部は検討するには危険過ぎるように思われた。とりわけ、将来戦に関する部分がそうだった。

やがて軍法会議が開かれた。軍事裁判官一三名のうち、一人として航空機経験者は含まれていなかった。公正さに欠けるとした被告側の異議申し立てに従い、裁判長を務めたチャールズ・P・サマロール少将を含む三名が解任された。三〇分の評議の後、彼は有罪とされ、五年間の無給停職処分を受けた。ミッチェルは嫌気がさして、陸軍を除隊した。その後一〇年間にわたって、彼は誰が大陸を支配するかをめぐって大空で戦いが繰り広げられるといった航空戦時代の幕開けを熱心に説き続けた。多くの人が彼を面白い変わり者だと思った。

絶え間ない苦労で疲弊した老活動家〔ミッチェル〕は、一〇年後の一九三六年、五六歳でこの世を去った。彼はアーリントン国立墓地〔アメリカ合衆国軍の国立墓地〕ではなく、故郷のミルウォーキーに埋葬されることを選んだ。

五年後、日本は航空機を使ってパールハーバーを奇襲攻撃した。二時間以内に、日本は当時有名だったUSSアリゾナを含む八隻の戦艦を撃沈または損害を与え、一八八機の航空機を破壊し、二四〇三人を殺害した。アメリカ海軍は「完全な奇襲」だったと主張し、失敗の原因を恥知らずな敵にすべて負わせた。実際は、二四〇三人の犠牲者は、日本軍の爆弾によるのと同程度に〔アメリカ側の〕集団思考（groupthink）によって殺害されたのである。

アメリカと日本は史上最大の海戦の一つであるミッドウェーの戦いに突き進んでゆくが、それは完全な航空決戦であった。双方の艦隊が相見《あいまみ》えることはついになかった。戦いが終わったとき、航空母艦は海上の最高の地位を戦艦から譲り受けた。それはミッチェルが二〇年前に予見したことだった。

ミッチェルには未来が見えていたが、誰も彼を信じようとはしなかった。ミッチェルの死後、軍は彼らなりのやり方で、自分たちの過ちを認めた。爆撃機に彼の名を付けたのである〔B‐25爆撃機で通称「ミッチェル」。ノースアメリカン社製で、アメリカ陸軍航空隊や海軍で運用された〕。

ビリー・ミッチェルは「戦略的思考を変えることは難しく、戦争の未来に関しては特にそうである」ということを我々に教えてくれている。リスクは相当なものであるが、通説の壁は厚い。人々は将来を受け容れる準備が常にできているわけではないのである。

カッサンドラの呪文

多くの専門家は、戦争の未来を予測することは敗者のゲームであると考えている。元国防長官のロバート・M・ゲーツは「これまで戦争の未来に関するワシントンの予測は一〇〇パーセント正しかったが、〔いつ起こるかという〕時期についてはゼロパーセントだ」と皮肉を込めてよく語っていた。おそらく彼は、インテリジェンス・アナリストとして自分自身の惨憺たる記録のことを語っていたのだろうが、ビリー・ミッチェルは将来を予測することは可能であることを我々に示している。ところが、真の戦争予言者が語ると、誰もそれに耳を貸さない。ギリシア神話のカッサンドラは予知能力を与えられたが、誰も彼女の言うことを信じないという呪文を掛けられてしまう。戦争予言者に掛けられた呪文は「カッサンドラの呪い」なのだ。

カッサンドラの呪文が掛けられているなら、どうすれば真の戦争未来学者を見つけ出すことができるだろうか。第一に、もし彼らの主張が真剣に受け止められたら、集団思考に染まった群衆から、体制派に異議を唱えたかどで中傷を浴びるだろう。第二に、彼らは学者兼実務家（scholar-practitioner）である場合が多い。つまり彼らは、新しい方法で戦争を経験し、伝統に縛られた戦士やシビリアンが見ないものを見る知能的戦士である。戦争を理解することは水泳のようなものだ。学校の教室で平泳ぎを習得することはできない。それをマスターするには、ある時点でプールに飛び込み、がむしゃらに泳ぎ回り、水をがぶ飲みする必要がある。戦争を図書館で学ぶ学者は、それだけのことしか学ぶことができない。戦争物語を巨視的洞察と勘違いしている実務家たちも同様である。むろん例外もあろうが、最良の戦争未来学者は「学者と実務家を兼ね備えた人」である。第三に、真の未来学者は「見通す力」――次に何が来るかを見抜く並外れた直観力――を有しているものだが、ほとんどの学者兼実務家たちはこれを欠いている。戦争の未来を見通す力は、新しい戦争の経験と超人的直観力の融合により生み出される。

真の予言者は存在する。ミッチェルだけではない。ジョン・〝ボニー〟・フラー少将は第一次世界大戦におけるイギリスの戦車部隊の将校だった。ミッチェルと同様、フラーには新しい兵器がいかに戦争を変えるかが見えていた。同僚たちはそうではなかった。彼らにとって、戦車とは歩兵を支援する車両であり、一種の「動くたこつぼ」のようなものだった。フラーの考えは違った。一九二八年、彼はある国に素早く侵攻するため、戦車と航空機の戦闘を一体化して、その後、歩兵部隊によって掃討する〔戦法〕について書いた。電撃的攻撃の奇襲と速度によりたちまち緊要地形を奪取し、敵に衝撃を与えて屈服させることができると考えた。イギリス人たちは変わり者だと彼を無視したが、ドイツ人はそうではなかった。ドイツ人はフラーの本を読み、*Blitzkrieg* すなわち「電撃戦」を生み出した。それは第二次世界大戦の初め、欧州の大半を征服した戦略であった。フラーのアイディアは今もなお、機械化戦争に決定的な影響を及ぼしている。*12

ウィリアム・J・オルソンは別のタイプの学者兼実務家である。一九八三年当時を思い起こしてほしい。ロナルド・レーガン大統領はソヴィエト連邦を「悪の帝国」と呼び、第二次世界大戦以来最大の軍備増強を承認した。トム・クランシーが『レッド・オクトーバーを追え』を執筆していた頃で、アメリカとソヴイエトは、「エイブル・アーチャー」と呼ばれるドイツでのNATO軍事演習〔一九八三年一一月二日から一〇日間にわたり、紛争の段階的拡大から核戦争に至るシナリオに沿って行われたNATOの指揮所演習〕をめぐって、核戦争の一歩手前まで来ていた。こうした冷戦の絶頂期に、オルソンは異なった未来を指摘している。彼は米ソ紛争を顧みず、将来はイスラム主義者のテロリズム、エスニック紛争、失敗国家、欧米に対するグローバルな反乱の世界を迎えると予測した。当時、そのどれもが理解しがたいことだった。同僚たちと違い、彼はペルシア語を流暢に話し、一九七〇年代にはアフガニスタンやイランを旅して回った。同時代の人々には見えず、オルソンに見えていたものは、危険なまでに悪化している「並列する二つの国際システム」だった。オルソンは厳しく批判され、変わり者扱いされた。彼は当時を振り返り、「ブロブ〔人喰いアメーバのことで、一九八八年に同名のハリウッド映画が上映〕が私のランチを喰い、ついに私自身を喰い尽くしてしまった」と語っている。〔オルソンがここで言う〕ブロブとは、ワシントンのコンセンサスを表す集団思考のことである。今となっては、我々はオルソンが正しかったことを知っている。他の誰もが気づく一〇年以上も前に彼が見たものは、ポスト9／11〔二〇〇一年九月一一日にアメリカを襲った同時多発テロ事件の日付。その後アメリカはアフガニスタンやイラクを中心とするグローバルな対テロ戦争へと突入した〕の世界だった。[*13]

エリック・シンセキ将軍は、反乱勢力との戦いに関する豊富な知識や経験を持っていた。若い将校として二度、ヴェトナムで軍務に就いたが、地雷で右足の一部を吹き飛ばされ負傷した。三〇年後、再びゲリラと戦った。今度はボスニア・ヘルツェゴヴィナへの派遣部隊の指揮官として戦い、情勢はきわめて悪化していた。二〇〇三年のイラク侵攻前夜、彼はアメリカ陸軍参謀総長を務め、反乱勢力との戦いに最も経験を有する四つ星の将軍〔大将〕であった。彼はわずか一〇万の部隊でイラク全土を統治しようとしたドナルド・ラムズフェルド国防長官の計画に異議を唱えた。その代わり、シンセキは議会で「数十万程度の兵士」が戦後復興に必要とされるだろうとの考えを示した。

「ブロブ」の反応は早かった。国防副長官でネオコンの急先鋒であるポール・ウォルフォヴィッツは、シンセキの見積りを「完全な的外れ」であると見くびり、〔シンセキは〕数カ月後に解任された。ブッシュ大統領とラムズフェルド国防長官は、あからさまな当て付けとしてシンセキの退官式に出席せず、ピーター・スクーメーカーという四つ星の退役将軍を引っ張り出し、彼に陸軍を任せた。そのメッセージは明らかだった。「隊列を乱すな。さもなければ面目を失うことになるぞ」。軍上層部はそれをはっきりと受け取った。それ以来、明らかに失敗しつつあったイラクとアフガニスタンでの戦争に疑義を呈する将軍はいなくなった。数年後、シンセキの言葉は予言的であったことが証明された。〔シーア派とスンニ派の〕宗派間暴力の発生を食い止めるのに必要な兵力数の算定を誤った後、ブッシュ大統領はラムズフェルドを解任し、イラクへの追加兵力の「増派」を宣言したからである。[*14]

こうした予言的な声とは対照的に、ワシントンにおける戦争の未来に関する今日の議論は停滞している。シンクタンクでは昨シーズンのテレビ番組で取り上げられたものを真似た将来戦シナリオが出回り、ある機関では研究テーマとして[*15]SF小説のストーリーを掘り下げるようなことまで行われている。戦場で硝煙の匂いを嗅いだこともない博士号取得者が戦争についてもったいぶって語っている。こうした自称戦略家たちが、アメリカや中国のような大国同士のハイテク通常戦争を想像している。それには、スマート・ドローン、ステルス艦、殺人ロボット、レールガン、人工知能などが登場する。それはマシンが繰り広げるDデイであり、このばかげた考えが我々に災いをもたらすことになる。明日の戦争は、トム・クランシーよりもコーマック・マッカーシーとの共通点を多く持つはずだ。私も同じ道を歩んできたから、それがよくわかる。

私は戦争をさまざまな側面から見てきた。私は第二次世界大戦で最も勇名を馳せた部隊の一つであるアメリカ陸軍第八二空挺師団の空挺隊員として軍歴を始めた。除隊後は東欧やアフリカで民間軍事請負人となった。欧米諸国がアフガニスタンやイラクにくぎ付けになっていた頃、私は戦争の外縁地帯であるアフリカで戦っていた。そこで私が見たものは、通常戦タイプの戦士の目には見えないものかもしれないが、しっかりと将来の方向を指し示していた。

戦争の将来は多くの人が予測するものとは異なる。私はジョージタウン大学とアメリカ国防省最高位の戦争大学である国防大学の教授である。そこで私は軍の高級将校に対し、世界中のさまざまな出来事に基づき戦略や戦争様式を教えている。授業に出席している外国人留学生たちの話を聞くと、私は衝撃を受ける。欧米流の戦争観は信じられないほど限定的だ。到来する無秩序の時代にあって、欧米流の戦争観はすっかり色褪せたものとなっている。

我々はビリー・ミッチェルが直面したのと同じ課題と向き合っている。欧米の国家安全保障の体制派は、伝統的戦争のメンタリティに完全に浸っている。それはミッチェルが生きた時代の超弩級戦艦《ドレッドノート》と同じように、今や時代遅れとなった考えだ。将来の戦争は過去と同じように戦われることはないのに、なぜ、いつまでも時代に合わなくなった兵器や戦略に投資を続けるのか？　第二次世界大戦が勃発したとき、フランスはドイツとの国境沿いに張り巡らせた要塞線のマジノ線に守られ、安心しきっていた。しかし、フランスはわずか四六日間で敗れた。軍隊は時代に適応しなければならず、さもなくば死を迎えるしかない。これは今も昔も変わらない真実である。

今日も同様だ。我々はジェット戦闘機や潜水艦のようなレガシーアイテムに数兆ドルをつぎ込んでいるが、それらは現代戦ではわずかな役割しか果たせていない。一方、現実世界で活躍している特殊作戦部隊や他の兵器類は、資金不足で過剰展開の状態が続いている。実際、たった一隻の航空母艦の経費は、アメリカ全部の特殊作戦部隊を合わせた経費を上回っている。[*16] 速やかな優先順位の見直しが求められている。「慢性的無秩序」は目の前にあり、その中でいかに戦うかを知る者が勝利を手にする。欧米諸国はそれを知らず、敗北への道を歩んでいる。我々の戦略と兵器は致命的である――我々にとって。我々は敵に追いつかねばならず、敵に勝利するためには、戦争の新しいルールに従って行動することを学ばねばならない。さもなければ、我々は敗北するだろう。

ルール1 「通常戦」は死んだ

戦争を想像してみよう。いくつかの陣営が互いに争い、誰が誰の味方なのか定かではない。戦闘員は正式な軍服を着用せず、その多くが外国人である。彼らは宗教の名において戦い、モンスターのように振舞う。さらに悪いことに、彼らは同じ神のために戦い、互いの敵を「背教者」と呼び合い、不信仰者には最も残酷な懲罰を加える権利を持つと主張した。宗派は分裂し、互いに反目している。外部の観察者から見て、紛争は宗教上の混乱状態であり、宗教そのものが邪悪なものだと見なす者もいた。

一般市民は餌食となり、戦争の法は存在しない。[*1] コミュニティ全体がレイプと略奪の犠牲となった。戦士たちは神の名のもとに独立国家を築き上げ、人々から富を奪い取る。戦士たちはテロで支配し、人権を凌辱する残虐行為を行う。子供は虐殺され、捕らえられた女性は性奴隷にされ、男たちは拷問、生き埋め、斬首され、窓から放り出され、あるいはもっとひどい目に遭った。

ある町では、宗教指導者が全住民を切り殺すよう戦闘員に命じる。そして戦士たちは命令を果たす。ある目撃者はその光景をこう語っている。「全員――女性、老人、若者、病人、子供、妊婦たちは短剣の先でバラバラに切り刻まれた」。乳幼児は「足を持たれ、壁に激しく打ちつけられた」。数千人が田舎に逃れようとするが、喉の渇きの酷さでゆっくりと死を待つだけである。国際コミュニティは激しく非難するが、大虐殺を止めるのになす術がない。

人々は戦争地帯から逃避し、他国へとなだれ込む難民の高波は、その地域を不安定にする。その地域は混沌に包まれる。周辺諸国は介入し、自国の国益の観点からその状況につけ入ろうとし、敵対勢力との間で代理戦争を開始するが、彼らもまた戦争の泥沼に陥る。人道主義者たちは当事者すべてを公然と非難し、悪口雑言を書き立て、大量殺戮を糾弾するが、結局、何も果たせない。そうしている間に無秩序は蔓延し、まったく解決の見えない紛争が永続する。

これは現在の中東を描いたものだろうか？　答えはノーである。

「八聖人の戦争」（War of Eight Saints）は一三七五年から一三七八年にイタリアで起きた戦争であるが、これと現在の中東情勢は驚くほど似通っている。ここで問題となっている宗教はイスラム教ではなく、キリスト教である。「正統なイスラム」をめぐるスンニ派とシーア派との戦いではなく、カトリック教会の信仰心をめぐる教皇派と反教皇派との戦いだった。戦闘員は統一した制服を着用しておらず、その多くが外国人だった。「八聖人の戦争」では、戦士の大半が欧州各地から来た傭兵集団だった。傭兵たちは教皇を支持するか否かを告白させられたのだが、その多くは金銭目当てか冒険心から戦闘に参加した。同じことが今日のイスラム聖戦士にも言える。テロリストたちは覆面をし、選《よ》り取《ど》りの軍服を着ている。スンニ派とシーア派は中東や北アフリカの各地から駆けつけてくる。どちらの戦争の戦闘員も、その残忍さは変わらない。

人はみな神のために戦い、無垢な人々を生き地獄に突き落としながら、悪魔のように振る舞う。二〇一四年、一般に「イラクとシリアのイスラム国（ＩＳＩＳ）」として知られるテロリスト集団がイラクのシンジャール〔イラク北部のニーナワー県シンジャール郡の郡都〕を奪った。彼らは住民を一網打尽に捕らえ、アッラーの名のもとに、男、女、子供たちを殺戮した。五〇〇〇人が殺された。さらに多くの人々が都の外れにあるシンジャール山に逃れたのだが、喉の渇きで死んだ。「八聖人の戦争」にもシンジャールがあった。北イタリアの小都市チェゼナで起きた「チェゼナの虐殺」である。一三七八年、教皇の使者であるロベルト枢機卿は、傭兵隊長のジョン・ホークウッド〔一三二〇年―一三九四年。一四世紀イタリアにおけるイングランド出身の傭兵隊長〕に、神の懲罰として町の住民全員――五〇〇〇人——を殺すよう命じた。ホークウッドはそれを実行した。こうした所業は何ら彼の経歴を傷つけることはなかった。ホークウッドは当時、最も有名で富裕な傭兵の一人となった。彼の姿はフィレンツェの有名な大聖堂に飾られている〔フィレンツェのサンタ・マリア・デル・フィオーレ大聖堂にホークウッドのフレスコ騎馬像がある〕。ロベルト枢機卿は後にローマ教皇となり、教会分裂時代の対立教皇クレメンス七世〔一三四二年―一三九四年。ウルバヌス六世の即位無効を主張するフランスの枢機卿らによってローマ教皇として選出された対立教皇〕として知られる。戦争でうまく事が運ぶこともあるのだ。

二つのいずれの紛争も、地域全体を無政府状態に陥れた。シリアとイラクは古くから続くスンニ派とシーア派との抗争の中心地であり、恒久的な解決策はまったく見えない。「八聖人の戦争」は三年間続いたが、それはほんの始まりにすぎなかった。この紛争は一三七八年から一四一七年までカトリック教会を引き裂いた「教会大分裂」を引き起こし、欧州全体を大混乱に陥れた。教皇派と反教皇派との争いは、宗教改革や二世紀後に起きた三〇年戦争の時代、そしておそらくそれ以上の長きにわたって続いた。

「八聖人の戦争」は、今日の中東情勢と見紛《みまご》うほどよく似ている。それは両者とも時代を超えた戦争の本質を表しているからだ。それは、一方が他方に己の意志を強要する組織的暴力である。紀元前四〇〇年であれ、紀元一三〇〇年であれ、[*2]そして今日であっても、戦争は残忍で血生臭く、道義を欠いた争いである。いくつかの要素——兵器、戦法、技術、指導者、状況——は変化するかもしれないが、戦争の本質は変わらない。これは「戦争」(war)と「戦争の仕方」(warfare)の違いである。「戦争の仕方」は、「戦争」がどのように戦われるかを意味し、時代に応じて常に変化する。だが、「戦争」の本質は変わらない。

今日、人々は「戦争」と「戦争の仕方」をごちゃ混ぜにしている。これは大きな問題を生み出す。「八聖人の戦争」は我々に戦争とは何かを示しているが、では現在の「戦争の仕方」とは何だろう? 欧米にとって、それは「通常戦」と呼ばれている。

欧米流の戦争様式

そもそも通常戦と非通常戦などという区別はなく、あるのは戦争だけだ。実際、「通常戦」とは「戦争の仕方」の一つの形態であり、[*3] 欧米が好む戦い方だ。欧米の軍隊はそれを「大戦争」(Big War)と呼んだりする。ナポレオン戦争や世界大戦を考えてみればよい。大国が剣闘士のように互いの軍隊で決着がつくまで殴り合い、それに世界の運命が懸《か》かっていた。国家だけが戦闘する正当な権利を有し、戦争はもっぱら国家間の事象であり、産業基盤の強固な軍隊の間で戦われた。火力が〔戦場の〕王者であり、戦場での勝利がすべてだった。戦争法と並んで名誉が重要視され、国民は軍服を着用し、愛国的熱情を抱いて国に奉仕することを期待された。我々が空港で復員軍人に対し、「国に奉仕してくれてありがとう」と声をかけるのは、そういう理由からだ。

第二次世界大戦は、武力紛争に対する欧米のモデルである。私の祖父はバルジの戦いに参加したが、この戦争を「よい戦争」だと語っていた。別の人は、第二次世界大戦は「最も偉大な世代」による戦争だったと語っている。ほぼ七〇年間にわたって、第二次世界大戦物の映画の需要は止むことがなく、供給が尽きることはない。軍服を着たハンサムな男たちのように、これらの映画は決して流行遅れにならない。実際、六〇〇本以上のユニークな第二次世界大戦映画があり、二〇一七年には四本の映画が公開された。[*4] この紛争〔第二次世界大戦〕は偶像化されたまま今日に至っている。なぜなら、今日と異なり、第二次世界大戦は欧米諸国が決定的な勝利を収めた最後の戦争だったからである。朝鮮半島からアフガニスタンに至るまで、第二次世界大戦後のフラストレーションは「泥沼化」した戦争として忘れ去られるか、片づけられてしまっている。

〔欧米の〕専門家たちにとって、第二次世界大戦は戦争の典型である。彼らは第二次世界大戦の戦い方を、時代を超えた普遍的スタイルと見なしている。将軍たちはそれを「通常戦」「対称戦」「正規戦」など規範的な用語を使って表現する（私は「通常戦」という用語を好むが、どれも同じことを意味する）。その思い込みは非常に根強く、他の戦闘形態は「非通常戦」「非対称戦」あるいは「不正規戦」と呼ばれる。こうした言葉は侮辱である。武装した非国家主体による軍事作戦は戦争と見なされず、それ以下の現象として軽く扱われる。

通常戦は国家対国家の戦いであり、パワーの主要手段は「野蛮な暴力」（brute force）で、戦闘がすべてを決する。それは世界政治をめぐる軍事中心的な見方だ。だからこそ軍隊はその見方に執着し、それに心を奪われている。通常戦理論の高僧は、ナポレオン時代にプロイセンの将軍であったカール・フォン・クラウゼヴィッツである。彼にまつわる聖人伝は健在であり、彼の著作である『戦争論』は欧米の軍隊ではバイブルとして祀《まつ》られている。戦争大学で私がこのテキストを軍高官に教えるとき、教室内は畏敬の念に包まれ静まり返っている。彼の考えは欧米の戦略思想のDNAを継承しており、「戦争の霧」など彼が打ち出したいくつかの概念は大衆文化にまで浸透している。[*5]

だが、通常戦には問題が一つある。それは、もはや誰もこの戦争を戦っていないということだ。通常戦の中で今も慣例として引き継がれている要素は何もない。なぜなら、戦争は変化し続けてきたからである。こうした問題があるにもかかわらず、通常戦は我々のモデルであり続け、欧米が弱者の敵と戦って負け続ける原因となっている。敵は、我々の好みに合わせて戦ってくれないのだ。勝利を得るため、我々は伝統的な戦い方を振り払わなければならない。なぜなら、それは時代遅れだからである。通常戦は永遠でも普遍的でもなく、始まりと中間、そして終わりがあるだけだ。[*6]

通常戦小史

通常戦の物語と国民国家とは一体化して語られる。通常戦の誕生にまつわる正確な期日は特定できないものの、一般的に一六一八年五月二三日とされている。その日の朝、プラハで一人の男が建物の窓から放り出された。三人の男が同じように続いた。丸石敷き石畳への七〇フィート〔二一メートル〕ほどの落下であったが、奇跡的に四人とも命は助かった。

　この出来事がきっかけとなって誰も予測しない事態が続き、欧州史上、最も流血を伴う惨劇の一つである三十年戦争へと至る。カトリック教徒とプロテスタント教徒が互いに容赦なく戦った。当時の超大国であったスウェーデン軍は、ドイツ国内だけで二〇〇〇の城塞、一万八〇〇〇の村落、一五〇〇の町を破壊した。疫病と飢餓が蔓延し、数万の人々が難民となり、欧州の平原をさまよいながら、遭遇する傭兵集団から狙い撃ちにされた。レイプが横行した。戦争が終結するまでに、八〇〇万人が死亡し、欧州中央の大部分が灰燼に帰した。欧州は復興に一世紀かかった。

　かかる地獄のような惨状から、一六四八年のウェストファリア条約が生まれた。それは国家のみが支配する新たな国際秩序を生み出した。それ以前の欧州は中世の混乱状態に置かれていた。財力のある者なら誰もが戦争を始めることができ、みなそうした。国王、貴族階級の親族、都市国家、教皇さえもが、どんなに些細なことでも命令を忠実に実行できる傭兵軍を雇った。戦争はいつでもいたる所で起こり、多くの被害者が出た。それはあたかもアメリカ開拓時代の「荒野の中西部」（Wild West）を彷彿させた。

「ウェストファリア秩序」においては、国家が保安官の役目を果たし、傭兵とその雇い主を違法とした。国家は独自の常備軍に資金を注ぎ込み、領土内での優位を確立した。軍隊、国家権力、世界秩序の関係性は明らかである。暴力の手段を独占する者は、他者が従わなければならない規則を定めるようになる。従わなければ、死あるのみだ。非国家のライバルは傭兵がいなければ無防備となり、あっけなく打ち負かされる。教会など中世における昔日の権力者は、国家の統治者にひれ伏すしかない。やがて、国民国家は他を凌ぐ存在として君臨した。

「ウェストファリア秩序」は国家中心主義的な国際システムで、いわゆる「ルールに基づく秩序」である。[*7]ウェストファリア秩序には多くの特徴があるが、最も重要なことは「国家だけが主権を有し、他のあらゆるものは国家に従属する」ということだ。国家は国軍を使って、国家に抵抗する恐れのある者たちを一掃することにより自らの主権を確保した。漸進的で不完全であったかもしれないが、ウェストファリア秩序は近代外交、国際法、そして今日私たちが暮らしている世界を形作った。

ウェストファリア秩序の二番目に重要な特徴は、武力紛争である。この秩序の下で、揺るぎない支配を確立しながら、国家だけが軍隊を持ち、戦争を開始することを許された。こうして戦争はもっぱら国と国との問題となり、捕虜の殺害を禁止するとか、降伏意思を伝えるため白旗を掲揚するなど、慣例に従いながら、国家の軍隊によって戦われた。のちに、こうした戦場の伝統はハーグ条約やジュネーヴ条約といった「戦争法規」に法典化されたが、かかる法規は国家間の紛争のみを扱っていた。他の形態の戦争はすべて非合法化され、違法行為であると見なされた。

ウェストファリアの戦争様式は、時代を生きる人々の心の中でいつしか「慣習として認められる」ようになった。我々はその継承者である。クラウゼヴィッツが知っていたのは、そうしたただ一つの種類の戦争だった。それは今日、我々が教えている戦争である。ナポレオン戦争や世界大戦は、パラダイム的には「通常戦」である。それは国旗のために国軍が戦う戦争であり、国王や教皇のために傭兵部隊が戦うものとは異なる。戦場での勝利が勝者と敗者を決定する。こうした戦争は、国民国家自身の栄光への興隆を映しだす。それは最近の発明品であるが、帝国、王国、都市国家が支配した歴史の大部分はそうではなかった。国家と国家による戦争様式は、ヨーロッパ人による植民地化を通じて地球全体に広がった。それは四〇〇年にも満たない出来事であるが、私たちには永遠で普遍的なものとして受容されている。

しかし、ウェストファリア秩序は消えつつある。

今日、国家はいたる所で衰退しており、無秩序への確かな兆しが見受けられる。欧州連合の弱体化から中東の混乱に至るまで、国家は単なる政府機関が存在するだけか、完全に崩壊している。既成の国家は今や、地域ネットワーク、カリフ制支配、麻薬国家、軍閥王国、企業支配、荒廃地といった別の主体に取って代わられている。シリアとイラクは、少なくとも伝統的な意味では、二度とまともな統治を回復できないかもしれない。『脆弱国家指標（Fragile States Index）』[*8]は社会科学の方法を用いて「国家の弱さ」を測るもので、年度ごとに一七八カ国のランキングを公表している。二〇一七年では、世界の七〇パーセントの国々が「脆弱」であると警鐘を鳴らしている。この趨勢は悪化する一方だ。

国家が退くにつれ、そこから生じる権威の空白は、世界のある地域を中世に引き戻しながら「終わりのない戦争《エンドレス・ウォー》」を育んでいる。そうした戦争は「通常戦」どおりに戦われていない。テロリズム、民族浄化、非国家主体による他の暴力形態が蔓延し、通常戦タイプの国家間戦争を覆い隠してしまっている。国際連合や欧米による秩序を維持する能力が年々色褪せる一方、非国家主体の影響力が一段と強まっている。国際関係はウェストファリア以前の混沌に逆戻りしている。

こうした暴力の蔓延に人々は驚愕し、世界秩序の崩壊を予期する者もいる。だが、恐れることはない。それは当然のことだ。こうした変化は旧い常態（old normal）への逆戻りにすぎない。歴史の大部分は無秩序の時代だったのだから。過去四世紀にわたり主権国家によって運営されてきた「ルールに基づく秩序」は、むしろ例外であった。その中でさえ、流血のない時期はほとんどなかった。第一次世界大戦と第二次世界大戦は死傷者の数と都市の荒廃度から判断して、歴史上、最も破壊的な紛争であった。今、私たちは一六四八年以前の無秩序という過去の状態に戻りつつある。世界秩序は崩壊し、まったくの無政府状態になってしまうわけではなく、過去の千年紀にそうであったように、長引く紛争がくすぶり続ける時代となる。もし私たちが適切な対処法を知っていれば、うまく乗り切れるだろう。とりあえず第一のステップは、もはや誰も通常戦どおりに戦わないことを理解することだ。

戦争は進化する

「我々は敵と遭遇した。その敵とは我々自身である」〔一九六〇年代ウォルト・ケリーの漫画『ポゴ』に出てくる有名なセリフ〕。これはオリバー・ハザード・ペリー准将〔一八一二年―一八一四年の米英戦争に従軍。アメリカ海軍を指揮し、エリー湖の戦いでイギリス海軍に勝利した〕の有名な言葉「我々は敵と遭遇し、彼らは我々の軍門に下る」をもじった言い回しだが、今日の「いかにして強者は弱者に負けるか」について多くのことを物語っている。アメリカのような国は将来に遭遇することのないタイプの戦争――通常戦――を戦う準備のため、数兆ドルを費やし、自国民を危険なほど脆弱な状態に置いている。

若いアメリカ陸軍士官候補生として、私はソヴィエトが欧州にどのように侵攻するかを教えられたことを覚えている。我々は、東西ドイツの国境線上に突き出た低地であるフルダ峡谷の地形図の研究に時間を費やした。そこはソヴィエトのT-72戦車の梯隊が欧州の自由主義諸国になだれ込む場所であるとNATOは予測していた。不思議なことだが、ソヴィエト連邦はもはやこの世に存在しない。

「教官？」私は質問した。「なぜ、ソヴィエトが欧州にどのように侵攻するかを学んでいるのでしょうか？」私の間違いだった。

「腕立て伏せ五〇回！」教官は大声で怒鳴った。

「四八、四九、五〇」。私は教室の前で体罰の苦しみをこらえながら、ハアハアと息を切らした。

「なぜか。将来の敵はソヴィエトの戦法を使うからだ」と、教官は言った。「そして〔ソヴィエトと〕同じような戦法で我々と戦うからだ」。

私は疑った。私は思いつくことがあったが、何も言わなかった。さらに五〇回の腕立て伏せをしても、私の軍事教育の向上は見込めないからだ。

一年後、私はフォート・ブラッグのグリーンのタラップに降り立っていた。第八二空挺師団の空挺隊員たちが隊列を組んでＣ‐１４１輸送機に搭乗していた。我々は「総攻撃」（mass attack）の訓練演習に向かうところだった。我々の任務はＤデイのように敵地に落下傘降下し、敵の拠点を奪取することだった。

「ちくしょう！」誰かが叫んだ。空挺隊員たちのうなり声が伝わってきた。

「どうしたんだ？」私は小隊軍曹に聞いた。

「誰かがレンジャー部隊の相棒から聞いた話です。レンジャーとデルタの一隊がソマリアでやられたそうです」。

「ソマリア？」私は信じられないというように聞き返した。アメリカは世界で最高の軍隊を有していた。どうして烏合の衆のソマリア人が、最高の訓練を受け、最高のテクノロジーを有する部隊――第七五レンジャー連隊とデルタフォース――を打ち負かしたのか？

「そうです。ソマリアです」。唾を大げさに吐き捨てながら小隊軍曹は答えた。群れを成して襲いかかり、路上で彼ら〔アメリカ軍兵士〕の死体を引きずり回したそうです。こんなこと、信じられますか？」

ソヴィエト戦術はもうおしまいにしよう、と私は思った。そして、我々はＤデイ訓練のため航空機に乗り込んだ。

この出来事が一九九三年に起きた有名な「ブラックホーク・ダウン」だ。ワシントンは最後の戦争〔第三次世界大戦など大国を相手にした戦争〕を戦うことに固執し過ぎて、思いもよらぬ敗北に不意打ちを食らった。実はこの敗北によっても、一九九〇年代を通じて〔実在しない〕想定上の敵とされたソヴィエトに対抗するための訓練は止まなかった。この時期を、二〇〇〇年代に必要となる対テロリズム戦術の開発に充てるべきだった。

二〇二〇年代、我々は何をなすべきなのだろう？　さらに、その先は？

「将軍はいつも自分が最後に経験した戦争を戦う」という諺《ことわざ》がある。これは一見当然のことのように思えるが、稀にしか起こらない。戦争の未来を考える場合、国民は過去に目を向ける。もっと厳密に言えば、過去の成功体験だ。私たちは気分が良くなる勝利の体験を研究したがり、失敗の不愉快な教訓を顧みない。こうして私たちは将来から不意打ちを受け、たいてい多大な犠牲を払わされる。第一次世界大戦の前夜、各国の軍隊はナポレオン時代の騎馬訓練に明け暮れていた。塹壕での大殺戮に対する備えはなかった。その後、勝利した連合国軍は静的な塹壕戦に固執したままで、第二次世界大戦の電撃戦に不意を突かれた。今日、アメリカ軍は中国やロシアとの「大戦争」（Big War）に備えている。この戦いが第二次世界大戦のような通常戦になることを想定して。過去の栄光にすがってしか将来を思い描くことのできない者には失敗しかない。

今日において、通常戦ほど非通常的なものはない。多くの研究はこのトレンドを裏付けている。非通常戦の発生件数は、一九四五年以降、急増している。他方、通常戦型の国家間紛争はほとんど消滅した（図を参照）[*9]。二〇一五年、世界で五〇件の武力紛争が生起している。その中で、たった一件だけが通常戦である。だが暴力は衰えを見せない。社会科学の研究によれば、武力紛争は冷戦以降増大し、二〇一五年の紛争による死者の数はポスト冷戦期で最も多い[*10]。一九九九年にアメリカ海兵隊の退役将軍が議会で証言したように、「国民国家どうしの武力紛争の時代は終わりつつある」[*11]。

戦争はすでに先を進んでいる。通常戦はナポレオンの時代からヒロシマまで君臨したが、それはわずか一五〇年間のことだった。ヴェトナム、ソマリア、バルカン半島、イラク、アフガニスタン、そしてシリアの苦い教訓があるにもかかわらず、アメリカは通常戦を戦おうとする敵の阻止を企図した軍隊をいまだ

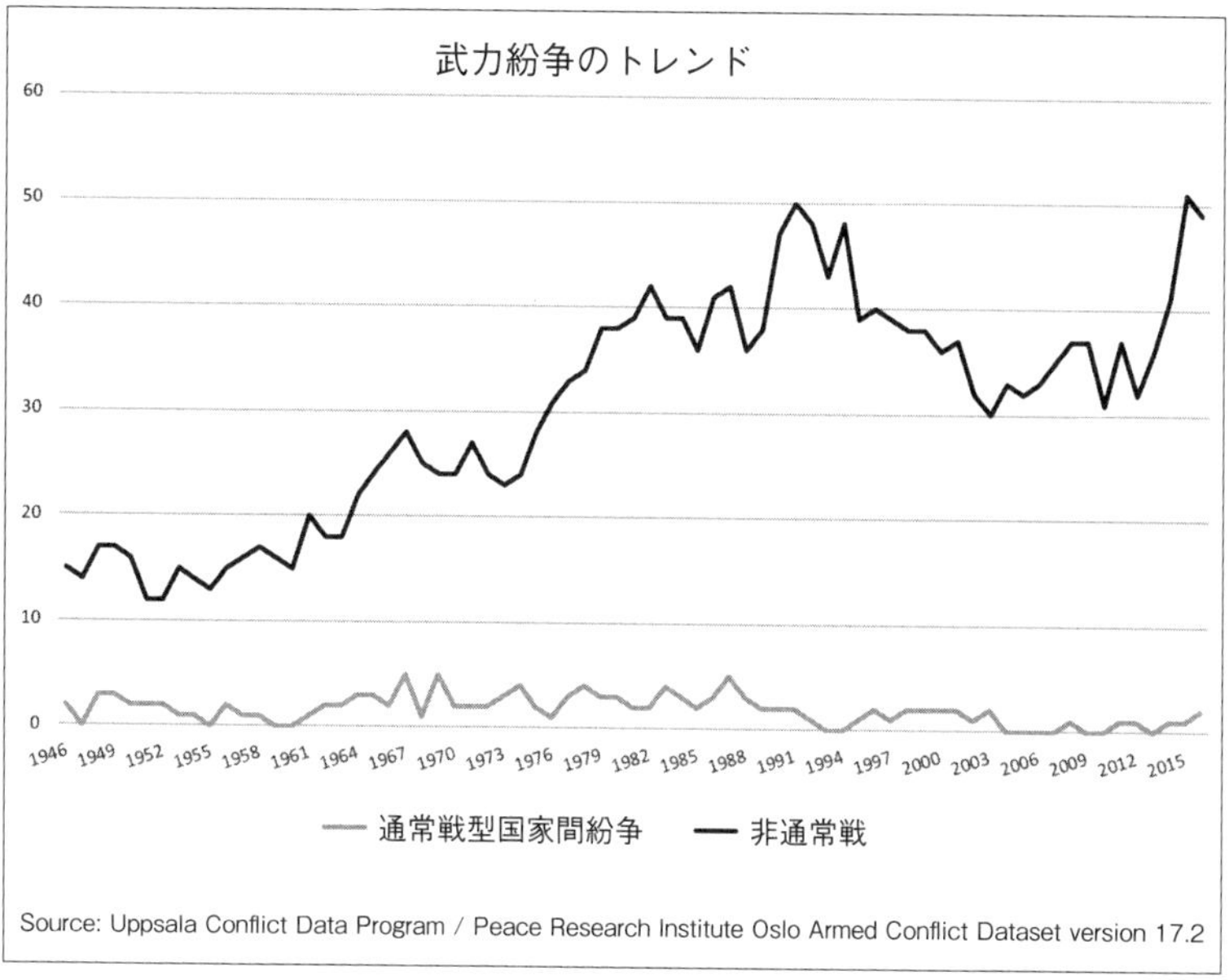

Source: Uppsala Conflict Data Program / Peace Research Institute Oslo Armed Conflict Dataset version 17.2

に維持している。アメリカは「過去」に身を置いて戦い、アメリカの敵は「現在」に身を置いて戦っている。アフガニスタンがアメリカ史上、最も長い戦争となったことは何の不思議もないのだ。

通常戦は死んだ。それなのに、通常戦への執着が今も我々を苦しめている。通常戦の正統性が存続する限り、アメリカは一九四五年のようには戦わない弱者の敵と悪戦苦闘しながら、国民の命と数兆ドル、そしてアメリカの国際的立場を台無しにしている。アメリカだけではない。他の西欧諸国も同じ問題に苛まれている。その解決策は軍隊から始まる。ポスト通常戦を戦い抜くため、我々は軍隊を一新しなければならない。

軍を変革せよ

古いジョークがある。「テロリストを殺害するのに何隻の原子力潜水艦が必要か？」というものだ。

「いくらあっても不十分だ！」と軍は答える。

これは戦略的伝統主義者がどのような考え方を

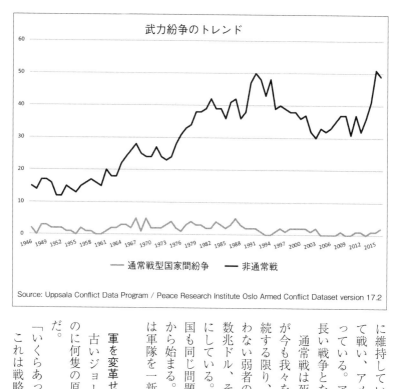

するのかを表している。つまり新たな脅威と向かい合ったとき、それに適応するのではなく無視するのである！　おそらくこれが、二〇一七年にアメリカ議会が新たに一三隻の潜水艦を調達するのに財源を割り当てた理由である。[*12]

私たちが道具を決めるはずなのに、道具が私たちの判断を決めている。NATOはソヴィエト兵を殺すために作られた通常型の軍隊で溢れ返っているが、数十年も前から、そんな戦争は起こらなかった。アパッチ・ヘリコプターやM-1エイブラムス戦車はソヴィエトのT-72戦車を撃破するために設計され、F-15やF-18ジェット戦闘機はMiGを撃墜するために製造された。そして、空母打撃群はソヴィエト海軍を沈めるために編成された。これらの兵器のどれ一つ取ってみても、現代の脅威に大いに効果があったと言えるものはなかった。だが、今も我々はそれらを購入している。さらに悪いことに、本来なら逆であるはずだが、そうした兵器に適合する形で戦術の方を変えてしまっている。これは常軌を逸している。我々が知っていることだから、我々はそうしているだけなのだ。

第一に、我々は通常戦型の兵器の購入をやめるべきだ。二〇一六年、アメリカは通常戦型兵器の取得に一七七五億ドルを出費した。この額はイギリスの全国防予算の三倍に相当する。この予算のおよそ半分は、開発から調達までに数十億ドルもかかる兵器に使われている。F-35はその一例である。これらの兵器はテロリストのような脅威を打ち負かさない。ロシアや中国のような国々を抑止しているわけでもない。ロシアはすでにクリミアを奪い取り、中国は南シナ海を獲得しつつある。こうしたレガシー兵器は支出に見合うだけの価値を低下させている。

その一方で、現代の戦争で成功している兵器はなおざりにされている。特殊作戦部隊はその一例である。彼らは世界中のいたる所で、いつも酷使されているが、その理由は彼らが効果的だからである。彼らの成功の鍵は何だろう。彼らは伝統に縛られない戦士であり、だからこそ「特殊《スペシャル》」なのである。だが、彼らにはペンタゴンの五〇〇〇億ドルの予算のわずか一・六パーセントしか充てられていない。航空母艦――船一隻分――を買うのに、アメリカの特殊作戦部隊すべてを合わせた経費以上のコストがかかっている。実際、特殊作戦部隊の拡充が必要とされているときに、海軍はもう二隻の航空母艦の購入を要求している。

我々は時代にそぐわない通常戦型の兵器を減らし、現代戦と将来戦で成功を収める特殊作戦部隊や他のツールを増やすため、アメリカ軍を全体的にリバランスする必要がある。この投資により多額の資金が節約され、納税者を救うことになる。というのも、旧式の兵器システムは目が飛び出るほど高額だからだ。特殊作戦部隊の予算を三倍にしたところで、その金額は年間約一〇〇億ドル程度であり、この額は伝統的戦争〔通常戦と同義〕向け高額商品の丸め誤差の範囲内だ。[*13] 節約された資金は他の分野に再投資されるべきであり、アメリカ市民はおそらく多額の減税の恩恵にあずかれるはずだ。

とはいえ、特殊作戦部隊は大量生産できず、緊急時に急ごしらえで作り上げることもできない。SEALs〔アメリカ海軍特殊部隊〕や他のエリート戦士の水準を下げることは、その答えにならない。幸いにも、そういう方向には進んでいない。軍全体が特殊作戦部隊のようになるべきであり、将来の訓練は特殊作戦部隊のそれを反映すべきである。特殊作戦部隊に共通する戦術、技能、手続きは、とりわけ陸上部隊の間で主流となるべきである。心理作戦、民事活動のような他の非通常戦型の能力が拡大され、改善されるべきである。そうすれば現地の人々を動員し、アメリカの利益に適った代理的民兵を建設するのに役立つだろう。

抜本的な軍の兵力構造の再編など、他の大胆な処置が講じられるべきだ。現在、軍は戦車師団のような通常戦型の火力のほとんどを保持し、実戦配備している。こうしたフルタイム部隊は世界中の軍事基地で訓練を行い、いつでも展開できる即応態勢ができている。対照的に、支援部隊は予備役に編入されており、国家的緊急事態が起きたときに動員される。彼らはインテリジェンス、工兵、衛生支援、兵站、多種多様なハイテク技能など戦闘力を維持増進するのに必要な任務を遂行する。予備役はパートタイムの兵士で、普段は軍以外の職業に就いているシビリアンである。よって、彼らの軍事技能は廃れてしまう。[*14]

現役と予備役の組み合わせは、まったく時代に逆行している。アメリカ陸軍の半数は予備役であるが、その半数の中身が間違っている。通常戦タイプの戦闘員が予備役に組み入れられ、戦闘支援機能の要員が現役に配置されるべきである。この再編は現実を反映したものだ。戦車部隊が派遣されるとき、その中核任務――広大な戦場で敵戦車を撃破すること――に関連したタスクを果たす機会は滅多に起こらない。その代わり、戦車部隊の隊員は、外国軍隊の訓練や災害救援活動など、その他のタスクをこなしている。一方、戦闘支援部隊は〔限られた勢力の中で〕過剰展開を強いられながら、インテリジェンス、医療支援、兵站など現代戦でますます重要なタスクを担っている。国防省がイラク戦争期に行った研究によると、予備役は作戦上の要求についていけなかった。現役の少ない戦闘支援部隊は過大な負担を強いられながら、世界中で終わりのない任務を遂行している。戦闘支援部隊は現代の軍事作戦の屋台骨であり、将来戦では戦車のキャタピラの跡よりも重要な役割を果たすだろう。

変化はボトムアップ式〔下位から上位へ〕で起こる。どの部隊が現役ではなく予備役とされるべきかについて議論を呼び起こすことは、あらゆる職種・階級へのメッセージとなる。来るべき紛争では、戦闘支援旅団は通常戦タイプの火力を凌ぐだろう。フェアかどうかは別として、現役第一線の兵士にとって、予備役兵は二流の兵士と見なされる。名高い第一歩兵師団がカンザス州兵に編入されたとしたら、軍の制度全体に衝撃が走るだろう。F‐35飛行中隊の代わりにC‐17輸送機部隊を立ち上げるといったことも同じだろう。そうした動きは将来の戦いで有益なだけでなく、我々の将来の指導者に影響を及ぼすだろう。野心的な若い将校は彼らが思い描く戦場を選択し、昇進を続けるであろうが、パットンは予備役の中には見つからないのだ。

〔戦い方の〕革命はトップダウン式〔上位から下位へ〕で起こる。そのためには将軍たちの保守的な姿勢を改めてもらう必要がある。アメリカ軍を指揮する四つ星〔大将〕は、今も昔も通常戦タイプの戦士である。それは冷戦の名残でもある。陸軍では、彼らが歩兵や戦車部隊の牽引役となった。海軍では、潜水艦乗りや戦闘機パイロットたちである。空軍では、戦闘機のパイロットたちである。海兵隊では、そのものずばり海兵隊員である。通常戦タイプの職種の中から軍の最高幹部を独占的に選出するというのはナンセンスである。もし将来と向き合うなら、最高位のポストは、新しい時代での戦い方を知る者に与えられるべきだ。特殊作戦部隊、インテリジェンスや情報作戦から引き抜かれた将軍たちは、古いパラダイムを打破してくれるだろう。〔新しい〕思考は各階級に伝わり、少しずつ軍内部に浸透する。もし指導層がポスト通常戦に備えて準備すれば、一世代も経てば、制度全体が正常に機能するだろう。

　特殊作戦部隊（略して「ＳＯＦ」）もまたリバランスを必要としている。９／11テロ攻撃以来ずっと、エリート部隊はナイフの技に磨きをかけてきたが、他の技能は鈍っていた。テロリストの追跡・殺害に従事する者は、ウサーマ・ビンラーディンの居住区襲撃のような隠密行動を伴うことから、「黒のＳＯＦ」（Black SOF）というニックネームを付けられている。だが我々には「白のＳＯＦ」（White SOF）が必要だ。それは同盟国の治安部隊が悪党たちに対処できるよう彼らを訓練する。グリーンベレーとして知られるアメリカ陸軍特殊部隊は、この任務に専念しており、我々はさらに多くのグリーンベレーを必要としている。そうでもしなければ、我々は永久にテロリストを追い続けることになり、その全部を敵に回すことになってしまう。

　新しい能力も必要とされる。各国はＴ・Ｅ・ロレンス〔一八八八年―一九三五年。イギリスの軍人、考古学者で、第一次世界大戦ではオスマン帝国に対するアラブ人の反乱を支援。映画『アラビアのロレンス』の主人公のモデルとして有名〕のような戦士兼外交官（warrior-diplomats）の育成に投資すべきである。グリーンベレーは他の組織と並び、そうした役目の一部を担っている。例えば、アメリカ軍は外国地域専門将校（foreign area officer）を養成している。また、南アジアに特化した「アフガニスタン - パキスタン・ハンズ・プログラム」を実施している。このモデルは有益である。そのプログラムの中で、各人は数年間、関係する地域に関わりを持ち、現地の言語、文化、政治だけでなく、現地人がなぜ、どのように戦っているのかを学ぶ。多くのアメリカ軍人が現地人と一緒に生活を送り、ロレンスが行ったのと同じように現地人と共に戦うこともある。そんな彼らはアメリカの国益のため現地で活躍するだけでなく、彼らの現地の専門知識はイラクやアフガニスタンで起きた最悪の事態、例えばイラクで武装反乱を焚《た》き付けた「イラク軍の脱バース党化」政策などの発生を防いでくれるかもしれない。残念ながら戦士兼外交官は、彼らの職歴が通常戦とかけ離れているため、軍高官から疎んじられている。もっと多くの戦士兼外交官が、戦略的要地の現場だけでなく、ペンタゴン内部の指導的ポストにも必要とされている。

　最後に、すべての戦士が軍服を着ているわけではなく、巨額の通常兵器システムからの削減分は海外で活動するシビリアン機関に再分配されるべきだ。もし火力ですべてが決するなら、現代戦に勝てるだろうし、アメリカはイラクやアフガニスタンを難なく制圧していたはずだ。しかし、もはや戦争はそのように機能しない。国力の他の政策道具を育成しなければならない。例えば、情報優越、敵のエリートと財政的に渡り合えるきわめて精度の高い制裁、宣伝戦に勝利するための戦略的メッセージ、住民に直接語りかけるパブリック・ディプロマシー〔伝統的な政府対政府の外交とは異なり、政府と民間が連携しながら広報や文化交流を通じて外国の国民や世論に直接働きかける外交活動を指す。「広報文化外交」「広報外交」とも訳される〕、「武力紛争への関与を否認できるもっともらしい根拠」を提示する力、我々が手を汚すことなく敵対者の心《マインド》を変える賄賂などである。これらは、インテリジェンス・コミュニティの仕事であり、財務省、国務省、そしてアメリカ国際開発庁（ＵＳＡＩＤ）の仕事である。我々の将来の兵器庫の多くは、軍隊ではなくシビリアンの手中に存在する。戦略分野で無党派の一匹狼たちは、この動態的変化を理解している。ジェームズ・Ｎ・マティス将軍は議会で次のように証言している。「もし国務省に十分な資金を提供しないのなら、最終的に私が多くの弾薬を買い付けなければならない」[*15]。

「通常戦」を戦う準備をすることは、ユニコーン〔一角獣〕を探し出すようなものである。下手をすれば、欧米が敗北する原因となる。概して、国家が戦い方を変革するには、死に物狂いの経験を要する。このように、欧米は自己の成功体験の犠牲者となり、それ以外の国は欧米を追い抜いている。欧米はやがて取り残されてしまう。

我々は変化を引き起こすために生存の危機を座して待つわけにはいかない。今こそ、私たちは適応をはじめるべきだ。

ルール2 「テクノロジー」は救いにならない

F‐35ジェット戦闘機は最高だ。

それは宇宙船にも見え、エンジン推力四万三〇〇〇ポンド、最高速度マッハ一・六、瞬間高機動旋回を行う性能を持つ。F‐35モデルの一つはヘリコプターのように垂直離着陸が可能である。この戦闘機は軽量級ではない。九トンものスマート爆弾を〔地上の〕靴箱サイズ目がけて投下できるのである。

敵は何から攻撃を受けているか分からないだろう。F‐35はレーダーに映らないからだ。それはこれまで開発された兵器の中で最もステルス性の高い戦争マシンであり、敵に発見されずに、こちらからは敵を見ることができる。F‐35と対戦する相手は、あるパイロットが語ったように、ボクシング・リングに飛び込んで「目に見えないモハメド・アリと闘う」ようなものだ。

F‐35でパイロットは透視能力（X線ヴィジョン）を持てる。ヘルメット・ヴァイザーを装着したパイロットは、次世代の空中戦用に機体に搭載されたリモートセンサーを使って、航空機を「透かして見る」ことができる。それはこれまでの中で最もスマートな兵器かもしれず、スペースシャトルよりも多い八〇〇万行のコンピュータのソースコードを起動させて動かす。F‐35が飛行すると、シリコンの頭脳部は戦闘空間全体を見通し、パイロットのために自動的に標的を選定し、協同で目標設定するために友軍――戦車、駆逐艦、ドローン、ミサイル、発射機――とリンクされる。

F‐35はテクノロジーの驚異であり、トップガンへの強い憧れを抱く戦闘機パイロットをすっかり夢中にさせている。さらに素晴らしいのは、機体は実質的に自動飛行する。操縦室の中には、計器類やボタン、つまみ類はほとんどない。あるテストパイロットが言うには「あなたの目の前にあるのは大きなタッチスクリーンのディスプレイで、それはｉＰａｄ世代への橋渡し役になる」。マーヴェリックとグース（一九八六年のアメリカ映画『トップガン』に登場するアメリカ海軍の戦闘機パイロットのコールサイン）の時代を超えて、Ｆ-35は未来そのものだ。別のパイロットも語っているように、それは「我々が将来の戦争で必要とされるところに連れて行ってくれる必要とされる航空機」[*1]である。

しかし、Ｆ-35は将来の戦争では無用となるだろう。実際、今現在でも時代遅れである。朝鮮戦争以来、戦略的な空中戦――戦争の帰趨を決する空中戦――は起こってこなかったのに、なぜ、より多くのジェット戦闘機が今さらながら必要なのか？　二〇〇一年九月一一日以来、アメリカは絶え間なく戦争を続けてきたが、この高価なスーパー兵器はこれまで戦闘任務で飛び立ったことはない。どんな兵器でも、その価値は実用性で測られる。

Ｆ-35はテクノロジーに対する我々の信仰を象徴する記念碑と言える。それは、Ｆ-35の開発にこれまでどれほどの投資が行われてきたかで表わされる。それは歴史上、最も高価な兵器である。[*2]アメリカはこの航空機に一兆五〇〇〇億ドルをつぎ込んできた――それはロシアのＧＤＰを超える金額である。もしこの飛行機が一つの国であるとすれば、そのＧＤＰは世界で一一番目にランクされる。それはオーストラリアやサウジアラビアのＧＤＰを上回っている。一機を購入すれば約一億二〇〇〇万ドルかかるが、それはボーイング七三七-六〇〇旅客機の価格の二倍に相当する。Ｆ-35を飛ばすだけでも高価である。空中で一時間経過するたびに四万二〇〇〇ドルかかり、Ｆ-16ジェット戦闘機の一時間当たりの費用や航空機を修理する整備員の給料の倍額以上である。このコストは、戦争に向かうことのないジェット戦闘機にとって価値あることなのだろうか？　むろん、そんなことはない。

Ｆ-35の不合理性は値段だけにとどまらない――この飛行機は冗長でさえある。つまり、空軍、海軍、陸軍のニーズを満たすことのできる「空飛ぶスイスのアーミーナイフ」のようなものとして考案された。それどころか、「らくだとは、委員会によって設計された馬である」という諺〔委員会を構成する大勢の専門家が力を合わせて良い結果を作り出そうと努力しても、様々なアイディアを盛り込むことで、結果的に最初のヴィジョンとはかけ離れたものになってしまうという意味〕を具現している。F-35は空中戦、爆撃、偵察飛行の任務につける――だが、どれも不十分である――ことは本当だ。従来の航空機でも、あらゆる任務でF-35より十分な働きを行うことができる。例えば、一九七七年に導入されたA-10サンダーボルトは、地上支援任務で優れた働きをする（これはF-35チームも認めている）。専用の爆撃機は〔F-35より〕多くの爆弾を搭載し、より遠方へ飛ぶことができる。[*3]

　驚くべきことに、F-35はどのジェット戦闘機にとっても核心であるはずの空中戦を行うことができない。あるテストパイロットによると、F-35は模擬空中戦において四〇年古いF-15ジェット戦闘機よりも「かなり劣っている」という。F-35は敵機を銃撃したり、敵の銃撃を巧みにかわすための急旋回や急上昇が十分ではない。同様にF-35は一九八〇年代に開発されたF-16と格闘した。この年代物の航空機は、ステルス機に気づかれずに難なくF-35の背後に回り込み、直接照準できる位置についた。F-35の誇示されてきた能力の裏側では、多角的な試験で打ち負かされてきた実績がある。[*4]

　テクノロジーに頼って生きる人は、テクノロジーで身を亡ぼす。当然ながら、F-35の八〇〇万行のソースコードは、バグが発生しやすい。それは地上で機体整備と兵站用ソフトウェアを起動させる二四〇〇万行〔のコード〕についても言える。時々、パイロットは飛行中に数百万ドルするレーダーを再起動するため、飛行中にCtrl+Alt+Deleteキー〔Windowsで慣習化した強制終了・再起動のキーの組み合わせ〕を押さなければならない。F-35のコンピュータ・コードは、政府会計検査官が言うように「この世で最も複雑」である。そしてプログラム化されるものはハッカー行為の対象となり、これはF-35のもう一つの弱点になる。

ハックされようとされなかろうと、コンピュータ・コードにバグが多発すれば、航空機は飛行停止となる。[*5] 軍の運用試験・評価責任者は、F-35のコンピュータに二七カ所の「カテゴリーI」エラーを発見した。[*6] このエラーは、死、重傷、機体そのものへの重大な損傷を招く原因となるかもしれず、軍の「戦闘即応態勢を著しく制限する」。地上に据え置かれたままの航空機は、戦闘効率ゼロだ。一兆五〇〇〇億ドルを支出し、開発に二五年間を費やし、二つの長期戦〔アフガニスタン戦争とイラン戦争〕では戦闘任務で飛行することはなかったのに、いまだに軍は二四四三機の購入を欲しているとは信じられないことだ。ペンタゴンの兵器調達部門の責任者でさえ、F-35は「調達ミス」であることを認めている。[*7]

それはF-35に限ったことではない。すべてにおいてそうである。人はみな、役に立つ兵器よりも格好いいものを欲する。これはテクノロジーの理想であり、欧米流の戦争様式の一部をなす。航空母艦はISISのような脅威を打ち負かすことはないが、アメリカは二〇一七年に新たに一隻を就役させた。そのコストは一三〇億ドルである。その目的は、就役させたトランプ大統領の言葉を借りれば、「ISISを打ちのめし、破壊する」ためである。皮肉にも、この艦船はISISとの戦いで効果を上げているアメリカ特殊作戦部隊の予算全体よりも多額のコストがかかっている。空母決戦は一九四二年のミッドウェーで山場を過ぎたにもかかわらず、アメリカ海軍はさらに九隻を発注している。旧態依然たる戦略思考は、我々すべてに負担を強いている。

機会費用は驚くほどだ。F-35のような見当違いな兵器に、納税者は数兆ドルを支払わされており、これでは国を危険にさらすことになる。では、未来の戦争に必要なもので、我々が顧みてこなかったものとは何か？　アメリカの抱える負債が最大の敵だと考える専門家もいる。国防長官で、退役した四つ星の将軍であるジェームズ・マティスは「財政の正常化に失敗し、軍事力を維持できた国は歴史上存在しない」と語った。[*8]

将来の戦争はローテクで戦われるだろう。安価なドローンがインターネットで購入され、誰かのガレージで改良される。それに簡単な爆薬を付けると、ほら、あなた独自のカミカゼ空軍のできあがり！　数百の数であれば、一つの標的に群がったり、トマホークミサイルのようなＧＰＳシステムによる誘導といったことを同時に制御できる。現代の敵は、民間航空機、路肩爆弾、自爆用チョッキに自爆トラックなど、ごくありふれたものを何でも兵器に変える。〔欧米〕諸国はこうした粗野な兵器を打ち負かすために数十億ドルを消費し、失敗する。ローテク――きわめて入手が容易で、撃破が困難なもの――は、将来兵器の選択肢となる。

一方で、Ｆ‐35は、アメリカがアフガニスタン、イラク、リビア、シリア、その他の地域で戦っている間、世界中の滑走路に留まっていた。そうしたジェット戦闘機は時代遅れである。なぜなら、ポスト通常戦時代において、通常戦を戦うために製造されたものだからである。

戦争のアルゴリズム

Ｆ‐35に見られるテクノロジー信仰は、ある種の自己欺瞞である。Ｆ‐35の戦歴が証明しているように、敵に勝るテクノロジーや火力では戦争に勝利できないことは、すでに今日の紛争が我々に教えてくれている。しかし、ワシントンはその魅力に翻弄され、軍の計画はしばしばテクノポルノと化している。

つい先頃、私はワシントンＤＣのシンクタンクが開催した戦争の未来に関するイベントに参加した。議会スタッフや軍の幹部、外交政策の専門家、そして大手防衛関連企業の関係者らで満員となり、立見席しか残っていなかった。後部の壁沿いにはテレビカメラが並び、安物のコーヒーの匂いが室内に漂っていた。新しいキャッチフレーズ――「第三のオフセット戦略」――がワシントンじゅうに広がっていて、みながそれについてもっと多くを知りたがっていた。

席に座っていると、私の隣の二人の国防アナリストの話が耳に飛び込んできた。「問題は」そのうちの一人が言った。「軍が明日の脅威について完全に予測することは不可能だ、ということだ。しかし、軍はテクノロジーを通じて時代に取り残されないよう、自らを刷新することはできる」。

「だからこそ、国防省にはもっと金が必要なのだ」と、もう一人のアナリストが国防省に触れて答えた。「軍は情けなくなるほど十分な財源を与えられていない」。二人は納得したように頷《うなず》いた。

国防副長官ロバート・O・ワークが演壇に立つと、それまでのお喋りは止んだ。儀礼的な挨拶を終えると、彼は本題に入った。

「我が軍が長きにわたり享受してきたテクノロジーの優位──アメリカはこれまでテクノロジーの優位に依存してきましたし、第二次世界大戦でもそうでした。こうした我々が長期間頼りにしてきた優位が徐々に蝕《むしば》まれていることは、きわめて明らかであります」。彼は、北朝鮮からロシアまで、アメリカの「競争相手」がいかにして「我々のテクノロジーの圧倒的優位に対抗する手段を編み出している」かについて滔々《とうとう》と説明した。

その解決策は？　さらなるテクノロジーである。ワーク副長官は、優勢なテクノロジーは、誰であれ、何であれ、いつ、どこであれ、想定され得る脅威をいかにして「相殺《オフセット》」できるかを説明し、その理由を語った。これが「第三のオフセット戦略」なのである。[*9]

「オフセット戦略の意味をざっと振り返ってみましょう」と、彼は続けた。第一のオフセットは一九五〇年代の核兵器だった。第二のオフセットにより、一九八〇年代に我々は精密誘導兵器を手に入れた。そうして今、第三のオフセットはロボット工学と人工知能への約束を授かった。それは修正主義者の軍事史であるが、でも心配はいらない。聴衆はみな夢中になっていたのだから。

この戦略には目新しさがない。これは一九九〇年代の古い「軍事における革命」論の再来だった。それは二〇〇三年のイラク戦争で失敗に終わった「衝撃と畏怖」作戦をもたらした。「軍事における革命」は壮大な失敗だったのは明らかであるが、誰もが確証バイアス〔仮説や信念を検証する際に、自分の考えを支持する証拠ばかりを探してしまい、反証情報に注目しない傾向。認知バイアスの一種〕に酔いしれ、不都合な事実から目を背けている。それはワシントンにおけるオルソンの法則、すなわち「よい結果が出せなくてもいい、うまく言い訳できさえすればいい」のだ。他の部分を人々は忘れてくれる。

その後二、三カ月間にわたって、ワークとペンタゴン幹部は「第三のオフセット戦略」とテクノロジー信仰を熱心に説いて回った。

「兄弟姉妹であるみなさん、私の名前はボブ・ワークです。私は罪を犯しました」。彼はあるイベントで笑いを誘った。「私は〔テクノロジーが〕戦争の性質を変えてしまうだろうと心の底から考えるようになりました」。この発言の重みを噛みしめながら、彼は続けた。「これ以上の罪の告白はありません」。[*10]

新しいテクノロジーがいかに戦われるかではなく、変わることのない戦争の性質を変えることができると示唆するのは、無茶な話だ。それは、新しい種類の時計が時間の性質を変えると主張するようなものだからである。だが、軍事関係者の多くは、人工知能が戦争を再定義すると考え始めている。〔人工知能の〕思考は〔人間の〕思想の先をいくからだそうだ。

「学習マシンは文字どおり、光の速度で機能する」と、ワークは言った。「だから、あなたがたがサイバー攻撃や電子戦攻撃あるいはあなたの国の宇宙構造物への攻撃、マッハ六で唸りをあげて迫ってくるミサイルに対処するとき、あなたがたを手助けする学習マシンはそんな問題をただちに解決してくれる」。

軍が生み出そうとし、ワークが約束するのが「人間とマシンとのマインド融合（human-machine mind melds）」だ。未来の兵器は、人間とマシンが融合したケンタウルスのようなものになる。

「この最良の実例は」と、ワークは続けた。「F‐35統合打撃戦闘機です。この第五世代戦闘機はF‐16を振り切れず、同じ速度ではありますが、我々はF‐35が戦争の勝者になると絶対的な確信を持っています……なぜなら人間の判断力を高めるマシンを使っているからです」。

私の隣にいたある大佐が iPhone を取り出し、グーグルでＦ‐35を検索した。画像が現れ、猛烈なスピードを出して背面飛行をしている機体を写し出した。多くの画像は写真ではなく作画家のスケッチだった。その一つは、ドローンの編隊を率いて戦闘に向かうＦ‐35を描いていた。時速七〇〇マイル〔約一一二六キロメートル〕で飛行し、すべて人間とマシンから成るケンタウロスによって制御される。そんなものはベータテスト〔製品を市場に出す前の最終試験〕を経ていない空想の産物であるはずだが、ワークの「衝撃と畏怖作戦」はうまくいっていた。

「クールだ」と、大佐は囁《ささや》いた。「物凄くクールだ」。

「今ここであなたがたに言えることは」と、ワークは語った。「今から一〇年後、突破口を切り開く最初の人物はいまいましいロボット[11]ではありません。そんなことは我々〔人間〕にとって屈辱です」。

大佐は隣席の者たちと iPhone の画像を共有し、誰もが同じように感心していた。

ワークは講演を国防産業に対する励ましのエールで締めくくった。国防産業の出席者たちのほとんどが立ち上がり、歓喜の声を上げた。「第三のオフセット戦略」は軍産複合体に数十億ドルの買い物リストを授けたのだ。事業を推し進めるため、国防省は一八〇億ドルの資金を確保した。国防省はカリフォルニア州シリコンバレーに納税者の負担によりベンチャー投資資金を設立するという前例のない措置を講じた。そこは利潤を上げる必要はなく、軍人たちに目を見張るようなテクノロジーを供給するだけでよかった。国防省はそれを「国防革新実験ユニット（Defense Innovation Unit Experimental）略してＤＩＵｘ[12]と呼び、豪華なホームページのトップと中央には「一〇〇ドル＋数十億市場を入力」のボタンが掲げてある。

ワークは「我々は尻を蹴とばすつもりです」と言って話を終えた。聴衆はまるでブロードウェイのように拍手喝采した。軍事的ヴィジョンを思い描く人たちは将来を見つめ、その将来はまるでアイコンバット（iCombat）のようである。ボブ・ワークがペンタゴンを去った一カ月後、彼はレイセオン社の取締役会に加わった。[*13] レイセオン社は世界最大の国防関連企業の一つであり、年間収益は二三三億ドルに及ぶ。軍産複合体の壁にまた一つ別のレンガが積み重なったわけだ。

　これほど誤った考えはなく、それを信じ切っている者は他に見たこともない。二〇一七年、ペンタゴンは「メイヴェン・プロジェクト」（Project Maven〔mavenは専門家、達人の意。グーグルやアマゾンなどIT企業がペンタゴンに対して軍事用AI技術を提供する極秘の計画〕）に着手した。[*14] プロジェクトのミッションは「アルゴリズム戦争」に備え、人工知能分野の軍備競争に勝利することである。戦争が起こる前に完璧に近い精度でそれを予測する能力を持ったメガコンピュータを想像してほしい。予測された攻撃者に対する先制攻撃を行えるなど、あたかもフィリップ・K・ディックの短編小説『マイノリティ・リポート』を彷彿《ほうふつ》させる。この小説の中で（同小説をもとにしたトム・クルーズ映画でもそうだが）、未来の社会は、警察が将来の犯罪を予見し、犯罪が起きる前に悪人を逮捕できるマシンを所有している。逮捕された者は当惑し、無実を主張するが、警察は逮捕者が実際に犯罪を犯していないが、おそらく将来起こすはずだった犯罪を理由に彼らを生涯刑務所に収監する。

「メイヴェン・プロジェクト」は『マイノリティ・リポート』と同じ論理で運営される〔実際に犯罪に及んでいない仮想犯人をあらかじめ逮捕するのと同様、実際に攻撃していない仮想敵国に対し攻撃を加えるという論法〕。それはまさに戦争アルゴリズムと呼べるもので、現代の戦争倫理とプライバシー権の侵害に関わる事例である。あらゆる電子メール、配信画像、放送信号、データ伝送を――あらゆる場所からすべて――吸い上げて将来を推測し、全知全能の神のごとく、世界で何が起きているかを知ろうというものだ。古代ギリシア人はこうした態度を表すのに「うぬぼれ」（hubris）〔ギリシア悲劇では、破滅へと導く尊大な野心という意味で使われた〕という言葉を持っていた。

　一年後、数千名のグーグル社の社員たちは、会社が「メイヴェン・プロジェクト」に関与していることに抗議する文書に署名した。「私たちはグーグル社が戦争ビジネスに従事すべきではないと信じている」とその文書にはあり、スンダー・ピチャイ最高経営責任者に提出された。そして辞職する社員が続出した。[*15]

よくあることだが、明らかな物事ほど、将来にわたって見逃される可能性も高い。魅力的なテクノロジーでは戦争に勝利できない。第二次世界大戦以降、ハイテク軍隊は一貫してローテクの敵に阻止されてきた。粗末な路肩爆弾は依然としてアメリカ軍のスマート兵器を出し抜いており、殺された人数で測れば、ローテクの自動小銃ＡＫ‐47は世界的な真の大量破壊兵器である。

マシンではなく人材に投資を

我々は人材を犠牲にして、テクノロジーに投資してきた。ここでいくつかの例を取り上げる。

午前一時三〇分、「ＵＳＳフィッツジェラルド」（*Fitzgerald*）〔アメリカ海軍のアーレイ・バーク級ミサイル駆逐艦の一二番艦〕の乗組員たちは激しい揺れに襲われ、寝台で目覚めた。何人かは床に放り出された。日本沿岸〔伊豆半島石廊崎沖およそ二〇キロメートル地点〕で、三倍のトン数のあるコンテナ船が駆逐艦に衝突した。

冷たい海水が吃水線下部の二階にある居住区画に流れ込んだ。ある水兵は海水の勢いで寝台から叩き出された。一分もしないうちに、海水は腰の高さまで溜まった。

「デッキに海水進入」。水兵たちが叫んだ。「退避せよ！　退避せよ！」

マットや家具類、トレーニング用バイクが通廊を流れていた。動力エンジンは停止し、非常灯が点灯したが、船内は暗かった。

「居住区画を片づけろ」と、誰かが大声を上げた。「寝床を調べよ。総員退避したかを確認」。

水兵たちは暗闇の中、壊れた鉄片をかき分けながら水の中を歩いた。間もなくして、水位が天井まで到達した。ある水兵はわずかなエアポケットで呼吸しながら生き延び、右舷にある脱出用梯子まで泳いで辿り着いた。

海水の上昇により乗組員たちが甲板上に退避する間、二人の水兵が船内に留まり、取り残された別の仲間二人を捜索した。

最後の生存者は衝突時にバスルームにいた。海水の勢いで床に投げ出され、区画内は六〇秒も経たぬうちに海水で溢《あふ》れかえった。必死になって彼は浮かんでいたロッカーを伝い、寝室区域に辿り着こうとした。水位が上昇し、彼はロッカーと天井の間に挟まれてしまい、ついに海水に飲み込まれてしまった。

彼は〔水の中で〕配管をしっかりと握り締め、それを思い切り引っ張って体ごと前に押し出し、目に見えた唯一の明かりに向かって泳いだ。だが、距離が遠すぎた。息が切れ、彼はとっさに海水を飲み込み溺れてしまった。誰かの手が彼をグッと摑《つか》み、水中から引き上げられた。彼は息を切らしながら甲板に横たわった。目は充血し、顔面は紅潮していた。

運の良かった乗組員は第二寝室区画から退避できたが、それでも何人かは水位が頭上まで達すると、水中の倒壊物に足を捕らわれた。他の者は、コンテナ船下部にある球状の船首が駆逐艦の船体に突き刺さったとき、激しく押しつぶされた。そのエリアは一分と経たないうちに海水に覆われた。駆逐艦が衝突を受けたとき、第二寝室にいた三五名のうち二八名は退避できたが、七名は死亡した。

艦長は破損物がドアをブロックしたため、艦長室に閉じ込められていた。五人の水兵たちが大型ハンマーやケトルベル〔ダンベルに似た筋力トレーニング用器具〕を使い、そして体当たりをしてドアを破り、艦長を救い出した。

「フィッツジェラルド」は右舷に七度傾いていた。水兵たちは海水の流入を塞ぎ、必死になって船を沈ませまいとした。その間にも、吃水線の下にできた一三フィート×一七フィート〔約三・九メートル×約五・一メートル〕の穴から海水が流れ込んだ。消火用の海水を運ぶ巨大パイプが破裂し、〔衝突部ではない〕他のエリアを水没させた。「フィッツジェラルド」は沈み始めた。*16

「『フィッツジェラルド』の乗組員は自分たちの艦を救うため、夜の暗闇の中、必死で戦った」と、のちに海軍の報告書は述べている。駆逐艦は日本の横須賀海軍基地にやっとのことで帰港した。待ち受けた港湾労働者たちは、右舷の吃水線上部の構造がちょうど艦橋の真下に食い込む形で陥没しているのを見て息を呑んだにちがいない。そこは貨物船「ACXクリスタル号」（*ACX Crystal*）〔フィリピン船籍〕が「フィッツジェラルド」に衝突した箇所だった。装甲で覆われた船体は内側にめり込み、導管やケーブル、損壊物が吃水線の上方にむき出しになっていた。吃水線より下部は船体に穴が開いていた。その穴の内側に、瓦礫で身動きが取れず、溺死した七人の水兵の死体があった。

海軍は「フィッツジェラルド」の艦長、副艦長、そして最先任上級兵曹をその役職から解任した。理由は指揮能力に対する「信用の喪失」だった。衝突したとき、誰もコントロール室におらず、乗組員の対応の不備の責任を負わされた。

「フィッツジェラルド」の事故〔二〇一七年六月一七日〕は、一連の出来事の一部だった。ちょうど九週間後、「USSジョン・S・マケイン」（*John S. McCain*）が夜間にシンガポールの東側沖合で石油タンカーと衝突した。甲板下の営舎区画が水没し、一〇名の水兵が亡くなった。同じ年〔五月九日〕には、「USSレイク・シャンプレイン」（*Lake Champlain*）が七〇フィート〔約二一メートル〕の漁船と衝突した。その数ヶ月前〔一月三一日〕には、「USSアンティータム」（*Antietam*）が日本沿岸で座礁し、東京湾に一一〇〇ガロンの油圧オイルが流出した。

戦闘態勢にある艦艇ならこんなことにならない。

衝突事故が相次いだことを受け、アメリカ海軍は世界全域で二四時間の「作戦行動の中止」あるいは「安全点検のための運用の一時停止」を命じる異例の措置を講じた。海外に展開する二七七隻の艦艇では乗組員たちが、チームワーク、安全プロトコル、シーマンシップ、その他の「基本原則」を見直した。また、海軍は六日間にわたり、上層部から末端に至る艦隊作戦、訓練、技術検定の見直しを行った。そのうえで、海軍は太平洋の第七艦隊を指揮する三ツ星の提督を解任した。

これらの処置は根本的な問題を解決していない。根本的問題とは、要員の訓練不足である。事故を起こした艦艇は、最高額で技術的に最も進歩した艦艇ばかりである。これらの艦艇はいかにして海の真ん中で他の船との衝突に及んだのか？　テクノロジーは救いにならなかった。

解決策はプラットフォームではなく、人材に投資することだ。知力はシリコンよりも重要であり、ハードウェアよりも人材を大事にすることは、国防の最優先課題であるはずだ。なのに、「軍事における革命」や「第三のオフセット戦略」を見れば明らかなように、これは国防コミュニティが今日求めているものではない。こうした事情は、次にどんな技術的流行がやってこようとも同じだ。

テクノロジーへの過剰な依存は便宜的な杖であり、真の力を台無しにしてしまう。海軍は、古代からの技術である天測航法のような基本的シーマンシップを犠牲にして、水兵たちに最先端システムを習得することを求める。今日、車を運転するとき、GPSナビゲーションを利用することは簡単だ。それがもし故障して使えなくなれば、多くの人々が道に迷うだろう。それはハイテク軍隊にとっても同じだ。基本的技能はハイテク技術を追い求める過程で損なわれ、それは将来の敵につけ入る隙を与えてしまう。例えば、GPSを機能停止にすれば、先進的な軍隊の優位は相殺されてしまう。将来の敵は、テクノロジーの優位を無力化する戦略を採用し、攻撃してくるだろう。

まず、上層部に問題がある。ある退役海軍艦長によると、海軍作戦本部は「技術的解決策がある。我々はその解決策を軍事産業に期待している」と考えているらしい。この技術への盲信は、F-35のような失敗作を生んだだけでなく、シーマンシップのような専門職業の基本的知識を欠いた幹部の新しい世代を生み出している。「レーダーは何かがそこにあることを教えてくれるが、方向を変えようとしているかどうかは語らない」と、元艦長は言った。「自分の目だけが、それを教えてくれる。鉄〔の兵器〕に自分の目を付けておくのだ」[*17]。

かつて、海軍の水上戦幹部いわゆるＳＷＯｓたちは、ロードアイランドのニューポートにある学校で、最初の六カ月間は基礎的シーマンシップ、リーダーシップ、船の操舵法を学んだ。今はＣＤを受け取るだけである。二〇〇三年に始まったのだが、若い幹部らは、パソコン訓練用の二一枚のＣＤが入ったボックスを配布される。冗談交じりで「箱の中のＳＷＯ」と呼ばれる。若い少尉が疑問を抱いても、そこには質問する教官がいない。船に乗り込みながら、他の勤務の合間を見てノートパソコンでシーマンシップを習得することを期待されている。海軍生活は苛酷だ。一週間の勤務時間が一〇〇時間を超えることもある。[*18] 駆逐艦が海上で衝突するのは無理もない。

若い海軍大尉は、イギリスの駆逐艦に交換幹部として二年間乗艦したとき、自らのずさんなシーマンシップを痛いほど思い知らされた。「率直に言って」と、その大尉が言った。「交換幹部として最初の数カ月間、海に関する私の知識と技能不足に恥ずかしい思いをしました。九〇分の最初の［海上］交通規則の筆記試験は不名誉な結果に終わったからです。私はアメリカ海軍の五〇問からなる多肢選択式試験に慣れ切っていました」。イギリス海軍は彼を補習訓練に参加させたが、それは彼も望むところだった。イギリス海軍士官は陸上でも海上でも、シーマンシップや他の基本動作に関する厳しい教育を受ける。彼らは、国際海事機関が定めた「船員の訓練及び資格証明並びに当直の基準」に合格しなければならない。この苛酷な訓練は二一枚のＣＤとは雲泥の差がある。正規の訓練を犠牲にして目を見張るようなテクノロジーを追い求めるやり方は、平時において生命を危険にさらす。戦時には何が起こるだろうか？

ようやく海軍は教訓を学び、今は新任士官向けの教育科目を設けようとしている。だが、ダメージはすでに現れている。ＣＤで訓練された士官の世代はすでに艦艇を指揮し、次の世代を指導していた。さらに悪いことに、テクノロジー的なものをすべて受け入れる海軍の気質や、「第三のオフセット戦略」に見られるように、テクノロジー中心のメンタリティは依然として健在だ。そのような考え方は、南シナ海での行動を危険に導くだろう。

　知能の優れた人間は、常にスマート兵器の裏をかく方法を見つける。テクノロジー礼賛者が何と主張しようと、未来の戦争はロボット同士で戦われることはない。テクノロジーは現代戦において、もはや決定的役割を果たさない。ということは、倫理面でも運用面においても人間〔の関与〕が重要となる。イラクとアフガニスタンでの教訓は、この事実を裏付けたと言ってよい。それはあたかも、ラッダイト〔一九世紀初頭のイギリスで、機械化に反対した熟練労働者らが結成した組織。語源は一七七九年に織物機を破壊したとされる労働者ネッド・ラッドから採った呼び名〕が西洋の圧倒的な軍事的・テクノロジー的優勢に立ち向かったかのようである。中国の行動が示すように、この波は間違いなく受け継がれている。いずれにせよ、テクノロジーは危険である――我々にとって。テクノロジーは軍隊の教育訓練の水準を下げ、財政を破綻に導き、通常戦とはならない将来の紛争への備えを阻害している。

　マシンは我々の救いとはならないだろう。しかし、人間にならできる。そこにこそ我々は投資すべきである。その投資額は、おそらく数桁違いで安く済むはずだ。またしても、知性がシリコンを凌ぐのである。チェスの名人を打ち負かしたスーパーコンピュータは戦争の未来を予測したりしない。たかがチェスである。戦争とはゲームより遥かに複雑なのだ。もしスーパーコンピュータが大統領か首相に立候補するなら、我々も真剣に受け止めるはずだ。そうなるまでは、過剰宣伝である。〔こうした意見に〕軍産複合体に利害を持つ者たちは、自ら国旗で身を包みながら（wrapping themselves in the flag〔愛国心があると見せかけて実は私利私欲を追い求める意〕）非難の声を挙げるだろう。しかし、詐欺に引っかかってはならない。

　テクノロジーは戦争で決定的な役目を果たさない。いち早くテクノロジー中毒から抜け出すことができれば、我々はそれだけ早く再び戦争に勝利することができるだろう。テクノロジーは戦略的に判断を誤らせる。これは何も最先端の道具を丸ごと捨て去ろうと言っているのではない。テクノロジーを崇拝することをやめるべきだと言っているのだ。便利な機器は日常生活を形作るけれども、勝利をもたらすわけではない。戦争とは武力による政治（armed politics）であり、政治的問題に技術的な解決策を求めるのは愚かなことだ。結局、頭脳の力は火力に勝るのであり、我々はプラットフォームではなく、人材に投資すべきなのだ。

ルール3　「戦争か平和か」という区分はない。どちらも常に存在する

南シナ海のある場所で、海軍駆逐艦「USSステデム」（*Stethem*）〔アメリカ海軍のアーレイ・バーク級ミサイル駆逐艦の一三番艦〕が波を立てて巡航していた。数マイル先に砂かカモメの糞《ふん》程度のちっぽけな島がある。中国本土はそこから三八六マイル〔約六二一キロメートル〕北にあり、駆逐艦の動向は逐一監視されている。

「取り舵、針路ゼロ、シックス、ゼロに舵を切れ」と、操舵長が命じた。

「取り舵、針路ゼロ、シックス、ゼロに舵を切れ、アイ」と、操舵手が復唱し、船の舵を回した。

アーレイ・バーク級駆逐艦は、アメリカ海軍の中で一番の働き者の主力戦闘艦である。単独でも打撃群の一部としても作戦可能で、海面下、水上、上空――宇宙空間の物体を含む――にある物すべてを見ることができ、見る物すべてを破壊することができる。駆逐艦の上部構造には角度が九〇度の建造物はないため、ステルス性に優れ、レーダーで捉えることが困難だ。桁外れの一〇万軸馬力で二つのスクリューで推進し、全長五〇〇フィート〔約一五〇メートル〕の船体が、傾斜した艦首で波を切りながら三〇ノット以上のスピードで航行し、その速度から全長の範囲内で停止することができる。世界で最も強力な軍艦であり、アメリカはこれを六六隻保有している。

艦橋内はいつもより緊迫していた。これは通常のミッションではない。戦闘情報センター（combat information center）には一列に並んだモニターの向こう側に巨大なスクリーンが二つそびえ立っている。そのスクリーンは島に向かっている船を追尾していた。

艦長（COとも言う）は表情を乗組員に悟られないようにしながら、不安を感じている。彼らの任務は、

北京による不当な領有権の主張を否定するため、その島の周囲一二カイリ沿いを航行し、監視することだ。中国は主権を侵害するいかなる艦船に対しても発砲すると表明していたが、まさにそれを行うのが駆逐艦〔ステデム〕の任務である。それは戦争になり得ることを意味した。外交的なチキン・ゲームにおいて、ワシントンは北京に「島を盗むことはできない。どんなにちっぽけなものであってもだ」というメッセージを送っていた。

二隻の船は接近していた。操舵長は双眼鏡で島をじっと見ている。わずか一・二平方キロメートルの大洋の中の小さな斑点にすぎない。中国の漁師たちはかつて巻貝島と呼んでいたが、今はトリトン島として知られ、台湾、ヴェトナム、そして——ほんの最近になって——中国が領有権を主張しているパラセル諸島の一角にある。

すべてが静寂だった。突然、無線機が鳴った。中国がトリトン島から一二カイリの内側にあり、中国の領海に不法侵入している誘導ミサイル駆逐艦〔ステデム〕に警告を発したのだ。アメリカ艦艇はただちに引き返すよう指示されていた。

戦闘情報センターのディスプレイは、中国が軍艦とジェット戦闘機を配備している様子を映し出し、警報を鳴らした。「ステデム」の乗組員はみな平然としていた。二つの大きなディスプレイは中国のジェット機二機が急速に接近している様子を映し、ジェット機は駆逐艦のイージス兵器統制システムによって追跡された。

「航空担当のＴＡＯが指揮を執る。新たな航跡〇四八七六および〇四八七七、方位ゼロ・スリー・ファイブ、四五カイリ地点を接近中。エンジェル〔レーダースクリーン上の正体不明の像の呼び名〕スリーは速度と高度からＴＡＣＡＩＲ〔戦術空軍〕と見積もられる」と、対空戦コンソールにいる乗員が言った。

「ＴＡＯ」とは戦術行動士官（tactical action officer）のことで、自分の目で確かめに駆け付けた。彼女は戦闘情報センターを受け持ち、艦長からの問いに直接答える。ただちに、彼女はフライトサインに基づき航空機を識別する。Ｊ‐11戦闘機だった。ソヴィエトのＳｕ‐27戦闘機をモデルにした戦闘機だ。危険だ。

「事態はスポーツみたいになってきたぞ」と、同じスクリーンを見ながら、艦長はＴＡＯに囁いた。

「航空担当ＴＡＯ」と、彼女は言う。「ミサイルで航跡〇四八七六および〇四八七七をカバーせよ」。コンソールにいる乗員は、スクリーンの左側にあるオレンジ色のボタンを押しながら、大きなトラックボールを回転させた。中国のジェット機二機には〔攻撃目標として〕それぞれ艦対空ミサイルの一基ずつがアサインされた。

「飛来する航空機に三〇マイル〔約四八キロメートル〕を超えて接近するつもりか、問いかけ《クエリー》を出そう」と、艦長が言った。

「アイ」と、彼女は言った。

　甲板上では水兵たちが動き回り、心地よい風が吹き抜けている。頭上には、巨大な星条旗がマストの左側にはためいている。水兵たちは全員、ブルーの制服と野球帽の形をした帽子をかぶっている。そのつばには「USS STETHEM」と金文字で刺しゅうされている。ある水兵は風で飛ばされないよう、帽子を押さえている。ミサイル発射口が甲板に並ぶ。その側面には「危険。発射機エリアから離隔」と書かれたステンシルの印字がある。

「ＴＡＯ、こちら水上戦。不審航跡〇四八四五」と、水上戦コンソールに配置されている乗員が警報を伝えた。新たな脅威だ。

「中国の駆逐艦だ」と艦長は思い、うめき声をあげた。彼らには「危険水域に入っても、攻撃してはならない」という厳格な交戦規則があった。自分たちが派遣されたのは、相手を追跡するためでなく、メッセージを伝えるためだ。艦長自身は追跡を望んでいたのだが。

「相手の動きをしっかり把握しておけ」と、艦長は戦闘情報センターに念を押し、ヘッドセット式マイクをオンにして、「ブリッジ、こちら艦長。国際法に従って対応せよ」と伝えた。

「ブリッジ、了解」と、通信網でつながった士官たちが応答した。

「さあ、これからどうする？」と艦長は考え、さまざまな警報を頭の中で整理しながら、戦術ディスプレイを見つめた。「USSステデム」が相手側のミサイル射程内に入るまでわずか二、三分しかなかったが、それまでに中国側の意図を見極めなければならない。乗組員の命がかかっている。今すぐに防御対策を講じなければ、完全に打ち負かされてしまう。しかし、先に攻撃を加えれば、アメリカと中国との戦争に火をつけてしまう。

姉妹艦の「USSベッドフォード」（*Bedford*）は最近、同じような状況に遭遇していた。ある夜、日本にある母港の横須賀で「ベッドフォード」の艦長とビールを酌《く》み交わしながら、ステデムの艦長は多くのことを学んだ。「ベッドフォード」の艦長の話に彼は驚いた。中国人は瀬戸際プレーを好むというのだ。

「航空、こちらTAO。問いかけ《クエリー》への応答なし。航跡〇四八七六とその随伴機は現在、三五カイリを降下角二・五度で本艦に接近中。二五カイリ通過時に警告信号を発出する」。中国のジェット機は警報を無視して飛行してくる。

「もはやスポーツの域を超えてるな」と、艦長は思った。そして電子戦監視所の方に目を向け、来るべき攻撃の兆候に備えた。

「TAO、こちら電子戦。航跡〇四八七六および〇四八七七から電子戦情報なし」と、電磁波担当技師は航空機から巡航ミサイル発射準備の兆候はないと報告した。

ジェット機はさらに接近してくる。

「獲物を逃すな」と、艦長は繰り返した。

「TAO、こちら航空。航跡〇四八七六とその随伴機、我の警告への反応なし。引き続き接近中。ただいまの距離二〇マイル〔約三二キロメートル〕。どうやら上空通過を企図している模様。警告を続けます」。

一八マイル〔約二九キロメートル〕。一七、一六、一五。駆逐艦は〔中国軍〕ジェット機の対艦ミサイル射程圏内に入った。

「TAO、こちら航空。航跡〇四八七六とその随伴機、高度エンジェル・ツー、一五マイル〔約二四キロメートル〕地点に接近中。あと四分で上空を通過します。我一〇マイル〔約一六キロメートル〕地点で照射します」と、航空オペレーターは言った。これは標的に向けて発射される地対空ミサイルの誘導に使われる強力なレーダービームによって、ジェット機を「照らし出す」ことを意味する。

「航空、こちら艦長。照射は認めない。彼らが我々の警告を敵対行為と解釈し、自衛行為として撃ってくるかもしれない」と、艦長は言った。これは艦長が怖れるシナリオだ。

「艦長、こちらTAO。戦術航空機は現在一〇マイル地点を通過。まもなくビデオ撮影を実施します。録画開始」

「よろしい。機体にフォーカスし過ぎないように。大きな絵を撮ることに留意せよ。水上の状況はどうか？　追跡している潜水艦はいるか？　中国人の漁民兵のことも忘れるな」。ジェット機は囮《おとり》の可能性もある。本当の攻撃から我々の目をそらすためだ。

「戦闘班、こちらブリッジ」。通信網の音声がザッ、ザッという音を立てている。「二機の小型戦闘機が水平線を低空で接近中。J-11と思われる。両翼はきれいに見えるが、断定は困難。燃料タンクを搭載している可能性あり」。

「TAO、こちら火器。ビデオが二機のJ-11を捕捉、両翼に空対地ミサイルなし」と乗員は言った。ジエット機はミサイルも爆弾も搭載していない。

中国軍ジェット機がキーンという音を立てながら、頭上を通り過ぎた。甲板の水兵たちが耳をふさいだ。低空飛行は挑発的だった。未武装のジェット機を飛ばすことは、武器の不在がぎりぎりまで分からないため、刃物を振り回すようなものだ。

「普段と変わらない一日だったな」。艦長はＴＡＯの肩を軽く叩きながら、艦橋に向かった。[*1]

非戦の戦争

狡猾な敵は影響力を拡大するため、戦争と平和の間の領域を支配しようとしている。ワシントンではその領域を「グレーゾーン」という専門用語で表現している。各国はそのための戦略を持っている。ロシアでは、専門家たちがそれを「新世代戦争」[*2]（New Generation Warfare）と呼び、東部ウクライナとクリミアを征服した。イスラエルは厄介な近隣諸国で〔敵を〕撃退するため、「戦間期の作戦」（Campaign Between the Wars）を用いている。[*3] 中国版は「三戦」〔輿論（よろん）戦、心理戦、法律戦〕戦略と呼ばれ、アジアからアメリカを追い出そうとする指導者たちの計画がどのようなものであるかを表している。

「三戦戦略」は平和を装った戦争として成功を収めている。欧米にとって、南シナ海は逆説的であるが、「非戦の戦争」とでも呼び得るものであり、それこそが中国が望んでいるやり方だ。しかも、それは空母艦隊よりも効果を上げている。欧米の通常戦パラダイムの弱点に乗じた戦略的「柔術」によって勝利を収めている。通常戦の戦士たちは戦争を妊娠のように――妊娠しているか、していないかで――考える。戦争であるか平和であるかは「武力紛争法」で法制化され、クラウゼヴィッツの著作や通常戦理論の中で定式化されている。

欧米にとって、戦争とは平和が失敗して生起する。第二次世界大戦やアメリカの南北戦争を見てみるがいい。日本はパールハーバー攻撃により平和を破壊し、南部連合国はサムター要塞〔サウスカロライナ州の港チャールストンを守備する要塞〕を砲撃して北部に対し宣戦を布告した。そうして戦争は宣言され、戦闘の行方が重大な決定要因となる。戦争では倫理規範が失われ、残虐行為が繰り返される。通常戦の戦士たちはこれらを「付随的被害」（collateral damage）として正当化する。戦艦「USSミズーリ」（*Missouri*）艦上であれ、アポマトックス・コートハウス〔バージニア州アポマトックス郡にある集落。アメリカ南北戦争で、南軍のリー将軍が北軍のグラント将軍に降伏した場所〕であれ、戦争は和平交渉のテーブルで終結する。このように戦時と平時は明確に区分され、まるで異なった行動が求められる。〔戦時と平時という〕二分法をめぐる欧米の誤った考えにつけ入ることで、中国は勝利を収めている。北京は、ワシントンが電球のスイッチのように戦争をオンかオフかで捉えていることを知っている。勝利の秘訣はアメリカの戦争スイッチを「オフ」の状態にしておくことであり、そうしておけば超大国は御しやすく、「平和」のままでいられるというのだ。

中国は、戦争と平和の中間領域においては何を行っても罰を受けずに済むと考え、実際にそうしている。では、具体的に何をしているのか？　二つある。一つは、戦争――または欧米が戦争と見なすもの――の限界ギリギリまで進んでは止める瀬戸際政策という危険なゲームを演じることである。中国は〔はじめから〕エスカレートを緩和するつもりでエスカレートを始め、獲得した（または作り出した）ものを保持する。この戦略はうまく働く。なぜなら、アメリカは戦争スイッチを「オン」にしないだろうし、あるCIA長官が語ったように「太平洋に点在するわずかな岩礁」[*4]をめぐって核の応酬の危険を冒すようなことはしないことを、中国は知っているからだ。もし中国が十分に時間をかけてこれに取り組めば、最終的に南シナ海を領有することになるだろう。

二つ目は、中国は非軍事的ツールを用いて征服行為を隠蔽しているが、通常戦の戦士たちから見ればそうした行為は戦争に見えないということだ。戦略的欺騙は、『孫子』や『兵法三十六計』〔魏晋南北朝時代の中国の兵法書〕にさかのぼる古代中国からの伝統である。そして、中国は今もそれを実践している。一九九九年、中国人の二人の大佐が『超限戦』（Unrestricted Warfare）という本を著した。その中で、いかにして軍事力の劣勢な中国が心理戦、経済戦、「法律戦」（lawfare）、テロリズム、サイバー戦、そしてメディアを使って、欧米に打ち勝つことができるかを描いた。「三戦戦略」はこうした考えに基づくもので、二〇〇三年には中国の中央軍事委員会や共産党によって公式に承認された。

心配になったペンタゴンは、中国の新しい戦争方法に関する報告書を発注した。その内容は少なくとも通常戦の考え方から見れば驚くべきものだった。「三戦戦略」[*5]は「他の手段による戦争」（爆弾を優先しない戦争を表すときのペンタゴンが用いる奇妙な用語）を通じてアメリカの戦力投射能力を骨抜きにするよう設計されている。だが、中国の戦略的論理には説得力がある。それは通常戦が時代遅れであり、最高の兵器が軍事力ではないと認識している。報告書によると、「現代の情報時代において、核兵器は基本的に役に立たないことが証明されており、またキネティックな武力は……往々にして問題のある結果や『勝てない』戦争を招いてしまう」。中国は二〇〇三年にこうした結論を導き出していたが、それはイラクやアフガニスタンでアメリカが倒れるのを目撃する前のことだった。北京にとって、軍事力は「限られたシナリオ」の中でしか勝利できないものなのだ。

戦場での勝利の代わりに、「三戦戦略」は戦いが始められる前に、敵の戦意を弱らせて勝利を達成する。それはまさに孫子に通じる考え方であり、心理戦、プロパガンダ、法的手段を用いて達成される。心理戦は敵の意思決定の判断に狙いを定め、相手に疑心暗鬼を抱かせ、大失態を引き起こす。心理戦の道具には、戦略的欺騙、外交的圧力、流言、嘘、嫌がらせなどがある。民主主義国を相手にする場合、敵国民の中に反戦感情を煽り、彼らが北京の意向に沿う新たな指導者を擁立するように目論《もくろ》む。心理戦は、敵が常に判断に迷い、戦う意志を喪失させるために行われるのだ。

中国がアメリカに何かを強要しようとするなら、武力に頼ったものとはならない。それは二軍スタッフのすることだ。代わりに中国は、アメリカのポケットブック〔軍のマニュアル〕に逆らい、心理戦に訴える。それはステルス戦闘機よりも手ごわい。アメリカ国債を売却するぞと脅しをかけ、中国市場に投資しているアメリカ企業に圧力をかけ、〔アメリカ製品の〕不買運動を起こし、重要輸出入品の制限や略奪的価格設定など強引なやり方をする。このようにして、アメリカの産業界が政府に歯向かうよう抜け目なく手を打つのである。二〇一七年、全米商工会議所は、中国での公平な経済的機会を保証するよう、矢筒の中の「あらゆる矢を行使」[*6]するようホワイトハウスに要求した。ただし、「こうした影響力の一部は、我々にとって逆効果となる場合もある」という留保を付していた。これを翻訳すると「我々を痛めつけたら……ひどい目に遭うぞ」という意味だ。全米商工会議所は二〇一七年、政治家へのロビー活動に八二〇〇万ドルを投じており、[*7]声を挙げれば意思決定者は耳を傾ける。ウォール街をKストリート〔ワシントンDCの大通りの名前で、ロビイスト、シンクタンク、圧力団体のオフィスが集中していることで有名〕と張り合わせ、北京はアメリカの戦意を弱体化させる。

　中国によるメディア戦はさらに辛辣《しんらつ》だ。[*8]メディア戦を通じて、中国は欧米の世論を中国に有利な方向に操作しようとする。メディア戦の兵器は、映画、テレビ、書籍、インターネット、新華社通信〔中国の国営通信社〕、中国共産党のスポークスパーソンなど選択肢は多様だ。中国メディアの急先鋒は中国中央テレビ（CCTV）〔中国国営のテレビ局〕で、ワシントンに拠点がある。それはモスクワのRTニュース〔二〇〇五年に開局したロシア連邦政府が所有する国営のニュース専門局〕と同様、CNNやFOXニュースを真似た国家統制のメディアであり、世界中に数億人の視聴者を抱え、四〇〇万人のアメリカ人視聴者がいる。中国国家主席の習近平はCCTVネットワークに「中国の話題を上手に語る」ように呼び掛けていると、新華社通信は報じている。中国は映画の中で中国を悪役に仕立てぬよう――これは世論という名の国際裁判に向けた実に見事な戦略的な動きだ――ハリウッドも買収している。[*9]

紛争のナラティブ〔始まり・中間部・終わりが決まっているストーリーとは異なり、成り行きや結果を自分で決められること〕をコントロールすることは、現代そして未来の戦争に勝利するために重要であり、民主主義国家を相手にした戦争の場合は特にそうである。国民はニュースから学んだ情報をもとに、自分たちのリーダーを投票によって選んでいる。係争中の岩礁をめぐり中国とフィリピンとの間で事件が起こると、欧米メディアがその話題を取り上げる前に、ＣＣＴＶが真っ先に中国側の主張を延々と語り続ける。他のニュースメディアはそれをトップニュースで取り上げ、やがてそれが既成事実となる。アメリカは、中国の侵略的ナラティブが偽りであることを、取り返しがつかなくなる前に、必死になって暴かねばならない。同じように、係争中の尖閣諸島をめぐる緊張が高まると、ＣＣＴＶはただちに事態の発生や拡大の責任は日本国内の「右翼の国家主義者」にあると非難し、強力な攻勢を仕掛けてくる[*10]。〔このように〕ＣＣＴＶはメディア戦争において中国に先行者利益を与えている。そこでは、真実はいつも最初の犠牲者となるのだ。

　中国による法律戦の目標は、中国に有利となるように国際秩序のルールを歪曲する――書き換える――ことである。これは「法の支配」ではなく、法秩序の転覆である。国際法は国際社会を結び付ける接着剤であり、世界問題のためのいわば「交通規則」を制定している。中国は自分たちのイメージに合った新しいルールを欲しているのだ。

　北京は自国の領土的主張を強化するため、法律戦を利用している。例えば、中国は係争中のパラセル諸島を含む三沙市が中国領である旨を法律で宣言している。しかし、ヴェトナム、フィリピン、その他の国々は以前から同島嶼の領有権を主張してきた。また中国は、国連海洋法条約で禁じられているにもかかわらず、一方的に宣言した二〇〇マイルの排他的経済水域から外国船を追い払っている。中国は自らの行動を法によって正当化しているが、その正当化の根拠は風変わりな主張からなる法的擬制で彩られている。改ざんの度合いが大きければ、それだけ中国は合法性を――繰り返し、繰り返し――擁護するわけだが、それは繰り返しによって大衆は最終的にそれを受け容れると信じているからである。ヒトラーはこのテクニックを駆使したことで知られている。彼はそれを「大きな嘘」[*11]と呼んだ。

中国軍によると、法律戦[*12]は物理的戦闘行為が勃発する前の段階で最も効果を発揮する。それが上手くいけば、軍事行動の合法性と正当性をめぐって敵陣営の中に疑念を生じさせ、戦う意志を掘り崩すことができる。法律戦の事例として、国際法を修正したり、中国の大義に同調する法律専門家の集団を創り出すことなどが含まれる。他の謀略はさらに破壊的だ。海外におけるアメリカの軍事作戦の成功は、多くの場合、国外の基地へのアクセスに依存している。アメリカの軍事介入を遅らせるため、アメリカの法廷で訴訟動議を提訴することによりアメリカ軍の派遣を見送らせることも中国には可能だ。同時に、オーストラリア、シンガポール、フィリピンなど、域内のアメリカ同盟国に対しても並行的に法的訴訟に訴えることも可能だ。こうしてアメリカ軍の戦力投射を妨害し、中国に戦略的勝利をもたらす。

中国は宇宙にも法律戦を適用している。[*13]中国の法学者は、国家の領空の境界線は際限なく宇宙にまで至り、そこが中国の主権の及ぶ領域であると主張する。おそらく、中国は宇宙警察軍を出動させ、自国の領域に不法侵入した未確認の衛星を取り締まるつもりだ。中国の見方に立てば、法律戦とは「国際ルールに基づく秩序」との戦いの一つの形態である。法律戦が行使されるのは、「アメリカがルールを作り、他国がそれに従っている」と中国が考えている領域なのである。

それに対し、アメリカは「より多くの通常戦力を構築する」というアメリカが知る唯一の方法で中国に対応している。フォード級航空母艦、F‐35、ハイテクドローン、ズムウォルト級ステルス駆逐艦、レールガンといったスーパー兵器すべてが中国の侵略を抑止できると考えられているが、そんなことはない。「第三のオフセット戦略」も同じだ。こともあろうに、アメリカ軍は傍観者の姿勢を決め込み、戦争開始の合図のピストルを待っているだけだ。アメリカ軍は、いったん大戦争（Big War）が宣言されたら、ちっぽけな中国軍など粉々に叩き潰せることを知っている。士気を高めるため、将軍たちは米中間の大戦争に関する架空の物語――そこではアメリカがトム・クランシー流の勝利を収める――を扱った読書リストを配布する。アメリカ軍の指導者は、このファンタジー小説を戦争の未来とさえ呼んでいる。[*14]そうこうしている間にも、中国はさらなる島々を取り込み、同盟国はアジアにおけるアメリカのリーダーシップに疑問を抱いている。アメリカの戦略家たちは、冷戦期にうまくいった芸当がなぜ現在は通用しないのかと頭を悩ませている。

　これはアメリカだけに限った問題ではない。戦争と平和の境界線はかなり曖昧になり、戦争の旧いルールに縛られた国々は困惑し、今では〔武力紛争にかかわるもの〕すべてを「戦争行為」と呼ぶようになっている。イラン政府が後押しするイエメンのフーシ〔イエメン北部を拠点とするザイド派（イスラム教シーア派の一派）の武装組織〕がサウジアラビアのリヤド国際空港に向けてミサイルを発射した。サウジアラビアのアデル・ジュベイル外相は「我々はこれを戦争行為とみなす」とCNNに語った。「イランはサウジの都市や町にミサイルを撃つことはできず、我々が対抗措置を取らないと期待することもできない」。トランプのツイート爆弾も、北朝鮮によると一種の戦争行為である。北朝鮮の外相はレポーターに「アメリカは我が国に宣戦を布告したので、我々には対抗措置を取るあらゆる権利がある。その中にはアメリカの爆撃機を撃墜する権利も含まれる」と語った。問題のツイートで、〔トランプは〕北朝鮮の指導者である金正恩を「リトル・ロケットマン」と呼んだ。アメリカはまたWワード〔戦争に関連する言葉〕を打ち上げた。ジョン・マケイン上院議員や他のベテラン議員たちは、二〇一六年のアメリカ大統領選挙へのロシアの干渉を「戦争行為」と呼んだ。アメリカの国連大使ニッキー・ヘイリーはそれに同意し、「ある国が他国の選挙に干渉できるとすれば、それは戦争だ」と宣言した。これらすべての「戦争行為」[*15]に関して特筆すべきことは、どれひとつ現実の戦争には至っていないことだ。

頭がパンクしそうだ

「これは戦争でしょうか？　平和でしょうか？」両手で頭を抱え込みながら、アメリカ海軍士官がたずねた。「もしこれが戦争なら、やるべきことは何か、私は知っています。もしこれが平和なら、何か別のものでしょう。ところが、それはどちらでもない。いや、どちらでもある。我々は一体、何をすればよいのでしょうか？」

セミナーの教室にいる者がみな頷《うなず》いた。彼らは、ワシントンDCの国防大学の私の生徒たちだ。軍の高級幹部、政府内の他省庁から来た文官、数名の外国軍将校たちである。

「それは戦争のように見えるだけで、実は外交的状況だ」と、陸軍の大佐が言う。「それは外交の失敗だ」。

「そう急ぐなよ、相棒」と、ある外交官が応えた。「国防省はいつも問題を国務省のせいにする」。

「戦争を始めるのは外交官で、戦争を終わらせるのが兵士じゃないのか？　戦争を始めることより、終わらせることの方が難しい。私は仲間を失ったのでよく知っている。きみは何人亡くした？」

「我々が同じチームにいることは知っているはずだ、そうだろ？」

大佐はあきれたように目をぐるぐる回した。外交官はそれを一笑に付した。国防省と国務省はこれと同じ会話を二〇〇四年以来繰り返している。あの時、イラクの紛争後の計画が存在しないことに全員が気づき、その後の事態はFUBAR――「しくじり」を表す軍隊の頭字語――となった。非難の矛先は、官僚主義的な戦争様式に向けられた。

「南シナ海では、勝敗の行方はどうなるだろうか？」と私は問いかけ、議論がコースから外れないようにした。グループは少しの間、その問題を考えてから、全員が一斉に話し始めた。

「我々には明らかに、より多くの航空母艦、潜水艦、F‐35が必要だ」

「我々はすでに優勢な軍隊を持っている。だが、ここでは、まだこんな話をしている」

「貿易の拡大だ。経済的な相互依存が続けば、戦争に突き進むのが不合理となる」

「それは一九一四年に非常にうまく働いたな」と、誰かが皮肉を込めて付け加えた。

「それは戦争ではない。したがって、勝利の問題ではない」

「それは戦争ではないかもしれない。しかし、我々はそれに負けることもあり得る」

「それはコバヤシ・マルだ」と、誰かが八方塞がりの状況を表す『スタートレック』からのわかりにくい引用をしながら、冗談交じりに語った。

「そうだ。でも、カーク船長はルールを変えることで勝利した」と、別の者が笑いながら言う。「我々は新しい戦争のルールを必要としている」

「勝利するとは、ルールに基づく国際秩序を支持することだ」

「それと、域内の同盟国を再保障すること」と、フィリピン軍大佐が付言した。「同盟国を後押ししないと、アメリカはリーダーシップを失うだろう」

　全員が頷く。

「でも、我々はどこまでたどり着けばよいのか？」と、海兵隊将校が問題提起した。「核戦争までか？」

「そこまでは行かないだろう」

「なぜだ？」

　教室はふたたび静まり返った。

「我々の仕事は、世界を修復することではない」と、ＳＥＡＬｓの指揮官が言う。「破壊しないように防ぐだけだ」

「どういう意味だ？」

「つまりスーパーマン戦略だ。旅客機が衝突しそうになったとき、スーパーマンが現れ、それを救う。彼は乗客全員を無事に地上に送り届ける。しかし、イラクやアフガニスタンで我々が試みたように、飛行機を再建するところまで留まることはしない。彼はまた飛んで行って、別の事故機を救うのだ」

「その戦略を支持する」と、空軍パイロットが気取った笑みを見せながら言う。

「では、その戦略をどのように南シナ海にあてはめるのか?」と、私はたずねた。

「そこにだけ、アメリカに実行可能で、アメリカが果たすべき領域が存在するはずだ」と、SEALsは言う。

頷く学生もいれば、頭を横に振る学生もいる。

「中国は台頭する超大国であり、我々は君臨する超大国である。戦争は避けられない」

「いや、そんなことはない」

この議論はしばらく続き、やがて収まった。一体、どこへ向かうのだろうか。話題は南シナ海に戻り、学生たちはみな、お手上げといった表情で床に目を落としている。

「問題は、あらゆることが干し草のように見えるとき、南シナ海での勝利は干し草の山の中から針を見つけ出すようなもの、ということだ」

「中国人は干し草の山の中で、うまくやっていると思う」と、海軍士官が言う。

「真の問題は、アメリカがチェスをやっているのに、中国は囲碁をやっている、ということだ」と、中国で古代から伝わるゲームに言及しながら、外交官が言う。チェスのように、囲碁はルールを覚えることは簡単だが、マスターすることは難しい。チェスに比べ、囲碁はより複雑で多大な忍耐を必要とするため、囲碁には「長いゲームを忍耐強くプレーする」という〔チェスにはない〕意味が込められている。

「同感だ」と、陸軍大佐が言い、外交官と互いに拳を突き合わせた。

この一〇年来、この話題については、さまざまなバージョンがワシントン中を飛び交ってきた。南シナ海の中国人の島嶼以上に、大きく変化したものはなかった。アメリカが行ってきたことは効果をあげていない。

中国は二一世紀で戦っており、アメリカは二〇世紀にとどまったままだ。「三戦戦略」は、アメリカが「平時」には何もできないことを知りつつ、アメリカが「戦時」の敷居に至らぬよう巧妙に仕組まれた拡張主義によって勝利を収めている。南シナ海情勢を伝統的な軍事的戦線と見なすことによって、アメリカは中国の戦略的罠に陥ってしまっている。「非戦の戦争」とは、通常戦志向の思想家から見れば逆説的であり、彼らが「非戦の戦争」を深く考え込む様子を見ることは、ある犬がバスケットボールを持ち上げようとしている様子を見るようなものだ。

現代および将来の戦争では、「戦争か平和か」という区分はない――あるのは「戦争と平和」である。これを理解している者は、中国のように勝利を収めるだろうし、理解しない者は〔母国語に概念がないため〕中国語で語るしかない。軍事紛争が正式に開始され終結されるかの判断は「ゴドーを待つしかない」〔『ゴドーを待ちながら』は一九五二年のサミュエル・ベケットの戯曲〕。ビンラーディンは９／11以前に正式な宣戦布告をしなかったし、ＩＳＩＳは和平を訴えて大使を送るようなことをしなかった。そうした戦争様式は死んだ。

戦争と平和が並存しているので、紛争は表舞台から見えなくなり、しかし燻《くすぶ》り続ける。そして時折、爆発する。この趨勢は世界中で「戦争でも平和でもない状態」や「永久戦争《フォーエバー・ウォー》」の発生件数の増大によって明らかなように、すでに現実となっている。これが「慢性的無秩序」だ。「引き延ばされた戦争」(protracted war) は、歴史上よく見られる現象である。百年戦争、三十年戦争、ペロポネソス戦争、十字軍、ローマ・ゲルマン戦争、中国戦国時代、アラブ・ビザンチン戦争、スンニ派・シーア派戦争など、その他ほぼすべてがあてはまる。第一次世界大戦と第二次世界大戦も三〇年間続いた単一の戦争と見るのが最適である。「戦争と平和」〔の区別〕は常に幻想だった。真の平和は訪れるのだろうか？

大戦略

アメリカは最終状態（end state）〔軍事介入など対外政策で追求される最終目標。政策目的や戦略目的という形で定式化される〕をグローバルな平和や繁栄の維持と結びつけてきたが、これを達成するための有効な大戦略を作り上げることに失敗してきたことが問題なのである。他にも問題はある。

「大戦略なんて、大いなる戯言《たわごと》だ」

「何だって？」私は手に持っていたサンドイッチを落としそうになりながら聞き返した。

「大戦略は神話だ。そんなものは存在しない」と、ダンは言った。彼は国防省が出資するシンクタンクであるランド研究所の同僚である。

「けんかを売っているのか」。私は半分本気で言った。

「かかってきな」。気取った笑みを浮かべ、甘い紅茶をすすりながらダンは答えた。

私たち二人は、ペンタゴンの建物の中庭にある公園ベンチに座りながらランチを取っていた。そこはアメリカの公園の中でリスのいない唯一の公園だった。そこの中央に、幾世代にもわたり陰謀論者たちの議論を焚き付けてきた小さな建物があった。実際、そこは冷戦期に「グラウンド・ゼロ」とあだ名が付けられたカフェで、私たちがランチを買った場所だ。

ダンは決して「軽量級」の戦略論者ではない。彼は戦闘経験者で、アイビーリーグ出身の博士号保持者でもある。もっと大事なことだが、彼は優れた頭脳の持ち主だ。彼が話すときは、私はいつも耳を傾ける。彼に同意することばかりではなかったけれども。今回もそのうちの一つだ。

大戦略は達成することは難しいかもしれないが、必要不可欠なものだ。うまく運用されれば、国民を導き、外交問題でさまざまな行動を一体化させることができる。しかし近年、そうした思想は多くの批判を生み出してきた。これは危険なことだ。大戦略とは舵のようなものだ。それが無いと、国は国際関係という荒波の中を戦略的に漂流することになる。ワシントン政界にいる多くの人たちは、アメリカは冷戦以降、揺れ動く舵のない状態であったと考えており、同じことが多くの国々についても言えるだろう。

ダンの皮肉交じりの言葉は理解できる。ここ数年、大戦略の概念は誤って使用されてきたからだ。その誤った使われ方には四種類ある。第一に「大いなる軽薄さ」である。思想の不在を覆い隠すための上辺だけの無駄話。欧米諸国に共通するのは、効果的なプランというより、政治的喝采を浴びる路線を読み込んだ大戦略を作成していることだ。アメリカでは、国家安全保障戦略である。それは世界平和、貧困の撲滅、世界中の民主化など、アメリカ人が欲する「サンタの願い事リスト」のようになっている。だからと言って、この戦略を将軍や連邦職員に手渡し、「気候変動に立ち向かえ」とか「人間の尊厳への願望を支持せよ」とは言わない。それほど真剣ではないのである。

「大いなる懐疑」を引き起こす第二の根源は、ワシントンから出回る回顧録だ。この自己権力拡大のための媒体は、一部は暴露記事であり、一部はライバルへの中傷キャンペーンであり、そして一部は過去の失態への自己弁護からできている。一般的に回顧録は外交政策の巨人たちが出版するものだが、そのうちの何人かは一冊以上著している。著者たちは、過去の失態を正当化するため、当時の大衆には見えない大戦略に従っていたと主張しているのも見受けられるが、そうした言い訳はカブキ演劇のようなものだ。

「大いなる混同」を引き起こす第三の根源は、学問的な曖昧さにある。歴史家は過去を調べ、帝国の大戦略を見つけ出そうとする。当時の臣民たちが、そんなものを認識していなかったとしてもだ。例えば、古代ローマは現在の我々が大戦略と見なすような統一された大計画など持っていなかった。しかし歴史家は、ローマが一〇〇〇年も続いた文明であったため、そこに大戦略的なものを見つけ出そうとし、何か統一的な基本計画（master plan）があったに違いないと誤った仮定を立てる。政治学者はもっとたちが悪い。ある著名な学者は[*16]、歴代大統領による政権ごとの大戦略を紹介しているが、そもそも大戦略を「大」（grand）ならしめている――数十年間の範囲で持続し、一人の指導者にだけ帰せられるわけではない。そうでないと、それはちっぽけな戦略である――全体的な視点を見失っている。そうした混同は、初歩的な誤りだ。

官僚政治のプロセスを戦略と取り違えることが、大きな混乱を招くもう一つの要因である。官僚政治はゼロサム・ゲームである。その総和はすべての積み上げとは限らないけれども。ペンタゴンは国家安全保障戦略の策定に取りかかるとき、分野ごとに分類する。大勢のスタッフたちは、「戦場空間」のための統合作戦構想（「Jopsy」と呼ぶ）を〔上位の〕国家軍事戦略から引き出し、この国家軍事戦略を〔上位の〕国防戦略から引き出すといった「目的交差法」（objectives crosswalk）を採用する。会議のための会議が開かれ、九ポイントの活字で書かれた膨大なパワーポイントのプレゼンテーションが延々と繰り返される。巨大スタッフ機構内での作業を終え、三年後には、国防戦略は路上で車にはねられた動物のように見分けがつかなくなる。絶妙なジョークに手を入れ過ぎたときのように、大戦略は手を加えすぎると説得力を失ってしまうものだ。大戦略とは生きたアイディアであり、息継ぎをする柔軟性を必要とするものだが、大戦略を仔細に分析する者たちが大戦略を台無しにしてしまう。

こうした批判があるにもかかわらず、大戦略は現実的なものだし、急ぎ必要とされている。大戦略がなければ、国家という船は国際関係の中で舵を失ってしまう。実際、多くの欧米の人々は我々が近年、戦略的に漂流してきたと感じている。その理由は、優れた大戦略がないからだ。広い意味で、大戦略とは国家が国際関係の中でいかに行動するかを規定する政策である。国家は常に自国の大戦略を明確にしているわけではなく、一つの文書に記したり、大戦略という用語さえ使用していない場合が多い。大戦略とは国家安全保障をめぐって、対外政策分野や軍のエリートたちの間で抱かれている信条の中核をなすものである（「コンセンサス」という言葉が強すぎる）。彼らの信条は、国に対して「安全保障」はどのような意味を持つのか、そして長期にわたり安全保障をいかに達成するべきか、という考えを重視している。

大戦略の目的は、国家安全保障上の諸利益を見極め、それを守ることだ。利益はみな同等の価値を持っているとは限らない。大戦略は通常、死活的な利益、重要な利益、重要ではない利益に区分される。「死活的な利益」は国家の生存にかかわる。我々がそれを確保できなければ、死んでしまう。「重要な利益」がなおざりにされたままだと、それは「死活的な利益」になり得るし、「重要ではない利益」が選択肢の一つに浮上する。アメリカの事情に照らせば、大統領選候補者の対外政策論争は、山積された利益をめぐって激しく繰り広げられる。民主党がある一つの優先課題を持てば、共和党は別の優先課題を持つ。

優れた大戦略は、五つの特徴をもつ。第一に、大戦略は戦争に限ったものではなく、戦争と平和は並存するとの認識に立っている。第二に、大戦略は動態的かつ柔軟性をもち、新たな脅威を回避するのに必要な一貫した諸資源のバランスを求める。大戦略はチェックリストではなく、むしろジャズの即興に近い。第三に、大戦略は国家の「あらゆる」パワー手段を活用し、単なる軍事的手段にとどまらない。第四に、大戦略は攻撃的もしくは防御的である。例えば、アメリカの封じ込め政策は概して防御的であり、ナチの生存圏《レーベンスラウム》構想は攻撃的であった。第五の――最も重要な――特徴は、大戦略は数十年や数世紀といった長期にわたって永続するということである。単一政権だけの大戦略というものは存在しない。政党、指導者、体制にかかわらず、成功した大戦略は持続する。

私はジョージタウン大学外交政策大学院で大戦略を教えているが、多くの若者はこれまでの人生で一度も目にしたことがないため、大戦略を理解することに苦労している。それは、もっともなことだ。アメリカにおける最近の大戦略の事例は、彼らが生まれる前に誕生した。冷戦期、アメリカは「封じ込め」として知られる大戦略を採用した。その目的は、共産主義の拡大を封じ込め、可能なら巻き返しを図ることだった。土台となるアイディアはジョージ・F・ケナンの「長文電報」とNSC-68と呼ばれる国家安全保障戦略の中に見られる。この戦略は一九五〇年から一九九〇年まで四〇年間続き、政権ごとに解釈は異なっても、中核となる戦略的論理は不変だった。

「封じ込め」には、大戦略に必要な要素が含まれている。そこには四つの要素がある。第一に、「封じ込め」はアメリカの影響力の極大化を追求し、海外でのソ連の影響力の極小化を追求した。第二に、核戦争を回避するため、ソ連との直接対決を避けた。第三に、「封じ込め」はソ連に有利な地域的「ドミノ効果」を防ごうとした。第四に、「封じ込め」はさまざまな戦略を通じて、共産主義の拡大を封じ込めた。相互確証破壊（MAD）に基づく核抑止、NATOのような安全保障協力活動、強制外交、極秘作戦、朝鮮やヴェトナムといった代理戦争、体制変更を通じた共産主義政権に対する「巻き返し《ロールバック》」、トルーマン・ドクトリンとして知られる民主主義国家への援助などである。これら「封じ込め」の諸側面は、その解釈にわずかな相違はあったものの、民主党、共和党を問わず、各政権をまたいで引き継がれた。

「待ってください、教授」と、ある学生が話に割り込んだ。「大戦略は冷戦期には有効でした。なぜなら、明確な敵であるソ連がいたからです。冷戦は戦略に焦点を置きました。今日、我々には敵がいません。したがって、大戦略は有効ではありません」。

「そうではない」と、私は答えた。「大英帝国は四五〇年間も続く大戦略を持っていたし、それは単一の敵を相手にしたものではなかった」。

大英帝国はエリザベス一世の時代から一九五六年のスエズ危機に至るまで、大戦略を維持した。国王の在位、歴代の首相、国が戦った内戦や対外戦争、トーリー党やホイッグ党など政党の盛衰、その他さまざまな課題が起きたにもかかわらず、大戦略は持続したのである。大英帝国の大戦略は、単一の脅威に対してではなく、国が置かれた地政学的状況に縛られていた。大英帝国の大戦略は、五つの要素から成り立っていた。国を島国の要塞に変貌させること、海外の植民地経営や商業活動から富を得ること、海上交通路と貿易を保護するため海上優勢を維持すること、決して陸軍を欧州大陸に配備しないこと、そして最後に欧州のライバル国を互いに競わせ、強国の出現を防ぐこと、であった。こうした大戦略は、植民地支配の時代が終わりを迎えた二〇世紀中頃まで有効に機能した。

　大戦略は必ずしも「手ごわい敵」を必要としない。実際、よく論じられているように、アメリカは今も大戦略を保持している。それは一種の覇権的卓越《プライマシー》であり、国際関係における「お山の大将《キング・オブ・ザ・ヒル》」になることである。その中核的要素は、単独の超大国に留まること、「ルールに基づく秩序」を創出し、その中でアメリカが自国の利益を擁護するルールを構築すること、アメリカの目的実現に有利な国際組織や国際規範を形成すること、軍事的優位と世界的な兵力投射能力を維持し、自国の意志を強要すること、経済的優位を維持すること（グローバル通貨としてのドル）、文化的優越を保護すること（世界的言語である英語、娯楽産業の魅力）、そして民主化と自由貿易の促進、である。これらすべての要素は「アメリカ例外主義」という「アメリカは世界中で民主主義と個人の自由を擁護する義務を有した唯一無二の国である」と見なすイデオロギーに支えられている。

　ところが、アメリカの大戦略は色褪せている。それは中国のようなライバル国による挑戦を受け、「慢性的無秩序」のとめどない力によって蝕まれている。そんな時代にあって、新しい大戦略が求められている。何が求められているかは、未解決のままだ。だが少なくとも、〔本書で示す〕「戦争の新しいルール」に忠実であるべきだ。他にも選択肢はある。例えば、新しい大戦略は、秩序が維持されている地域の安定を確保すること、無秩序をもたらす要因を排除すること、無秩序地帯で行動の自由を維持することなどを含むことも考えられる。それは紛争地域や無秩序地帯に進出する多国籍企業の後を追う形をとる。いわば、

「商売の後ろに国旗がついてくる《フラッグ・フォローズ・トレード》」政策だ。民間部門には、国家ではなく企業を代表する経験豊富な外交官が大勢いる。最後に、新しい大戦略は、アイディアや情報の流れを後押しすべきだ。〔さもなければ〕真実は暗闇の中で死んでしまう。

〔上述した大戦略の〕リストに登場していないのがイデオロギーだ。国家を象徴するもの——民主主義、人権、価値観——は、国民の魂に重要な要素であるけれども、トラブルのもとでもある。問題の核心は「偽善」であり、アメリカはその格好の例だ。国家安全保障戦略では、民主主義と人権を擁護すると謳われている——アメリカが擁護しなくなるまで。現実には、ホワイトハウスはサウジアラビアなどの専制国家を日頃から防衛している。そうした偽善はアメリカの信用を損なっているが、信用は国際問題におけるパワーでもある。北朝鮮や国連を見てほしい。北朝鮮政府がひっきりなしに脅しや声明を乱発しても、国際コミュニティは決してそれらを真に受けたりはしない。もはや誰も信用していないからだ。欧米は同じ轍を踏んではいけないのだ。

「大戦略がなければ」と、私はダンに言った。「我々は予測不可能性の原爆みたいなものだ。自分たちが何をしているのか分からないのだから」。

ダンは考え込みながら、紅茶のカップをテーブルの上に置いた。そして、最後にひとすすりしてから、ごみ箱にカップを放り込んだ。

「予測可能性。おそらく、それも戯言だ」と、彼は立ち上がりながら言った。

「けんかを売るつもりか」

「敵が手の内を明かさない限り、予測可能になるなんてことはない」

我々が残りのゴミ屑をかき集めていると、サンドイッチを手にした大佐の一団がわずかしかないペンタゴンの公園ベンチを探しながら、こちらに近づいてきた。建物には二万三〇〇〇人もの職員が働いているのに、ベンチが足りないのだ。

「そこの席、空く？」と、大佐の一人が言った。

「ああ」と、ダンが言った。

「すばらしい。ベンチのために君らと一戦を交えるところだった」と、大佐は冗談を言った。彼は海兵隊員であり、信憑性の高い脅威だ。

その場を立ち去りながら、私は振り向きざまに叫んだ。「なあ大佐。なぜベンチ争奪のために俺たちと戦わなかったんだい？　君たちは数の上でも優勢じゃないか！」

「君たちが立ち去ることは分かっていたからな。なのに、なぜ戦う？」と、大佐は叫び返した。

「見ろよ。予測可能性は戯言なんかじゃない」と、私はダンに言った。「大戦略もそうだ」。

ダンは、我々が三カ所の階段道を登り、〔ペンタゴン内の〕マーシャル回廊を曲がって歩く間、ずっと不満そうだった。ジョージ・C・マーシャル将軍は一人の将軍にとどまらない数々の業績を残した――彼は大戦略家だった。第二次世界大戦中は陸軍のトップ、その後、国務長官、国防長官、アメリカ赤十字社総裁、戦後のドイツ復興のための「マーシャル・プラン」の立役者となるなど、我々が太刀打ちできる相手ではない。

「そうだな、おそらく。でも今日、我々のマーシャルはどこにいる？」

「いい質問だ」と、私は言った。

ルール4 「民衆の心」は重要ではない

一世紀のユダヤ人地域は、ローマ人にとってエジプトコブラの巣窟だった。ユダヤ人たちは外国から来た領主がいかに強大な権力を有する者であれ、それに従うことを拒否した。ポンペイウスが紀元前六三年にユダヤ地方を征服して以来、ローマはユダヤ人の反乱に手を焼いていた。神の掟はシーザーより絶対であり、ユダヤ人たちはそれを信じていた。宇宙の中心はエルサレムの荘厳な神殿であり、ローマではなかった。彼らの信仰心は絶大で、その中の幾人かは自らがユダヤ人の救世主であると主張し、神の国への先導役になると宣言した。その中の一人がナザレのイエスだった。[*1]

ローマによる課税に従うことは、敬虔な信者にとっては奴隷となることに等しく、納税を拒否して抵抗を示すべきだとユダヤ人たちを扇動する神殿の司祭もいた。緊張は西暦六六年に頂点に達した。そのとき、ローマの代官フロルスが軍隊に神殿に押し入るよう命じ、神殿を破壊し、金庫の中から本来支払われるべき課税徴収金を力で奪い取った。抵抗運動はエルサレム中に飛び火し、ユダヤ人たちは「寄付集め用の籠《かご》」を回して、まるでフロルスが貧乏人であるかのようにフロルスを公然と揶揄《やゆ》した。暴徒たちはローマ軍の駐屯地を襲撃し、兵士らを殺害した。

フロルスは対応を誤った。翌日、彼はエルサレムに軍隊を派遣し、市の指導者たちを捕え、鞭打ちや磔《はりつけ》にした。彼らの多くがローマ市民であったにもかかわらず。憤慨したユダヤ人反徒らは武器を取ってローマ軍駐屯地に襲いかかり、降伏したローマ兵たちを絞首刑にした。親ローマ派の王アグリッパは命からがら逃亡する一方、ユダヤ人の反乱は全土に拡大し、彼らはローマ支持者を殺戮し、あらゆるローマのシンボルを取り払った。

セスティウス・ガルス〔六三年―六七年にシリア総督〕は危機感を募らせて情勢を見つめていた。彼は隣国シリアのローマ総督で、万が一、ある地方で反乱が成功すれば、他の地方もそれに続くだろうと予測した。やがて帝国全土が反乱に見舞われ、そうなると「永遠の都」〔ローマを指す〕は鎮圧軍を欠いてしまう。それなら、手に負えなくなる前に反乱者を制圧するのが得策だというのがガルスの狙いだった。

ガルスは三万から三万六〇〇〇の軍団を召集し、精鋭の第一二軍団がその中核となった。それ以外は予備の軍団、傭兵、外国の同盟軍である。ローマ軍団は帝国の屋台骨であり、わずか二七個軍団で帝国内に安寧をもたらしていた。各軍団は約五二〇〇名の精鋭の重装歩兵から編成された。徴兵対象者はローマ市民に限定され、徹底的に鍛え上げられていた。軍団の各兵士は帝国中で恐れられ、そして尊敬されていた。

ローマ軍は数千人もの住民や反徒を見境なく殺戮しながら、ユダヤ地方に短剣のように襲いかかった。エルサレムに到着するまでに各地の都市を次から次へと陥落させた。〔しかしローマ軍が〕迅速な勝利を得るには、エルサレムの城壁は分厚く、守備兵も待ちかまえており、食糧の貯えも十分だった。ガルスは増援部隊を迎える時間を稼ぐため、軍主力で聖都を包囲しつつ、第一二軍団と予備部隊の一部をいったん海岸線まで退かせた。

ローマ軍が砂漠の峡谷地帯に侵入すると、反乱軍の密偵はローマ軍の後を追ったが、ガルスはまったく意に介さなかった。とりわけ第一二軍団と行軍しているときは、反乱軍の小集団は脅威と感じられなかったからである。鎮圧作戦が数カ月を過ぎると、すべての反徒はローマの意志に抗《あらが》えず屈服していった。

エルサレムの北西約二〇マイル〔約三二キロメートル〕の所にベト・ホロンと呼ばれる峠があり、そこで道が狭まっていた。ローマ軍は速度を落とし、狭い峠を押し分けて進もうと密集した隊形となった。一斉射撃された矢が空を薄暗くし、密集した軍隊に襲いかかった。多くの兵士が死んだ。

"*Ad aciem! Pugna! Celeriter!*" ローマの百人隊長が命じた。「戦闘隊形を組め！ 応戦しろ！ 急げ！」「主よ、我に力を！」古代ヘブライの戦いの叫び声は峡谷中にこだまし、命令の声をかき消す。一万のユダヤ重装歩兵が隠蔽陣地から出撃し、山腹を伝ってなだれ込んだ。こうして罠にかかったローマ軍は四方からの待ち伏せ攻撃に遭ったのだった。

"*Ad testudinem! Ad testudinem!*" 百人隊長が叫んだ。「亀の陣を組め！」第一二軍団の歩兵隊は急ぎ全周と頭上を隣同士の盾で相互に組み、鉄の甲羅を形成した。

ユダヤの槍隊が雪崩《なだれ》を打って谷壁を下りて襲いかかり、予備隊が応急的に作ったローマの防御ラインを圧倒する。退く場所はどこにもなく、生存者は撤退を始め、ばらばらになって軍団の亀陣形の中に逃走した。

"*Gladium stringe!*"「剣を抜け！」瞬時に五〇〇〇の剣が鞘から抜かれた。"*Repulsus!*"「奴らを押し返せ！」

ユダヤ人とローマ軍団の重装歩兵同士がぶつかり合う。その戦闘は熾烈を極め、ユダヤ人は神によって率いられたかのように戦い、軍団兵士たちはローマの名誉と信仰のために戦った。結局、勝敗を決めたのは数だった。第一二軍団は全滅し、アクイラと呼ばれる鷲の紋章旗が戦利品として奪われてしまう。一〇〇〇年に及ぶ帝国の歴史の中で、わずか二、三のアクイラしか敵の手に渡っていないのに。こうしてベト・ホロンの戦いは、ローマにとって最悪の敗北の一つとなった。

この戦いは今や、ローマにとって面子《メンツ》の問題となった。超大国はユダヤ人を粉砕するため、優れた将軍ウェスパシアヌスを六万人の兵力――三個完全編成の軍団――と共に派遣する。それは世界最強の軍隊であり、それゆえ怨恨を生むことになった。ローマ軍はたちまちガリラヤ地方を席巻し、北部の反乱軍を壊滅させ、約一〇万人のユダヤ人が殺されるか奴隷になった。もとより反徒だったのはその一部であり、殺された者の多くは反乱に加わっていなかったのだが、ローマ軍から見れば、それはどうでもよいことだった。ローマ人は、反乱の扇動が死罪に値するとの教訓を帝国中に植え付けたかっただけである。

辺境から根こそぎ反乱勢力を駆逐した後、ウェスパシアヌスは反乱の核心、すなわちエルサレムと反乱を焚き付けたユダヤのイデオロギーに矛先を向けた。ウェスパシアヌスはフロルスのような弱腰ではなかった。フロルスは妻方の縁戚を利用して地位を築いていた。ウェスパシアヌスはたたき上げのローマの将軍で、一千年紀文明を支えた人物の一人だ。これも皇帝になるため作戦の途中でローマに呼び戻された理由であり、彼はローマを没落寸前に追い込んだ四皇帝の時代（紀元六九年）に内戦を終結させたのである〔紀元68年から翌69年の二年間にガルバ帝、オト帝、ウィテッリウス帝が相次いで帝位についたが、ウェスパシアヌスが政情を安定化させ、フラウィウス朝の初代皇帝となる〕。

ウェスパシアヌスはユダヤの反乱を鎮圧するため、息子のティトス――将来の皇帝となる――を現地に残した。このときまでに、エルサレムは完全に包囲されていた。ローマ軍はエルサレムの有名な石壁と同じ高さまで土手を築き上げ、都市を包囲し、世俗世界から切り離した。そこに出入りするものは皆無だった。巨大な乾燥した堀に落ちた者は、町中の誰もが見えるように土手の上で磔にされた。激しい苦痛の叫び声が数日間続き、十字架の上で腐敗した死体が放つ悪臭が数週間続いた。一日に五〇〇体もの処刑が行われた。

城壁の中は、生きるだけでも苛酷だった。ユダヤ人の二つの派閥の間で内紛が起こった。一方は元ユダヤ教の大司祭アンナス・ベン・アンナスに率いられた。アンナスに敵対したのは、ゼロテ派と狂信的宗派のテロリストであるシカリィ派だった。彼らは自分たちの見解以外のいかなる教えも容認しない姿勢で、力ずくで神殿を占拠し、ユダヤ人たちに服従を命じた。アンナスの民兵は神殿を取り囲み、ローマ軍に包囲された内側にさらにユダヤ人による包囲が形成される形となった。ゼロテ派は、アンナスとその信者たち、そして多数の民衆を虐殺するため、策略を用いた。〔神殿を奪い〕主導権を握った今、ゼロテ派の過激派たちは〔ローマに対する〕降伏を口にした者は誰でも殺した。目撃者だったフラウィウス・ヨセフスは彼らの支配を恐怖統治と記述し、そこでは狂信者らが見せ掛けの裁判で反対者を処刑した。ゼロテ派は都市の食糧供給所を破壊し、交渉による和平ではなく、ローマ包囲軍との徹底抗戦を強いた。それがもたらしたのは、さらなる飢餓だった。[*2]

シカリィ派（Sicarii）は謀略の暗殺者で、その登場はイスラムのハシシや日本の忍者よりも数世紀さかのぼる。ゼロテ派と同様、彼らはテロリストでもあった。名の由来は「シーカ」（sicae）と呼ばれる剣先がわずかに曲がった短剣から来ている（シカリィ（*Sicarii*）は「短剣を持つ男」を意味する）。彼らは公共の場で隠密裏に標的を監視し、外套の内側に短剣を隠して群衆の中に紛れ込み、殺人が起きたことを他の者たちと一緒に嘆きながら、その場をこっそりと立ち去る。彼らの標的はローマ人、ローマの同調者、そして背教者と見なしたユダヤ人だった。彼らはエン・ゲディなど、ユダヤ人の住む村落を襲撃した。エン・ゲディでは、過越《すぎこし》の祭の間に七〇〇名の女性や子供たちが虐殺された。[*3] のちにラテン語の sicarius《シカリウス》 は、暗殺者と同義語になった。

ローマ軍が攻城塔と破城槌の建設を終え、エルサレム城壁を粉砕した。ローマ軍はエルサレムの城内になだれ込み、路上で住民たちをなぎ倒し、街を焼いた。防御側は都市の奥まった高台で最後の抵抗を試みたが、やがて制圧された。建築後五〇〇年経った第二神殿――ユダヤ教のシンボル――は冒瀆され、略奪され、跡形もなく完全に取り壊された。神殿破壊が終わると、軍団兵士たちの怒りの矛先は「神殿の丘」に向けられ、巨石が引っくり返され、今日、それは「嘆きの壁」の土台となっている。ユダヤ人は今もなお、神殿が破壊されたことを嘆いているのだ。いったん戦いが終わると、ローマ人は軍隊の最適齢期にある成人男子を殺し、女や子供を奴隷として売った。その日、数万人が殺されるか奴隷にされた。皇帝ウェスパシアヌスは、ローマのコロッセウムの建築費用を神殿からの戦利品で賄おうとした。

ところが、ユダヤ人の反乱は無くならなかった。一〇〇〇名にのぼるシカリィ派のテロリストたちは隠匿された地下トンネルと下水道を通って逃走し、古代世界で最も堅固な要塞であったマサダ砦に向かった。マサダ砦は死海の畔に位置し、高さ一五〇〇フィート〔約四五〇メートル〕のメイサ〔周囲が急傾斜で頂上が平らな地形〕の上に築かれ、それはグランド・キャニオンの巨石の島を彷彿させる。周囲の断崖を掘り抜いて造られた狭隘な小路が頂上に至る唯一の経路であり、それが小部隊での防御を容易にしていた。シカリィ派はマサダ砦を占拠していたローマ守備隊を奇襲し、七〇〇人全員を殺害した後、この山岳状の砦を占領してしまった。マサダ砦には、シカリィ派集団とその家族を数年間にわたって養っていけるだけの十分な貯蔵庫があった。彼らは戦争が過ぎ去るのを待ち、ローマ軍団がユダヤの地を立ち去った後、新たな反乱を起こすつもりだった。少なくとも、彼らはそのように考えていた。

ローマ人以外にマサダ砦の征服を試みる者などいただろうか？　シルヴァ将軍が第一〇軍団とエルサレムから一万五〇〇〇人のユダヤ人の奴隷を率いて到着し、マサダ砦の全周を取り囲むように七つの要塞化された宿営地の構築と土手の造成工事を開始した。ローマの工兵は砦の東側に砂漠の平地から台の頂上まで想像を絶する速さで傾斜路を築き始めた。手工具を利用して巨大な傾斜路を築くのに一年かかった。ローマ軍は破城槌を備えた階段状の攻囲塔を構築した。これは壮大な土木建築の偉業とも言えたが、ローマ軍はマサダ砦の城壁に届くところまで攻囲塔を引き揚げていったのである。そしてたった一日で、城壁を打ち砕いた。

その後起きたことは、ユダヤ文化では語り草となっている。どこにも逃げ場がなかったため、シカリィ派は砦の城壁が崩壊する運命の日が来るまで、まるで氷河がゆっくりと動くように、迫り来る破滅を思い描いていた。ローマ軍は夜になると宿営地に引き返していった。おそらく十分な睡眠を取った方が大量殺戮が容易にはかどると判断したためであろう。砦の内部では、シカリィ派の男たちが彼らの指導者であるシカリィ派首領エレアザール・ベン・ヤイールから指示を受けるため、シナゴーグの外に集まった。エレアザールは全員に声が届くようにするため、もっと近寄るよう手招きした。

「昔、私たちは神以外にはローマ人にも他の誰にも仕えないと固く決意した」。エレアザールは言った。「今、私たちの決意を私たち自身の行為によって証明する時が来たのだ……敵の手に落ちて奴隷となる前に死を選ぼうではないか。そして、私たちの子供や妻と共に自由の身となって、この世を後にしようではないか」[*4]。

エレアザールの言葉は、最期を迎える者たちの決意を固めた。ある者はむせび泣いたが、妻たちが兵士らに集団的暴行を加えられ、子供たちは連れ去られた挙句、異教の神々に仕えながら生涯を奴隷として生きることを考えると、それは耐えられないことだった。エレアザールが話し終えると、全員が生け捕りにされまいと誓った。

彼らは戦って死ぬよりも、集団自決の道を選んだ。ユダヤ教では自殺は禁じられていたため、まず男たちが妻や子供を殺した後、浴場に集まった。一人一人が土器の破片に自分の名を書き、それを壺の中に入れた。彼らは順番に壺の中から土器片を引き抜き、名前の書かれた男を殺し、それを最後の一人になるまで続けた。最後の一人は、自殺したか、女によって殺された。

翌朝、ローマ軍が傾斜路を駆け上がってみると、九六〇人の死体を見つけた。わずか二人の女と五人の子供が生きたまま見つかった。

その後、数十年間にわたってローマはユダヤ地方で問題を抱えることはなかった。第一次ユダヤ・ローマ戦争（紀元六六年―七三年）は、対反乱作戦すなわち「ＣＯＩＮ」の成功例である。今日、欧米はＣＯＩＮを「民衆の心をつかむ（winning hearts and minds）」ことだと考えているが、それは的外れである。古代の歴史家タキトゥスの言葉を借りれば、ローマは荒野を作り、それを平和と呼んだ。流血の覚悟と戦略的忍耐が反乱の根を取り除き、戦争に勝利できる。それは公平ではなく、道徳的でもない。しかし効果的ではある。これがＣＯＩＮの成功に必要なことであり、イラクやアフガニスタンにおける現代のＣＯＩＮの失敗が示しているように、それ以下の手緩さは戦いを長引かせるだけだ。あらゆる形態の武力紛争と同様、ＣＯＩＮは「相手を気遣う思いやり（kindhearted）」のために行うものではない。「戦争は地獄である」[*5]と、シャーマン将軍は南北戦争期に語った。シャーマンの「海への進軍（March to the Sea）」とは「焦土」作戦であり、それは北軍の勝利を決定づけた。

帝国領内のＣＯＩＮ（国別の対反乱作戦）

二〇〇九年、私はワシントンＤＣにあるウィラードホテルの観衆で溢れかえった部屋に座り、デイヴィッド・ペトレイアス将軍の演説を聞いていた。彼はイラクで勝利を収めたともてはやされた戦略をモデルにした「包括的対反乱戦略」が、負けつつあるアフガニスタンでの戦争のただ一つの解決策であると語っていた。

ペトレイアスの演説はワシントンＤＣを本拠とするシンクタンク、新アメリカ安全保障センターの年次総会で行われたもので、その後、同センターはＣＯＩＮ戦略検討の中心となった。その四つ星将軍は、権威の絶頂にあった。『タイム』誌の二〇〇九年の「パーソン・オブ・ザ・イヤー」〔『タイム』誌によってその年最も活躍したとされる人物が毎年末に選ばれる〕に選出され〔原書のママ。実際はベン・バーナンキＦＲＢ議長〕、民主党も共和党もイラクを救ったとして彼を褒《ほ》め称えた。彼の分厚いパワーポイントのプレゼンテーション資料には、住民の安全と福利、現地情勢の理解、解決可能なものと解決不可能なものとの峻別、住民の中での生活が語られていた。

これはペトレイアス・ドクトリン――「民衆の心をつかむ」（winning hearts and minds）ことが、非通常戦の戦いで勝利を収める唯一の道である――となった。ペトレイアス将軍とその側近たちは、ＣＯＩ

N信奉者（COINistas）とニックネームが付けられたが、彼らは「住民中心的なCOIN」と呼び、それによりアフガニスタンで勝利を収めるだろうと約束した。聴衆は拍手喝采した。人々はいつも良いニュースを好むものだ。

ペトレイアスは、イラクとアフガニスタンの事態が紛糾し失敗に終わるまで、両地域における偉大な救世主だった。人々は住民を救うことが戦争の勝利をもたらすと考えているが、それは稀にしか起こらない。戦争はあまりに複雑すぎて、そんな表面的心情でたやすく〔勝利を〕手に入れることはできないものだ。だからアメリカは、イラクやアフガニスタンで失敗した。にもかかわらず、ペトレイアスと「住民中心的COIN」は、戦略的アイディアの主流にとどまり続けたのだが、それは危険な問題を提起している。なぜか？　戦略についての新たな神話を作り上げたため、明らかな失敗であったにもかかわらず、数年間もそれが継続し、そうした神話に基づいて将来の戦争への介入をめぐって間違った決定が下されるかもしれないからだ。

かつてペトレイアスは、第八二空挺師団において私の旅団長だったことがある。一九九〇年代初頭の当時、彼は大佐で私は中尉だった。ある夜、我々は「総攻撃」（mass attack）を実施した。二〇〇〇名の落下傘部隊が夜間、フォート・ブラッグの真ん中にある模擬飛行場に降下したのだ。我々の任務は「飛行場を奪取せよ」だった。敵を掃討した後、私は偶然、戦場のペトレイアスに遭遇した。痩身の演習マニアといった感じだった。

彼が私の小隊の行動について尋ねてきたので、私は報告した。そのとき我々は夜明け前の紫色の薄明かりに包まれながら、将来の戦争に関する学問的な会話を交わした。それは夢のような出来事だった。「将来の戦争は、通常戦とはならないだろう」と、ペトレイアスは言った。「我々は、我々のように戦う国家や人々と戦うことはないだろう」

「では、相手は誰なのでしょうか？」

「ゲリラ、麻薬犯など正統な政府を倒したがっている連中だ。一言で言えば、反徒たちだ」

「ヴェトナムのような？」と、私は言った。「我々にとっていい終わり方ではなかった」。

我々は、なぜそうだったかを議論した。彼は言った。「除隊して、博士号を取れ」。

「どうしてです？」と、私はがっかりしてたずねた。当時、私はまだ陸軍でのキャリアを欲していた。

「対反乱作戦は将来のことなので、軍は準備ができていない。しかし、準備しておかねばならない。それを研究し、マインドを鍛えておけ」


私はそれに従った。私の大隊長である若き日のスタン・マクリスタルはハーバード大学への推薦状を書いてくれた。皮肉なことだが、対反乱作戦は滅多に成功しないことを学んだ。T・E・ロレンス（アラビアのロレンス）が説明しているように、[*6]軍隊は鉢植えの植物のように強力で動かない。軍隊は要塞に根を下ろし、移動するときでも動きが鈍い。そうこうしている間に、ゲリラは霧のように目に見えないが、いたる所に現れる。彼らは神出鬼没で賢く、撃破される恐れのある野戦を巧みに回避する。霧であるほうがよい。霧を撃つことはできないからだ。これが彼らの防御術である。

しかし、反乱勢力はゲリラ以上の存在だ。政府の打倒を目的とする武装した社会運動なのだ。反乱勢力はレーニンや毛（沢東）がしたように、人民を率いて革命に導くことを夢見ている。イデオロギーは「住民の心《ハーツ・アンド・マインド》」を勝ち取るために、反乱勢力が選択する兵器である。ハーツ・アンド・マインド[*7]という用語は、もう一つの反乱であったアメリカ革命の時代にさかのぼる。反乱勢力の任務は、現行体制が専制的で正統性に欠け、打倒しなければならないと一般市民を納得させることである。政府軍が反乱勢力を撃破するほど、反乱勢力の大義の正当性が人民に伝わる。このようにして、通常戦の戦略は敗北へと至るのである。

ＣＯＩＮ信奉者はある意味で正しい。彼らは反乱に直面した場合、通常戦を見限る考えを支持していた。その代わり、ＣＯＩＮ信奉者が議論していたことは、反乱者側のゲームに従って打倒し、彼らと競争するために武装した社会運動を開始することだった。戦場での勝利ではなく、より多くの「住民の心」を獲得することで勝利を収める。有名なＣＯＩＮ戦略家で、フランス陸軍将校のダヴィッド・ガルーラは「政治的行動に比して、軍事行動は二の次」[*8]と主張した。アメリカで大きな話題となった二〇〇六年の『対反乱マニュアル』の主要なアイディアの多くは、一九六〇年代初期のガルーラの著作から借用されていた。

著書の中で、ガルーラは勝利に向けた八つのステップの戦略を記述している。すなわち「反徒から住民を遠ざけよ」「エリアの安全を確保せよ」「住民の信頼を獲得し、反徒の隠れ場所を教えてもらえ」「しかるのち、反徒を始末せよ」というものだ。「始末」(mop up) とは「殺害または終身刑」を表す暴君の用語である。「掃討・確保・建設 (clear-hold-build)」キャンペーンは、アメリカがイラクとアフガニスタンで採用した。ところがガルーラの戦略には、選挙の不正操作、メディアの統制、政敵の排除、選挙で当選した公職者が従わない場合のすげ替え (抹消？) などが含まれている。それはまさにプーチンがしていることだ。ペトレイアスはこれをしなかった。少なくとも、すべては行わなかった。その代わり、彼は国家建設 (nation-building) を選択した。それはうまくいかなかった。

「住民中心的なＣＯＩＮ」は、大事なことを取り違えていた。ＣＯＩＮ信奉者は「ＣＯＩＮは住民の心をつかむための正統性をめぐる戦いである」と語ることを好む。しかし、「正統性」を構成するものは何かという話に及ぶと急に黙り込んでしまう。イラクやアフガニスタンのケースを見ると、彼らは、正統性をあたかも欧米本国におけるのと同じように誤って仮定している。これは愚かなことだ。民主主義国家では、正統性は統治されることへの人民の同意によって付与される――それゆえ選挙は重要なのだ。国民は治安、裁判、教育、医療などの社会福祉と引き換えに、自らの服従を政府に託す。もし人民が不満を抱くなら、政府を解雇し、新たな指導者を選ぶことができる。政治学者はこの統治者と被統治者との関係を「社会契約」と呼んでいる。

　COIN信奉者は、粉塵《ふんじん》から文字通り国家を建設し、現地住民により良い社会サービスを提供すれば、失敗国家の中で新たな社会契約を築くことができると考えている。あるCOIN信奉者はそれを「軍隊による社会事業《ソーシャルワーク》」*9（この言葉はソーシャルワーカーたちを怒らせている）と呼んだ。その結果、アメリカはイラクとアフガニスタンに、学校、道路、病院を建設し――まさに国家だ――数十億ドルを消費した。しかし、これは成功しなかった。なぜなら――ネタバレになるが――地域住民は買収できないからだ。個人が買収されることはあるが、コミュニティは無理だ。住民はモノは受け取るが、イデオロギーは受け取らない。アメリカ人だって、もし中国が新しい学校や病院を建設したら、共産主義者になるだろうか？　そんなことはあり得ない。だが、これがCOIN信奉者たちの論理である。

　イラクやアフガニスタンに欧米流の正統性の考えを押し付けたことは誤りだった。こうした失策は「鏡効果」〔相手も自分と同じように考え、行動するはずだと思い込むこと〕と呼ばれ、インテリジェンス分析の世界では初歩的な錯誤の一つに数えられる。これは他の国民も自分たちと同じように考えることを前提にしているが、外国の社会は我々の姿を自らに投影したりはしない。このことは自明であるかのように思われるが、COINの取り巻きたちはそう考えていなかった。イラクやアフガニスタンのような社会における正統性は、民主的な社会契約ではなく、政治的イスラム〔イスラム教を政治的アイデンティティと行動の基礎とすること〕によって与えられる。神への敬虔な振る舞いやシャリーア法の順守が最も重要なことであり、これはアルカーイダ、ISIS、タリバーンのいずれもが訴えかけていたことだ。この錯誤が原因となり、「住民中心的COIN」は失敗する運命にあった。

　COINの帝国主義的起源という特質は、COINが華々しい失敗に終わったもう一つの理由である。COINは決して民主制を建設することを意味しない。それは民衆を奴隷化することを企図したものだ。

ダヴィッド・ガルーラ、ロジェ・トランキエ〔ガルーラと同じくフランス陸軍士官で、アルジェリア戦争に従軍した経験を持つ。一九六一年に刊行された『近代戦』の著者〕、C・E・コールウェルら初期のCOIN理論家は、欧州の植民地主義者であった。彼らの目標は、植民地体制を押し付けることであり、独立国家を創造することではなかった。ガルーラはアルジェリアやインドシナを民主的社会に変えることに関心はなかった。自由を求める現地住民に対するフランス植民地支配を再確立することを欲し、これを達成するためCOIN戦略を考案したのである。不正選挙、報道操作、裁判外処刑の命令など、民主社会では忌避すべき活動がテクニックとして利用された。それは問題の場所が、単に植民地だからである。トランキエは拷問と残虐行為を唱導した。帝国主義勢力は、主に富を絞り出すために植民地を建設する。COINはイラクやアフガニスタンにおけるアメリカにとって、間違ったモデルなのだ。

出だしを誤れば、その先で失敗を繰り返すだろう。

成功したCOIN戦略

COINをめぐる大きな問題は、歴史を無視していることである。一般的に反乱に関する学術研究は、かつて失敗し、頓挫した革命や動乱、または単なる犯罪として歴史のごみ箱に追いやられた数多くの反乱事例を十分に検討していない。たいてい反乱というものは、政府軍によって鎮圧されている。弱者がいかに戦争に勝利してきたかについて、思いつく限りじっくり考えてみるのも興味深い。これをうまく消化すれば、成功につながる三つのCOIN戦略がある。いずれも「民衆の心をつかむ」ことでは勝利できない。

第一は、「障害を取り除く」戦略であり、ローマがユダヤ人にしたことだ。クラウゼヴィッツはこの戦略を好んだ。彼は武装した農民のことを騒がしい烏合の衆のように弾圧すべき暴徒としてのみ考えた。*10 だがクラウゼヴィッツが言うのも一理ある。これは歴史上頻繁に起きていることだからだ。最大の問題は、殺戮すべき暴徒〔取り除くべき障害〕を見つけることだ。毛〔沢東〕が中国の最高指導者になる前、彼は身分の低い反徒の一人であり、〔政府軍から〕いつも逃げ回っていた。彼は「魚が大海の中を泳ぐように、ゲリラは人民の中を動き回らなければならない」[*11]と語っていた。これはシカリィ派がやったように、ゲリラは生き延びるため現地住民と渾然一体とならねばならないことを意味している。一つの解決策として、海や湿地を完全に枯渇させ、魚を干上がらせてしまえば、魚を死に至らしめることができる。これは多くの場合、反徒の息の根を止めるまで住民を攻め続けることを意味する。付随的被害を心配するなど、もってのほかだ。

強制力はさまざまな分野で効果をあげている。ヴェトナム戦争では、アメリカ陸軍のグリーンベレーが「彼らの睾丸をしっかり握れば、彼らの『心』も自ずと付いてくる」と言ったものだ。一九九九年、ロシアはチェチェンの首都グロズヌイを包囲し、完膚なきまで叩き潰してチェチェン人の蜂起を粉砕した。国連はグロズヌイが地上で最も徹底的に破壊された都市だと発表した。スリランカはあらゆる対策を試みた後、「タミルの虎」との二六年間におよぶ内戦を終わらせた。二〇〇九年、スリランカ政府は「タミルの虎」の活動拠点から虎たちを海に追い落とす決定を下したのだ。対処を誤ると、ただの集団虐殺となってしまう。テロリストたちもこの戦略を使っている。アルカーイダ、ＩＳＩＳ、タリバーンは強制力を用いて彼らの王国を築いた。

第二に、「輸出と移転」戦略だ。第二次世界大戦において、スターリンはソヴィエト連邦との関係を断つ機会をうかがっていたチェチェン人との間で問題を抱えていた。「鋼鉄の男」〔スターリンという姓はロシア語で「鋼鉄の」を意味する〕の回答はレンティル〔レンズ豆〕作戦だった。赤軍はチェチェン人による反乱を根絶するため、ソ連全域にある一一個の標準時間帯にチェチェン人たちを強制的に分散移住させ、どの地域でもチェチェン人が少数派になるように仕向けた。国外追放された四九万六〇〇〇人のうち、少なくとも一〇万人以上が死亡した。

第三が「輸入と希薄」戦略だ。チベットに漢民族がいたことはほとんどなかったにもかかわらず、毛

〔沢東〕は権力を掌握した後、チベットはかつて「大」中華帝国の一部であったと主張し、チベットを併合した。一九五〇年、中国の数百万の軍は「チベットの平和的解放」[*12]と称して高原王国を征服した。仏教徒の尼僧はレイプされ、無防備の僧侶は惨殺され、寺院は略奪された。その後、中国は数百万人の漢族を移住させ、チベット人を母国の中で少数派に追い込むことで征服を容易にした。二〇〇六年、中国はチベットまで通ずる特急列車〔青蔵鉄道〕を開通し、その支配を文字通り加速している。それは標高一万六六二七フィート〔約五〇〇〇メートル〕の、世界で最も高い場所を走る高速鉄道であり、中国人は空気が薄い環境でも運行可能な特別車両を発注した。原地の住民を漢族で希薄化すれば、将来の潜在的反乱を抑え込むことができる。

反乱の息の根を止める最良の方法は、上述した三つの戦略のすべてを用いることだ。ローマはこの方法で一〇〇〇年にわたって統治し、また、数で劣勢な欧州の植民地主義者が反乱の多い広大な領土を支配できた方法でもあった。アメリカはこれら三つのテクニックを使い、アメリカ先住民のインディアンにとっては屈辱的な西部フロンティアの征服を果たした。モロッコもこれら三つを組み合わせ、西サハラを「南領」と言い換え、係争中の西サハラ領を占拠した。イスラエルは今日、パレスチナ人に対して同じことをしている。

結局、効果的なCOINとは残忍で無慈悲なものであり、ペトレイアスの心温まる曖昧なやり方の対極にある。もし欧米諸国が効果的なCOINを実践しようとすれば、悪名高い植民地主義時代を彷彿《ほうふつ》させるものとなるだろう。それに代わる方法は、同様に問題を孕《はら》んだものとなる。冷戦の終結以降、テロリズムや反乱は増大し、今日の戦争を定義づけている。「慢性的無秩序」時代のこうした力は、そのまま放置していれば、純然たる脅威となる。それらに対処する上で、欧米の軍隊と国連平和維持軍は無能であることが証明されている。

小さな変化は、大きな変化の敵である。欧米諸国は問題が危機に転化しないように、そして危機が紛争に転化することを防ぐために、無秩序地帯への長期的プレゼンスを必要としている。解決策はあるのだが、〔上述してきたように〕それは型破りなものである。通常戦の戦士たちはそれを忌避するだろうが、現実を見れば、彼らの方が変化の敵となってしまっている。

外人部隊の召集

「ブーツ・オン・ザ・グラウンド」〔地上部隊の派遣〕に代わるものはない。本格的な反乱に膨れ上がり、本国を攻撃できるようなテロリストに成長してしまう前に、派遣部隊は隠密裏に（流血の現場で）敵を根絶することを要求される。それには無秩序地域への長期的コミットメントを要するが、欧米社会は派遣部隊の兵士が死体袋に入って戻ってくる様子を見ることを嫌う。「部隊を帰国させよう」とは反戦歌に共通の歌詞である。不人気の戦争は選挙で負ける。だから大統領や首相は派遣部隊の数量を下げたがる。ところが、これは最悪の戦略である。なぜなら、削減された兵力は、こちらが殺されるのに十分な数である一方、勝利には足りないからだ。いかにして欧米は自らがリスクを負わずに、現地で長期間駐留を維持することができるだろうか？

秘密の特殊作戦部隊がそのような任務を果たすことができると考える者がいる。しかし、特殊作戦部隊はそのように戦力設計されていないし、必要な資源を与えられてもいない。彼らの兵站基盤は限定されており、兵力数は少なく、他の作戦へのニーズは膨大である。兵力を四倍に増やしたところで、迅速な打撃行動向きに設計されていること、そしていつ再発するかわからない暴動を鎮めるために長期駐留する余裕がないという基本的事実は変わらない。また、バルカン半島やリビアで試みたように、エアパワーが答えだと考える者たちもいる。だが、空からでは領土を確保することができない。

欧米諸国は外人部隊を創設すべきだ。外人部隊と聞けば、フランス外人部隊を想起するだろう。その固定観念は正しくない。フランス外人部隊はフランス軍の一部であり、フランス軍士官に指揮され、フランス政府によって装備を与えられている。命令はパリからしか受け取らず、外人部隊兵士にはフランス市民権が与えられる。フランス軍の部隊ではあるが、下士官兵は世界中から集められる。外人部隊は即応部隊として、かつエリート部隊として機能を発揮する。主に世界中の軍隊の兵役経験者から選ばれる。アメリカ軍のベテランさえ入隊するのは難しい。[*13] 七〇〇〇名の部隊がフランスの国益を確保するため、アフリカや中東といった場所に前方展開している。

今、アメリカの外人部隊を持つ時が来た――イギリスの、オーストラリアの、デンマークの、そして脅威が国境に迫る前に脅威に対処することを望むいかなる国も同様である。フランス・モデルと同様、アメリカの外人部隊は国防省の一部となるが、ただし下士官クラスは世界中――巨大なプール――からリクルートされる。アメリカはこれらの部隊を長期的にリクルートし、訓練し、維持し、指揮することになる。外人部隊は適切な任務を与えられ、アメリカの士官や特殊部隊チームに率いられる。

国家に対する忠誠は、外人部隊兵士の長期的利益とワシントンの利益を一致させることで確保される。〔自国の〕兵士のように、外人部隊兵士は数年の兵役期間の契約にサインし、アメリカに仕える中で経歴を積む。外人部隊への入隊は給与のみならず、市民権獲得への道を開く。これは無茶な考えではない。数十年間、アメリカは軍役と引き換えに市民権を与えてきた。[*14] 外人部隊は、アメリカ式生活様式を選択し生計を立てようとする男女への道標《みちしるべ》となるだろう。

慢性的に繰り返される戦略的問題を解決するため、外人部隊はアメリカが最も必要とする場所で長期的な「ブーツ・オン・ザ・グラウンド」を維持するのに有用である。民間軍事会社や代理民兵メンバーの死亡者に対する国民の関心は低いであろうから、死体袋に入って帰国する兵士の姿を忌避する欧米では、さほど問題にならないだろう。対象となる犠牲者がアメリカ人から非アメリカ人に移ることで、現地でくすぶり続ける脅威を排除し、それに伴うリスクを抱え込むことから解放され、政治的な行動の自由を得ることができる。さらに、いったん外人部隊が脅威を取り除いた後、その脅威が再生することを防ぐため、同地域にしばらく留まり続けることができる。こうした固定的な態勢は、せいぜい数時間か数日間しか脅威地域に留まれない航空攻撃や特殊作戦部隊の関与に限定されてきたアメリカのプレーブック（軍事教範）の問題点を解決するだろう。外人部隊なら数年間駐留し続けられるからだ。

外人部隊は無規律の武装勢力と戦うために設計され、我々にとって危険なカオス地帯に配備されるべきだ。例えば、現地に巣食うテロリストたちを先制的に殲滅することもできるし、イラン革命防衛隊やヒズボラといったイランの影の部隊を追跡し、ロシアの「リトル・グリーンメン」を殺害（彼らは存在しないことになっているため、誰も悲しまない）することもできる。外人部隊をシリア、ソマリア、アフガニスタンのような脅威の培養器の内部に配備するとよい。このような失敗国家の政府に駐留許可を求めることは的外れである——どれも名ばかりの国だからだ。第一、どの政府と連絡を取り合えばよいのだろうか。こうした国はそれぞれが一つ以上の政府を持っている。外人部隊を使って、無秩序世界の中に活動空間を作り出してもらうのもよいかもしれない。

外人部隊の存在は、信頼のおけない代理民兵への対応など、他の問題も解決してくれそうである。現在、ワシントンは無秩序地帯でアメリカの国益のために戦ってくれる〔勢力として〕、速やかに召集できる現地部隊に頼っている。これが破局を生み出してきた。シリアでは、ペンタゴンに武装された民兵組織がＣＩＡによって武装された民兵と戦った。[*15] またあるときは、民兵組織がテロリストたちにアメリカ製兵器や弾薬を譲り渡している。[*16] 議会は五〇〇〇名の対ＩＳＩＳ戦闘員を訓練し武装するため、五億ドルを承認した。実際には努力の姿勢を見せるだけで終わり、担当した将軍によると、本当に訓練・装備を施したのは「わずか四、五名」[*17]だった。代理勢力には関係を断ち切る以外に、任せられるものはない。

外人部隊は、アメリカの兵力数を根本的に上昇させる。アメリカ軍は戦時になって軍役に志願する十分なアメリカ人をリクルートすることができない。イラク戦争やアフガニスタン戦争では、ワシントンは兵員を満たすために民間軍事会社に頼らなければならず、そのほとんどはアメリカ人ではなかった。アメリカ軍史上はじめて、現地で軍よりも民間軍事会社の要員の数が上回り、この状況は山のような問題をもたらした。[*18]

外人部隊兵士は民間軍事会社に取って代わり、民間軍事会社に関わるあらゆるトラブルを解消するはずだ。訓練と審査基準は透明性を確保されている。審査などほとんどない民間軍事会社とは違う（私はこの業界にいたので〔実態を〕承知している）。外人部隊兵士は軍事司法統一法典と呼ばれる軍事法の下での行動に関わる責任を帯びることとなる。民間軍事会社は最小限の責任しか課されない。もし殺人罪のような罪を犯しても、最小限の罪で、場合によっては、まったく罪に問われずに本国送還となる。アメリカの外人部隊は、そうした刑事免責を終わらせるだろう。

外人部隊への給与払いは簡単だ。外人部隊が民間軍事会社に取って代わり、国から予算を取得する。イラク戦争期間中、二〇一〇年の時点で、ペンタゴンは民間軍事会社に三六六〇億ドルを費やしたが、それはイギリスの年間国防予算の五倍に相当する。またイラクやアフガニスタンにおける民間軍事会社の不正、浪費、狼藉行為は[*19]、そのスケールからして〔北欧神話の〕ワルハラのようだ。外人部隊は第一義的にアメリカ政府に奉仕し、満足させるべき株主を持たない。資金源は、F‐35一機を削減するだけで現在の国防予算から賄える。

現代の通常戦部隊と異なり、外人部隊は特殊作戦部隊のパンチ力と在来型軍隊の持久力とを兼ね備えたものとなるだろう。戦略的には、責任の大きさの割には機敏に活動できる。外人部隊はアメリカにとって無秩序地帯で必要とされる兵器となり、能力を欠いた代理民兵、したたかな民間軍事会社、アメリカ兵の犠牲者といった諸問題を解決に導くだろう。

外人部隊のアイディアに青ざめる者もいるかもしれない。しかし、それはホブソンの選択〔えり好みのできない選択〕なのだ。我々は過去に失敗した戦略を使い続け、人命、数兆ドル、国家の名誉を台無しにするのか、それとも、大胆な変革を遂げるのか。誰も前者を望まない。そうであるなら、選択は自ずと明らかなはずだ。

ルール5 「最高の兵器」は銃弾を撃たない

一九八一年九月四日の早朝、ソヴィエト軍が隠密に鉄のカーテンを越えてなだれ込み、西ドイツとオーストリアの大部分を占領した。兵員、戦車、航空機の梯隊が東ドイツの国境地帯にあるフルダ峡谷を通って進軍し、NATO軍を奇襲攻撃したのだ。ソヴィエト軍の攻撃は先制的な戦術核攻撃を伴って実行され、二五万人にのぼるNATO兵士を殺傷した。

NATOの防衛は崩壊した。ソヴィエトの機甲部隊はNATOの前線の奥深くに強烈な打撃を加え、補給線を遮断するとともにNATOの戦術核兵器を破壊した。NATOの新型エイブラムス戦車やレオパルトII戦車がソヴィエトの作戦機動群――精密電撃戦を遂行するT‐72重戦車からなる大規模な任務部隊――により側面を包囲された。

ソヴィエトはRSD‐10核ミサイルを含む最新兵器を使用した。この五四フィート〔約一六メートル〕ある兵器はどんな地形も乗り越えられる六輪の運搬車に搭載され、NATOがそのすべての動きを追跡することは困難だった。RSD‐10は一メガトンの核弾頭を三四〇〇マイル〔約五四〇〇キロメートル〕投射することができ、その目的はただ一つ――NATO空軍が使用する西欧のすべての主要飛行場を破壊することであった。ヒースロー空港からフランクフルトまで、安全な飛行場はどこにもなかった。ソヴィエト連邦はこのミサイルを六五四基保有していた。

戦いは八日以内に決着がついた。赤軍の圧倒的な数とスピードによりNATO軍は壊滅したのだが、それはNATO軍が包括的防衛を発動するよりも前のことだった。赤軍一五万人による第一次攻撃に続き、数百万規模の部隊がその後に続いた。NATO同盟諸国がブリュッセル〔ベルギー王国の首都。NATO司令部のほか、EU本部の所在地〕郊外の掩蔽壕の中で議論している間、共産主義の旗が欧州じゅうの首都にはためいた。ソヴィエト連邦とワルシャワ条約機構加盟国は、西欧諸国を占領した。

ソヴィエト連邦は大規模な軍事演習により、NATOを恐怖で震え上がらせようとしたのかもしれないが、実際、そうなった。ザーパド81演習[*1]（西部81）はそれまでソヴィエト連邦が実施した中でも最大規模の軍事演習だった。この八日間にわたる武力の誇示は、一〇万人から一五万人規模の部隊がNATO国境沿いに集結して行われ、数千両の戦車、航空機、ミサイル発射機、上陸用舟艇、その他メガ戦争に必要な兵器と連携して遂行された。この全面侵攻を想定した模擬演習は、西欧諸国を不安定化させ、ソヴィエト陣営の国々の結束を意図して実施された。人々の目には、武力の威嚇以外の何物でもなかった。

「武力の効用」の低下

ザーパド81は、遠い過去の話だ。銃口から生まれた政治権力や、毛〔沢東〕からスターリンに至る独裁者たちは、自らの正義に抵抗する反対派を従わせるため、鉄の保証に頼った。ソヴィエト人民がNATOにメッセージを送りたければ、そのほとんどが弾薬を通じてだった。

今はそうではない。今日、ロシアが欧州を不安定にしたければ、ソヴィエト連邦がしたような軍事行動で脅すことはしない。その代わり、彼らはシリアを空爆する。この戦術は数万人の難民を欧州にもたらし、移民危機を深刻化させ、ブレグジット問題を扇動し、欧州一帯に反体制政治の動きをかき立てた。欧州法は望むと望まざるとにかかわらず、すべての国は難民を受け入れなければならないと規定しているが、その法は数百万の人々が国境に殺到する事態を想定していなかった。ドイツだけで一〇〇万人の亡命希望者を受け入れ、移住コストに六七億ドルを必要とした。[*2] 他の国はドイツよりも少数の難民を受け入れたが、その数は地方の住民たちが許容できる範囲を超えていた。

政治的反動はすぐさま起こり、欧州を第二次世界大戦以来最も深刻な危機に陥れた。右翼の民族主義政党は、かつてはネオナチと呼ばれ忌避されていたが、オーストリア、ドイツ、イタリアで支持を広げている。これは一九三〇年代以来、はじめてのことだ。彼らの反移民的態度とEU懐疑論は、欧州全域にわたって支持者を獲得している。フランスでは、極右政党である国民戦線の党首マリーヌ・ル・ペンが大統領選挙で接戦を繰り広げた〔二〇一七年のフランス大統領選挙で一〇名の候補者中二位となり、決選投票でエマニュエル・マクロンに敗れた〕。ハンガリーでは、超国家主義政党「より良いハンガリーのための運動」が第三党に躍り出ている。イギリスでも、ブレグジットとして知られる欧州連合離脱の是非を問う投票を行っており、他国もこうした動きに倣《なら》うかもしれない。難民の氾濫はモスクワ寄りの欧州統合懐疑派を勢いづけ、NATOと汎欧州主義の夢を弱めている。

プーチンは弾丸で脅すのではなく、難民を兵器とすることで、ソヴィエトが達成できなかったことを成し遂げた。これはNATOにとって危機である。NATO欧州連合軍最高司令官およびアメリカ欧州軍司令官であるフィリップ・ブリードラブ将軍は、ロシアとシリアが移民を使って、人口密集地をシステマティックに打撃する兵器に変えてしまったと語った。「ロシアとアサド政権は協力して巧妙に移民を兵器化し、欧州の構造を揺さぶり、欧州の決意を粉砕しようと試みている」と、ブリードラブ将軍は上院軍事委員会で証言した。[*3] さらに、ISISのようなテロリストたちは、難民危機に乗じて欧州への浸透を企て、発見が「事実上不可能な」偽造パスポートを利用している。ソヴィエト時代の昔の軍事演習では、そこまで達成できなかった。

戦争は殺傷性を超えて、その先へと進んでいる。今日、発射される弾丸のみならず、国力のあらゆる手段が利用される。ノンキネティック兵器は戦争において非常に有効であり、抜け目のない戦略家たちは「難民の波」を含むほぼすべてのものを兵器に変えてしまう。「武力の効用」と呼ぶ際の概念そのものである火力《ファイア・パワー》を最も信仰している通常戦信奉者にとって、これは認知的不協和を生み出す。通常戦信奉者は紛争における暴力の有効性について語り、火力の価値を「最上」と評価する。彼らにとって、十分な武力の行使はいかなる問題も解決できるのである。そのような考え方が第一次世界大戦で「肉挽き器《ミート・グラインダー》」を現出させ、第二次世界大戦では絨毯爆撃をもたらした。今日、通常戦に備える軍隊は、自らの実力を「火力」で測る。彼らは「兵力投射」や「戦力格差」にこだわり、F-35のような装備に投資している。

武力はアメリカで好んで用いられる対外政策のツールであり、それは資金の配当先を見れば分かる。予算は嘘をつかないという意味で、道義的文書《モラル・ドキュメント》である。アメリカ合衆国は外交や対外援助の実に一二倍を軍事に費やしている。国防省の毎年一一桁の予算額を見れば、他のすべての政府関係省庁の予算額が小さく見える。この莫大な予算を擁護する者たちは、GDPに占める比率が過去に比べて縮小している点を、あたかもそれが何かの価値があるかのように指摘する。この言い分はばかげている。中国、ロシア、サウジアラビア、イギリス、インド、フランス、日本を「合計した」以上の金額を国防に費やしているのだ。それは明らかにオーバーキルと言えるけれども、武力は昔から戦争を象徴する最古の讃歌《アンセム》でもある。

今日、「武力の効用」は低下している。やがて、それは消え去ってしまうだろう。第二次世界大戦以降、戦い方は劇的に変化し、武力をますます時代遅れにしている――これは通常戦信奉者たちがいまだ理解できていない興味深い考え方である。その証拠は明らかだ。高い「武力の効用」を発揮するために設計された兵器――ジェット戦闘機、戦車、潜水艦――は、格納庫に置かれ、車庫で待機し、大海を航行しているが、戦闘には参加していない。だが、戦争は減っていない。変化を遂げたのは、現代戦における武力の役割なのだ。中東、アジア、アフリカで多くのダビデたちがゴリアテたちを打ち負かしたように、その証拠は豊富に存在する。

武力の重要性の低下は未来のトレンドであり、将来の戦争において大規模な軍隊はますます不必要となる。これは軍人たちを困惑させる。彼らは一九四五年以降、ステルス爆撃機、フリゲート艦、核ミサイルといった兵器が戦争で脇役だったことを認めるだろうが、そうした兵器は依然として抑止力として必要であると主張する。だが、それはうわべだけの議論である。現代と将来の脅威とは、国家を征服することではなく、国家を破綻させることである。[*4] そこから生まれるのはテロリスト、ならず者政権、犯罪帝国あるいは単なる無政府状態である。これらを「抑止できる」ものはないということは、冷戦の終結以降、繰り返し証明されてきた事実であり、スーパー兵器〔核兵器〕の抑止力があるにもかかわらず、テロリズムと破綻国家は壮大なスケールで拡大している。伝統的抑止は時代遅れになった。

高い「武力の効用」をもつ兵器は、未来の通常戦で必要になると主張する者もいる。これは別の誤った議論である。たとえアメリカと中国のような大国間の戦争があったとしても、なぜ、その戦争が第二次世界大戦のような戦い方になると仮定できようか? 通常戦は死んだのである。戦争の新しいルールが存在し、それに最後まで適応できなかった者たちは衰亡するだろう。勝利のためには他の方法をとる必要があり、そこに銃弾は含まれないのである。

心の戦士

「こんにちは、私はMａｃです」
「私はＰＣです」

このコマーシャルでは、白の壁を背景に二人の俳優が画面上に現れる。一人はずんぐりした体格をし、ネクタイを着けている。彼はＰＣコンピュータを具現したキャラクターであり、傲慢でのろま、退屈で〔精神医学で言う〕受動攻撃性があり気まぐれ、そして一番重要なことだが、オタクである。他方、Ｍａｃはクールさを漂わせている。彼は寛いだ態度で、服装はＴシャツとジーンズを着こなし、気遣いがあり、謙虚で、明るく前向きな雰囲気を感じさせる。みんな、そんなＭａｃが大好きだ。
「再起動」すると、ＭａｃとＰＣは自己紹介を始めるが、ＰＣはフリーズしてしまう。ＰＣが再起動すると、一字一句たがわず、「再起動」の紹介の場面を最初から始めるのだ。Ｍａｃは〔繰り返しになるので〕再び自己紹介する必要はないと説明し、先へと進む――ＰＣは再びフリーズしている。「僕らはＰＣを持っていたけど、その後、捨てた」とＭａｃは言い、視聴者に対し、ＰＣがＩＴに助けを求めている間、ＰＣを見守るようお願いする。

好きであろうが嫌いであろうが、アップル社の「Get a Mac」広告キャンペーンは絶大なインパクトがあった。二〇〇六年、売り上げの下落に直面したアップル社はこの広告キャンペーンを展開したのだ。その後の三年間で六六のコマーシャルを打ち出し、同社はコンピュータの売り上げを三倍に増やし、広告業界のオスカーであるエフィー大賞を受賞した。『アドウィーク』誌はこの一〇年間で最高の広告キャンペーンであると評価し、「Get a Mac」は今日に至るまで偶像視されている。

アップル社はどのようにして、それを成し遂げたのか？　その秘密は簡単だ。中傷である。ネガティブ運動はパワフルであり、その秘訣はターゲットが間違いを犯しているように見せることだ。視聴者はクールなＭａｃと自分を同一視し、息苦しいＰＣに反感を覚える。しかし、Ｍａｃはナイスガイではない。ＭａｃはＰＣの特徴を引っ張り出して話題とし、それを視聴者と一緒になって笑いものにする。Ｍａｃが実は真の元凶なのだが、彼はＰＣを悪者《バッド・ガイ》に仕立てる。見事な冷やかし振りと巧みな操作がうまくいっている。

将来、我々は戦争のために「Get a Mac」を必要としている。テロリストを捕まえ、その多くを殺害したとしても、テロリズムを育んだ伝染性のイデオロギーを破壊することはできない。例えば、ジハード思想を根絶するには、そのイデオロギーの正統性を奪う必要があり、「嘲笑」がそれを実現する。ＩＳＩＳとその後継者たちが、もしムスリム世界全体から物笑いの種にされたとなれば、彼らはオズの魔法使いのように萎《しぼ》んでしまうだろう。北朝鮮はすでに映画『チーム★アメリカ／ワールドポリス』のように、「嘲笑の棘《とげ》」で突っつかれてきた。プーチンの個人崇拝も「中傷の力」のもとで弱体化するだろう。実際、彼に裸で熊にまたがる習慣があるとすれば、それは格好の材料となる〔上半身裸で熊にまたがっている写真がネット上にあるが、これは本物ではなく、乗馬の写真を加工して作ったコラージュ画像のようである〕。

現代戦では、影響力《インフルエンス》は銃弾よりも効果がある。欧米がひどく苦手な分野だ。昔の漫画の主人公であるミスター・マグーのように、超ステルス爆撃機と『ビーバーちゃん』〔アメリカで一九五七年から六三年にテレビ放映されたホームコメディで「男は仕事、女は家事と育児」という厳格なしきたりに従う家庭を描いた〕並みの戦略的コミュニケーション技法によって躓《つまず》きよろめいている。欧米はいまだに「ラジオ・フリー・ヨーロッパ放送」や上空からのビラまき（空軍が「無価値爆弾」と呼ぶもの）のような冷戦時代のテクニックを用いて、相手のマインドを変えようとしている。我々はクールじゃないPCのようだ。

影響力《インフルエンス》を兵器化し、目まぐるしく変わる紛争の展開《ナラティブ》をコントロールできれば、未来の戦争に勝利できる。アメリカはナラティブの戦いに勝てるはずだ――アメリカはハリウッドやマディソン街〔広告業界を表す代名詞〕の発祥の地である。しかし、アメリカはこの分野でロシア、イラン、中国に随分と水をあけられている。とりわけテロリストは、情報を兵器化するのが得意だ。国防長官を務めたロバート・ゲーツは「我々はコミュニケーションの面で、洞窟の中にいる連中に圧倒されている」[*5]と、ウサーマ・ビンラーディンのことを語っていた。ビンラーディンの死後数年経った今でも、状況は変わっていない。政府内報告書によると、これがワシントンの結論である。

欧米は情報戦ゲームをアップデートする必要がある。それができるようになるまで、情報空間で戦争を遂行する敵に欧米は押され続けるだろう。アメリカの場合、構造的変革が必要だ。現在、ワシントンで誰が戦略的影響力の責任を担っているのか、本当のところは誰にも分からない。国務省なのか、軍か、CI

Ａか、ＮＳＣか、それとも別の部署なのだろうか？　もちろん、彼らは答えを知っている。超大国が負け続きなのも無理はない。正解はＣＩＡだ。なぜなら、ＣＩＡは秘密作戦あるいは〔アメリカ合衆国法典〕「第五〇編」のプログラムを実施する権限を与えられているからだ。同プログラムはこの種の戦争〔情報や影響力をめぐる戦い〕に不可欠だ。しかし、ＣＩＡはそれの管理のみをするべきである。官僚であるＣＩＡ職員はアーティストではないからだ。その代わり、ＣＩＡは手間のかかる仕事をハリウッドに外注し、大金を投資すべきだ。ペンタゴンは実戦投入されないＦ‐35一機に一億二〇〇〇万ドルを支出しているが——もちろん、一部の金は戦争に役立つ分野で使われてもよい。

　アメリカでは、スミス・ムント法のような冷戦期の遺制の制約を受けている。この法律は、国家が自国民に対して組織的な宣伝活動《プロパガンダ》を行うことを禁止している。この法律が制定されたとき——一九四八年——外国を対象としたプロパガンダの影響からアメリカ国民を切り離すことは可能であった。今はそうではない。現在、我々はインターネット、衛星テレビ、スマートフォン、Ｅメールなど、さまざまな情報チャネルをもち、世界から自分たちを切り離すことなど不可能だ。通常戦と同様、スミス・ムント法や類似の法律はすでに効力を失っているのだ。未来の戦争で勝利を欲しながらも変化を受け容れない者は、問題解決の代わりに若い兵士たちの命を投げ出しているに等しい。

　影響力《インフルエンス》を兵器化し、情報優越を獲得するには三つ要素が必要とされる。第一に、モニタリングである。インテリジェンス機関は、方法《ハウ》や目的《ホワイ》とともに、誰《フー》が何《ホワット》のメッセージを誰《フーム》に送っているかを把握する。孫子が推奨しているように「敵を知ること」だ。第二に、〔相手の〕信用を落とすことだ。フェイクニュース、〔真実ではない〕替わりの事実《オルタナティブ・ファクト》、ボット〔機械による自動発言システムのことで、語源はロボットに由来。特定の時間に自動ツイートするボット、ユーザーのボット宛の発言に自動返信するボット、特定のキーワードに反応するボットなどが存在〕、トロール〔ネット上での嫌がらせ行為〕、虚偽のナラティブ、ウィルス性ミーム〔ＳＮＳを通じて素早く広まる情報〕、ネガティブな画像を一つ一つ正確に指摘し、白日の下にさらす。そうした神話破壊を行わないと、人々は誤ったイメージを信じ込んでしまう。こうした作業は、とりわけ民主主義社会で重要である。なぜなら、敵は「指導者を選ぶ権利を有するアメリカ国民」に狙いを定めているからだ。第三に、反撃だ。これは欧米諸国の足腰が特に弱体化した領域だ。アメリカをはじめとする国々は外国の地で隠密裏に親米派の声を支援する方法をすでに知っている。彼らのメッセージは、我々の耳に心地よく響く。彼らの助けになるとわかれば、彼らからのメッセージがなくても支援する。この「ビッグマウス」戦略はカウンターメッセージとして有用であるが、それだけでは十分ではない。我々は、影響力獲得のため、武器庫にもっと兵器を蓄える必要がある。

◇中　傷

ネガティブな面を強調することはダメージ効果が大きいが、それは巧妙になされなければならない。相手をずたずたに酷評する一方で、自分は好印象な人物を演じることが求められる。この点、「Get a Mac」キャンペーンは成功し、我々に多くのことを教えてくれている。声の口調は情報よりも重要に見える。視聴者もよく知っている文化的に「苛立たせるもの」を利用して、相手を攻撃的人物にでっち上げる。共感と善意をにじませ、視聴者からの信用を高める。謙虚さを見せる。自分が選んだ人物に共鳴する視聴者の心情をうまく利用する。視聴者がすでに持っている知識と同調させる。笑えるが愚かな内容ではない、などなど。視聴者すべてを取り込む必要はなく、標的とする相手への疑念を広めるオピニオンリーダー的な一部の積極的少数派から賛同を得ればそれでよい。こうして相手の自信を喪失させ、うろたえさせ、標的とする個人や制度への不信感を作り出せる。この方法は、とりわけ独裁国家に対して有効である。なぜなら、独裁国家は〔独裁者への〕個人崇拝と指導者は絶対に間違いを犯さないという不可謬性の上に成り立っているからだ。そんな指導者たちの間違いを白日の下にさらすのである。

◇無意識の内面化

誰もが『アメリカン・アイドル』のようなショーを忘れることはできないだろう。この音楽オーディション番組は一五シーズンも続いており、一〇〇カ国以上で放送され、世界中で似たような番組を生み出している。『アメリカン・アイドル』の魅力は世界共通の普遍性にあり、能力主義のシンデレラ・ストーリーを実現する。才能を持つ誰もがスーパースターになれる。当然、審査はあるが、電話やオンライン投票によって最後の勝者を決定〔民主主義的な方法〕するのは視聴者である。アメリカは、イラン、トルクメニスタン、サウジアラビアといった国々で、民主主義に不慣れな現地の人々に民主主義の信条を植え付けるため、目立たぬように「アイドル」ショーを主催あるいは輸入させるべきだ。この方法は閉鎖社会でも通用する。インターネットを国境から締め出すことはますます不可能になっているからだ。他者との同一行動と集合的意識が働き、人々は自らの政治生活に「投票者」として参加することを欲し、権威に対して疑問を抱き始める。娯楽ショーは、「ラジオ・フリー・ヨーロッパ放送」――インフォマーシャル〔商品に関する情報（インフォメーション）をたくさん盛り込んだコマーシャル〕、悪く言えばプロパガンダ――のような退屈で輸出されたニュースチャネルよりもはるかに効果的である。人々は楽しいことを好むものだ。

◇ビロード革命による体制変更

「みなが集まれば、我々は多数派だ。我々が負けるはずはない！」キエフ独立広場に押し寄せた数万の市民が繰り返し叫んだ。凍てつく冬も秘密警察も、オレンジ色の旗を振りながら民主主義を求めて行進する群衆たちを止めることはできない。「オレンジ革命」〔二〇〇四年ウクライナ大統領の不正に抗議し、再選挙を実施させた一連の民衆運動。呼び名は民衆の多くが身につけていたオレンジ色の服や旗に由来〕は独裁政権を平和裏に打倒し、世界中に「カラー革命」を引き起こした。ロシア、中国などの権威主義政権はこうした革命を恐れ、その裏で欧米が糸を引いていると非難する。それは本当のことだったが。カラー革命の多くは失敗に終わるが、それらはビロード革命方式による体制変更――ある程度の影の助けを借りて――の青写真となった。

◇道徳的腐敗

ソクラテスは若者たちを堕落させたかどで殺された。ホーマー・シンプソン〔アメリカの人気テレビアニメ『ザ・シンプソンズ』の主人公一家の父親〕もそうだった。実際、イラン政府の役人たちは、スプリングフィールド〔シンプソン一家のすみか〕に住む家族の身勝手で不敬虔な態度を引き合いに出しながら、「西洋中毒」に対する攻撃的闘争の材料に使っている（「ドオッ！」〔d'ohとつづる。ホーマーは何かに気付いたり失敗したりしたときにこう言う癖がある〕）。でも、ホーマーばかりではない。バービー人形〔アメリカの玩具メーカーのマテル社が販売する着せ替え人形〕も禁止された。誰もその理由は分からない。おそらく、胸が豊かで金髪であるせいだろう。もしホーマーとバービーがイラン体制の脅威であるなら、なぜ欧米はそれらをイランの若者たちの手元に届け、若者たちの心をつかむ創造的な方法を見つけようとしないのだろうか？　かつてインテリジェンス・コミュニティにいた私の同僚が、アフガニスタンで『ベイウオッチ』〔一九八九年から一九九九年にアメリカのNBC系列で放映されたテレビドラマ〕を放映すれば、〔ドラマに釘付けになり〕タリバーンの戦闘時間を制限することができるかもしれないと語っていた。ウサーマ・ビンラーディンを含む、たいていのイスラム聖戦士たちはポルノ中毒者だからだ。賢明な戦略家なら、必ずやこうした手法を活用するだろう。

住民らの現実認識を有利に形作ることができれば、空母打撃群を動員するよりも効果が大きい。それは政府を打倒し、国民の団結を崩し、戦時の決意を弱体化させる。そうした影響力《インフルエンス》を振るう「手」を操ることができるなら、あえて「剣」を振るう必要はなくなるにちがいない。

ルール6 「傭兵」が復活する

「あなたは傭兵だったのですか？　誰か人を殺したのですか？」私はこのような質問を何度も受けた。「実のところ、それは言えない」と私は答えているが、それは本当のことだ。私がやったことの多くは極秘であったし、それは業界用語で言うところの「ゼロ・フットプリント〔痕跡なし〕作戦」だったからだ。

戦争で何か前向きなことをやり遂げる必要があるとき、民間部門に電話がかかってくる。かつて特殊作戦部隊やCIAが実行してきた任務は、今となっては外注《アウトソース》されている。私はそのことを知っている。というのも、私がそうした任務を引き受けてきたからだ。軍閥リーダーたちと取引をし、軍隊を建設し、サハラ砂漠で武装集団と駆け回り、敵対勢力の領内で戦略的偵察を行い、東欧で武器取引に従事し、アフリカでジェノサイドが起こることを防いだ。

二〇〇四年、取り乱した顧客から電話を受けた。当時、私はリベリアにいて、同国の軍をゼロから組織していた。

「マクフェイトか？」衛星電話の反対側から声がした。

「この電話は盗聴対策がされていないいが」と、私は言った。

「わかっている。今は時間がない。君の助けが必要だ。航空機の第一便で――」。私の背後で銃声が鳴り、彼の最後の言葉をかき消した。兵士がいたる所にいる。我々は零点規正を終えたばかりのAK‐47の射程内におり、何者かが自動モードで弾倉から全弾を射撃した。

「おい、あいつらを殺《や》っちまえ！」。私は軍曹に大声で叫び、そばにいた若者《キッド》に向かって、大袈裟な笑みを浮かべながら引き金を引く仕草をした。彼はたしか一八歳くらいで、歯が数本しかなく、笑うことがない。オーストラリア人《オージー》の軍曹はキッドを踏みつけ、キッドに向かって言葉による目一杯の弾幕射撃を浴びせかけた。キッドは軍曹からの罵詈雑言を浴びてすっかり萎縮してしまった。

「何だって」。私は振り返った。

「ブルンジ（Burundi）」

「どこだって？」

「ブラヴォ（Brava）、ユニフォーム（Uniform）、ロミオ（Romeo）」と、彼は軍隊の音標アルファベットを使って「Burundi」のスペリングを綴った。「着いたら、電話をくれ。すべてはそのとき話す」。

ブルンジ？　と、私は思った。一体どこだ？　「何か荷造りをする必要はあるか？」

「いらない。武器もいらない。君のカードに三〇グランドを振り込むから」。以前、彼らは出張代として私にクレジットカードを送ってくれていた。「どこに行くかも、なぜそこに行くのかも、誰にも言ってはいけない」。

「ラジャー」。くそっ、ブルンジなんて知りもしなかった。

「できるだけ早く出発してほしい」と言って、彼は電話を切った。

数日後、私はブルンジにいた。アフリカの真ん中にある小さな点に過ぎず、地球上で最も危険な場所だった。その晩、武装された宮殿内で、私は大統領とコーラを飲んでいた。その部屋は、グロテスクな部族の仮面、偽の黒檀で装飾された革製ソファ、シマウマを模造した縞模様のカーペットで埋め尽くされ、純アフリカの装飾が施されていた。

我々と一緒だったのは、アメリカ大使、ＣＩＡ支局長、そして八歳になる大統領の令嬢だった。彼らは私にミッションのブリーフィングをしていたところで、我々はコーラをちびりちびり飲んでいた。最悪のブリーフィングが終わったとき、みな飲み物を飲みながら、憮然とした沈黙だけが残った。

あとでわかったことだが、このような状況に置かれた人物は私が最初ではなかった。大使は当初、現地部署からCIAチームを派遣したが、彼らは「ミッション不可能」と宣言して立ち去った。次にアメリカ特殊部隊が姿を現したが、彼らも同じ結論に達したようだ。出国するとき、彼らは「国防省はアフリカで何もしない」と冗談を言ったものだ。良い冗談とは言えなかった。

そこで彼らは、私の雇い主である大手民間軍事会社に注目した。我々は仕事に対して、決して「ノー」とは言わない。アフリカで、私は彼ら〔アフリカの人々〕の側にいた。そこで仕事が私のところに来た。若い空挺隊員として、私は「任務を是が非でも達成する必要のない者にとって、不可能なことは何もない」ということを学んでいた。

ミッションはきわめて不可能に近かった。私はジェノサイドが起こる前に、それを止めねばならなかった。最悪、誰の手も借りず――何が起こりつつあるかを知っている大統領の部下やアメリカ大使館のスタッフなしでも――、私一人でやり遂げなければならなかった。「関与を否認できるもっともらしい根拠」は、我々の企業にとって大きなアピールポイントの一つだ。私に何か良くないことが起きれば、私の関与は否定される。仮にCIAや特殊部隊のチームがトラブルに巻き込まれたら、アメリカ政府は何らかの対応、例えば、救出作戦、巨額の賠償金、あるいは――最悪のことだが――対外公表を余儀なくされるだろう。だが、民間企業ならそんな必要はない。使い捨てになるだけだ。

「大統領は生かしておけ」。ブリーフィングでCIA幹部〔支局長〕が私に言った。「彼は鍵を握る存在だ」。

「どのようにして？」と、私は聞いた。映画とは違って、実生活におけるあらゆる経歴が書き込まれた極秘の調査書類など――少なくとも民間部門に携わる者に対しては――、誰も手渡してはくれない。そこでの非公式なモットーは、「とことん考え抜け」だ。

「一九九四年のルワンダでのジェノサイドを覚えているか？」ルワンダとブルンジは国境を接しており、ジェノサイドは二つの国を荒廃させた。「三カ月間で八〇万人が殺された」。

「ほとんどがマチェーテ（なたに似た山刀）で」と、大使が付け加えた。

「それはルワンダとブルンジの大統領が暗殺されて始まった」。

「待ってくれ」と、私は言った。「二人の大統領の殺害から、どうしてジェノサイドが起きたんだ？」

「我々は危険な世界に生きているからだ」と、大統領が我慢をこらえ切れず語った。「フツ族とツチ族は数十年にわたって、互いに激しく対立してきた。一人のツチ族がフツ族に殺されれば、ツチ族は復讐のために三名のフツ族を殺す。こんどはフツ族が六名のツチ族を殺す、といったようにだ」。彼の手は怒りに震え、模造のシマウマ模様のカーペットの上で、コーラがピチャピチャと跳ねていた。

「そうしてジェノサイドが始まったんだ」と、大使が言った。

私は八歳になる少女に目を向けたが、彼女はテレビを観ていた。

「だから、フツ族の大統領が暗殺されたら、ツチ族に何が起こるか、想像できるだろう」と、大統領を見ながら大使は言った。

〝ジェノサイド〟と、私は思った。

「君がここに呼ばれた理由は、それなんだよ」と、ＣＩＡ幹部が言った。「我々はＦＮＬに関する情報をすべて持っている」。

「ＦＮＬって、誰のことだ？」と、私はたずねた。

大統領が不機嫌な表情になった。

「民族解放軍、通称ＦＮＬ」と、大使が答えた。「まったく質《たち》の悪い連中だ。フツ族の過激派たちは今、コンゴ東部のジャングルの中に隠れている」。

「ここからわずか二〇キロメートル離れた場所だ」と、ＣＩＡ幹部が言った。「奴らは大統領を暗殺して、ジェノサイドに火をつけたがっている」。

「なぜだ？　彼らもフツ族だろ？　大統領も……だろ？」私は大統領のほうを見て言った。「フツ族ですよね？」

「人殺し、狂信者、過激派」と、大統領は言った。「彼らは気にしちゃいないよ。奴らの望みはただ、ツチ族全員が殺され、永遠にこの世からいなくなるのを見たいだけだ。奴らが付随的被害のことなど気にかけると思うか？」と言い、大統領は娘を見やった。彼女はまだテレビを観ていた。

「それが理由だ」。ＣＩＡ幹部が口をはさんだ。「大統領の命を狙う暗殺を阻止するために君が必要なんだ」。

「彼らはいつ攻撃を開始するか、知っているのか？」と、私はたずねた。

「数週間後だ」

「それと、彼らは今どこにいるのか把握しているのか？」

「いや。実のところ、わからない」

あまりの杜撰さに、私は困惑した。このミッションをこなすには、もっと多くの情報が必要だった。

「ジェノサイドが計画されていること以外に、彼らについて何か情報はないのか？」

憮然とした沈黙が続いた。私はコーラをすすった。

翌日、私はブルンジ最高位の将軍と面会し、特殊部隊兵舎の案内をしてもらい、私が意のままに使える兵士たちを視察した。状況は「どうしようもなく、めちゃくちゃ（ＦＵＢＡＲ）」だった。彼らは兵士ではなく、やくざ集団だった。私から見れば、彼らの中に戦闘員に特有の冷静さは感じられず、装備は故障したままだったり博物館級の代物だった。さらに悪いことに、その「兵士たち」はフツ族とツチ族の派閥間で分裂しており、私は誰が誰なのか、さっぱり分からなかった。私は将軍に丁重に礼を述べ、荷造りをしにホテルに戻ることにした。

「これぞ、真のミッション・インポッシブルだ」と、私は思った。私はこの大陸から立ち去り、私の人生に戻ることにした。当時の私はハーバード大学の大学院生であり、アフリカで戦うために――この件は学部長との面談で話していない――休学し、研究から遠ざかっていた。私の職業には年配者が少なく、私がやっていることの重要性に比べれば、給料は糞みたいなものだった。そろそろ潮時だった。

深夜零時を過ぎた頃、ドアを激しく叩く音で私は目を覚ました。将軍配下の武装した男たちがいた。彼らは後をついてくるよう手招きをし、私はそれに従った。その時、私は、アフリカの片田舎の死亡者統計の数値が一つ増えることになるかな、と思った。彼らは私をバーに案内したが、将軍の他には誰も店内にいなかった。将軍はスコッチをちびちび飲んでいた。私はトリプルを注文した。

「こんばんは。将軍」。私はウィスキーを半分飲み干しながら言った。

沈黙。気まずい雰囲気だ。

「君は帰り支度をしていると聞いたぞ」と、将軍は言った。

「将軍はそれをどのようにして聞いたのだろう？」と、私は不思議に思った。何て言えばよいのだろう？

「お前たちはどうかしている。また別のジェノサイドが起こり、お前たちはみな死ぬんだ」とでも言えばいいのか？　まだ間に合うなら、今すぐ立ち去ったほうがよさそうだった。私は前をしっかり見据えながら頷《うなず》いた。

「知ってのとおり、私には何も残っていない」と、将軍は言った。「家族全員が一〇年前のジェノサイドで殺された。私は生き残りの友人たちと一緒に、パリで贅沢に暮らすこともできた。しかし、代わりに私はここで貧乏な暮らしをしている。私は自分のテレビも車も家も持っていない。私はたった一つだけ所有しているものがある。ブルンジと呼ばれる理想だ。それなのにお前は、自分を見てみろ。豪奢な時計と衛星電話を持っている。私は貧困生活を送っているけれども、お前は貧困な人間だ。何も信じちゃいない」。将軍はハーバードでの私の試験の合格を祈り、車列を組んで立ち去った。

それがターニングポイントだった。私はホテルの部屋に戻り、荷物をほどいた。

その翌日、私はミッションに取りかかり、チームを召集した。数週間後、FNLが攻撃を開始し、ブルンジの首都ブジュンブラの市街地で夜間戦闘があった。大統領は健在であり、FNLはコンゴに退いた。我々はジェノサイドを回避した。だが、そこには別の物語があった。

戦争の犬

傭兵が復活した。私はそのことを知っている。なぜなら、私自身が傭兵だったからだ。今日、違った呼び名――民間軍事会社、民間警備会社、もしくは単に契約会社――が使われているが、どれもが婉曲表現だ。もしあなたが外国の紛争地帯で軍事活動にかかわり、報酬を支払われている武装した文民なら、あなたは傭兵である。この事実を認める人は少ないが、もしあなたがMの付く言葉〔Mercenary（傭兵）を指す〕を口にすれば、傭兵サービスを提供する会社は賠償訴訟すると言ってあなたを脅すだろう。だが傭兵であるのは真実だ。政治や愛国心のためではなく、主に利益を求めて戦っているという点で、傭兵は兵士と異なるのだ。

一般の人々は傭兵のことを好まない。私は個人的に経験しているので知っているが。ハーバードに在学中、私は大学院のセミナーで「道徳的に無軌道」と非難されたことを覚えている。まるで私が気晴らしに赤ん坊の骨をしゃぶっているとでも言わんばかりのトーンだった。空挺部隊の古くからの相棒は、私を睨みながら〔お前は〕傭兵に「身を売り」「その一味となり」「暗黒世界《ダークサイド》」に屈したのだと罵《ののし》った。だが私は、自分が現場でやってきたことに誇りを持っている。少なくとも、大部分は。兵士なら、こう語る以外に他にすべはないだろう。

我々は傭兵が悪役であり、兵士が英雄だと教えられてきた。だが、これは狭い見方である。そのような固定観念は歴史を無視しており、傭兵と兵士のどちらも高貴な振る舞いと忌まわしい所業を示す過去の証拠がたっぷりある。例えば、イラク戦争を取り上げてみよう。二〇〇七年、ブラックウォーター社の傭兵分隊は、バグダッドの交通の中心であるニソア広場で民間人一七名を殺害した。この事件は国際的な大反響を生み、徹底した調査が行われ、戦略面でイラク国内におけるアメリカの活動が停滞した。アメリカにとってニソア広場は道徳的汚点となり、戦争の最悪の時期となった。イラクにとって、軍事会社はアメリカ軍兵士と同然に見え、ブラックウォーター社の人命軽視の冷淡さは、戦争全体にわたってアメリカの失態を象徴しているように見えた。

ニソア広場は最悪の戦争犯罪の一つとしてたびたび引き合いに出されるけれども、ハディーサ〔イラク西部アンバール県西部のユーフラテス河畔にある農村地域〕などという地名を記憶している人はいるだろうか？　そこは二〇〇五年、二一人〔実際は一一名〕の戦友を失った海兵隊の一個分隊が、その報復と称して二六名〔実際は二四名〕の民間人を殺害した、ヴェトナム戦争のソンミ村虐殺事件（ミライの虐殺）と似た事件が起きた場所である。犠牲者の中には、三歳の幼児から七六歳の老人まで含まれていた。武器を持たず、パジャマ姿のまま襲撃された者もいて、犠牲者の多くは至近距離から多数の銃弾を撃ち込まれていた。一人は車椅子に座ったまま撃たれ、四人は子供だった。[*1]

いくつかの理由から、ハディーサの事件は戦争につきものの悲劇の一つにすぎないとして、見逃されてきた。唯一の調査委員会――軍に関する軍による調査――は、過失は見出せないと結論付けた。信じられないことだが、調査委員会はすべてを「無節操な敵」のせいにし、たわいのない過失が破局的結末を招く「事例研究」として片づけた。ニソア広場で死亡した仲間よりも多くの二六名〔二四名〕の現地住民を殺害したあと、軍は分隊長を除き、軍法会議で無罪宣告を受けた隊員らを不起訴とした。その結果に世界中があくびをした。

ニソアとハディーサの事件はいずれも同じ戦争犯罪と言えるものであり、世間一般の人々の反応にさほど違いはないはずである。しかし、「兵士は無垢の過ちを犯すのに対し、傭兵は殺人者だ」というのが世間の受け止め方だった。これは不条理な偏見である。人殺しは人殺しであり、いかなるタイプの戦士《ウォーファイター》も引き金を引くことに変わりはない。私がこの話をすると、一部の人は認知的不協和に襲われ、敵意をむき出しにする。一般常識が邪魔しているとはいえ、民間の戦士《プライベート・ウォリアー》に対する偏見はとても強い。

今、私は業界から離れ、大勢の聴衆を前に話をするよう頼まれている。私への優れた質問は一般聴衆の中から起こる。おそらく、そうした人たちはトピックに関する先入観のない開かれた心を持っているからであろう。他方、専門家の聴講者と話すと——シンクタンク、大学、ペンタゴン、イギリスの下院議員など——武力の使用を認めないという民間の根強い先入観に出くわす。

傭兵に対する固定観念を相手に押し付けるため、彼らはいつも決まってマキアヴェリを投げかけてくる。学者たちは傭兵の戦いについてほとんど理解しておらず、彼らが知るわずかな知識は、都市国家フィレンツェの高級官吏で、権力政治に関する数少ない手引書『君主論』の著者ニッコロ・マキアヴェリ（一四六九年―一五二七年）によるものだ。『君主論』の中で、マキアヴェリは傭兵について「ばらばらで、野心的な、節操がなく、不誠実な」「味方の間では勇ましく、敵に遭遇すると卑怯な」「神を畏れず、人間には不実な」と罵っている。こうしたマキアヴェリの評価は正統な考えとして祭り上げられている。*2

専門家たちは、傭兵に対するマキアヴェリの評価が最も信頼のおけるものと考えているようだが、それはナンセンスである。マキアヴェリは傭兵を嫌っていた。彼らが不誠実だったからではなく、彼らが自分を欺いたからだ——マキアヴェリにも落ち度はあったが。一四九八年から一五〇六年にかけて、マキアヴェリはフィレンツェの防衛を任されたとき、傭兵のせいで屈辱を味わった。フィレンツェよりも弱小であったピサとの戦争で、一〇名の傭兵隊長が敵側に寝返った結果、フィレンツェは深刻な財政難に陥り、戦略的打撃を被ったのである。ペニー株の投資家が興味本位でヘッジファンドに手を出すこと以上に、素人に傭兵の管理を任せてはならないということだ。

もはや傭兵は信頼できないと確信したマキアヴェリは、代わりに民兵の立ち上げをフィレンツェ当局に納得させた。それは国家への忠誠心が揺るがない市民によって構成された。とはいえ、忠誠心だけでは技能の替わりにはならない。兵士に転向した農民たちは、プロフェッショナルな軍隊に歯が立たず、一五一二年にフィレンツェ軍は粉砕されてしまう。この失態はフィレンツェ共和国にとって致命的打撃となり、同国はローマ教皇の支配下に置かれることとなった。これは傭兵に対する民兵の優位を唱えたマキアヴェリの主張を掘り崩し、繁栄を誇ったフィレンツェをフランス人が軍事的に無能とみなす契機となった。マキアヴェリは厚かましくもフィレンツェの征服者にとり入り、自身の復職を果たすため『君主論』を執筆したのだ。

民兵と傭兵に関するマキアヴェリの見解は、あまりのひどさに数世紀にわたって顧みられなかった。傭兵はその後二〇〇年間にわたって戦争の主要な道具のままであり、誰もあえて弱体化した民兵に頼らなくなった。マキアヴェリの強い抗議にもかかわらず、傭兵という職業は正当な職業であると考えられ、貴族階級の中でも長男以外の子弟などに傭兵隊長を志願する者も多くいた。当時、私設軍隊を召集することはタブーではなかった。城壁を修理するのに石工を雇ったり、芸術家に依頼して宴会場の壁に絵画を描かせたりすることと大差なかったのである。傭兵は過去の戦争の戦い方を体現していたのだ。

傭兵が忠誠を欠いているという描写は、マキアヴェリの言葉のあやだ。彼はジョン・ホークウッドのような都合の悪い事実を無視した。ホークウッド卿は、当時のもっとも偉大な傭兵隊長の一人で、死を迎えるまでの二〇年間、フィレンツェに一夫一婦制を定着させた。フィレンツェ市はサンタ・マリア・デル・フィオーレ大聖堂に彼の墓碑を建立し、ホークウッドの忠誠心を讃えている。今でもそれを見ることができる。その間、マキアヴェリは無名の存在であった。二〇世紀の学術研究のおかげでマキアヴェリはもてはやされているが、彼の傭兵に関する見解は誤っている。[*3]

兵士を妻に見立てるとすれば、傭兵は愛を商売道具にする娼婦のように見える。しかし私の経験では、どの兵士にも傭兵的な要素を見て取れるし、傭兵についてもそれは同様だ。陸軍に在籍中、私はたくさんの兵士たちが多額のボーナス目当てに再入隊してくるのを目の当たりにした。これはどこの国の軍隊にも共通して見られる取引的行為だ。例えば、アメリカ陸軍は再入隊する兵士に九万ドルも支給している。傭兵がよだれを垂らすほどの金額だ。私は傭兵たちが自らの政治的立場を理由に仕事を断ってきたのを目にしている。アメリカ人の殺し屋は、ロシア、中国、イランやテロ集団から決して報酬金を受け取らない。アメリカの敵は、彼ら傭兵自身にとっても敵だからである。兵士と傭兵との境界線は、一般の人々が考えている以上にはっきりしていないのである。

傭兵のタブー視は、ウェストファリア秩序の発明品である。一六四八年以前、傭兵は血を商売道具にしていたが、名誉ある存在でもあり、戦争の目玉——しばしば主要な目玉——であった。「傭兵」という言葉はラテン語の *merces*（賃金あるいは給料）から来ており、英語の「soldier」の語源である *solde* あるいは「戦士への給与」と大差ない。歴史の大半を通じて、傭兵と兵士は同義語だった。

世界で二番目に古い専門職

軍事史の大半は民間によるものであり、傭兵は戦争そのものと同じ歴史を有している。その理由は簡単だ。武力を「借用」した方が「所有」するよりも安上がりだからだ。今日、常備軍の維持は当たり前のように見えるけれども、〔歴史的に見ると〕そうではない。独自の軍隊を賄うには、途方もなく高くつく。それは、行きたい場所まで航空機の搭乗チケットを購入するより、自家用ジェット機を所有する方が高くつくのに似ている。傭兵ははるかに経済的であり、だからこそ人類の歴史を通じて存在してきた。今日の軍隊は例外にすぎない。別の言い方をすると、命懸けの戦闘に赴くとき、あなたは五〇〇〇人のレンタル傭兵と戦場へ赴くか、それとも自己所有している一〇〇〇人の兵士と一緒に戦うか、どちらを選ぶだろうか？　敵が五〇〇〇人の傭兵を擁している場合はどうだろうか？　ある人はマキアヴェリのように自己所有する兵士たちを選び、予想通り粉砕された。たいていの人は、傭兵と一緒に戦場に赴くだろう。

　傭兵は、聖書をはじめ世界中の軍事史のいたる所に登場する。旧約聖書はお雇い戦士のことに何度か触れているが、非難の的になっていない。[*4]みな傭兵を活用したのだ。ウル王朝時代のシュルギ王は傭兵軍を持っていたし（紀元前二〇九四年―二〇四七年）、クセノフォンは「一万人《テン・サウザンド》」として知られるギリシア人傭兵から成る大規模な軍隊を擁していた（紀元前四〇一年―三九九年）。カルタゴは戦象を率いてアルプスを越え、北からローマに攻め込んだハンニバル率いる六万人の軍隊をはじめ、ローマとのポエニ戦争で傭兵軍に依存した（紀元前二六四年―一四六年）。アレクサンダー大王が紀元前三三四年にアジアへ侵攻したとき、彼の軍隊は五〇〇〇名の傭兵を擁し、対峙したペルシア軍には一万名のギリシア人傭兵がいた。ローマは一〇〇〇年の統治を通じて傭兵を雇い続け、ガリアでジュリアス・シーザーは、アレシアにおけるウェルキンゲトリクスの戦いでゲルマン人騎兵の傭兵に助けられ、アレシアの戦いに勝利している。傭兵の使用は、古代からごく当たり前のことだった。

　中世は傭兵の全盛期だ。一一世紀のウィリアム征服王の軍は、大規模な常備軍を養う余裕もなく、イングランド征服を達成するのに必要な貴族や騎士もいなかったため、自軍の半数が雇われ兵であった。イングランド王のヘンリー二世は、一一七一年から一一七四年に起きた大反乱を鎮めるため傭兵を使った。傭兵の忠誠は反徒たちの掲げる理想よりも、給料支給者へと向けられた。エジプトやシリアを支配したマムルーク朝（一二五〇年―一五一七年）は、イスラムに改宗した傭兵奴隷たちが打ち立てた王朝だった。一〇世紀後半から一五世紀初頭まで、ビザンチン帝国はスカンジナビア出身のヴァラング親衛隊によって守られ、彼らは猛烈な忠誠心、戦斧を持った武勇、大きなジョッキでビールをがぶ飲みする威勢のよさで知られていた。

中世ヨーロッパはホットな紛争に溢れた市場であり、傭兵そのものが戦争の戦い方を決めた。国王、都市国家、裕福な家系、教会は――富をもつ者は誰でも――軍隊を雇って彼らが欲する目的のために戦争を行い、人々もそれに従った。戦争は名誉、生存、神、仇討ち、窃盗、娯楽のために戦われた。偉大な人文主義者で『ユートピア』の作者――ユートピアという造語を作った本人――であるトマス・モア卿は、彼の理想とするユートピアの共和国を防衛するため、傭兵を雇うことを提唱した。

教皇は傭兵を雇い、敵の殲滅や異教徒の迫害に使った。一二〇九年、教皇インノケンティウス三世は、南フランスの異端宗派であるカタリ派に対する十字軍を実行し、それは今日でいう対テロ戦のようだった。ほとんどが傭兵によって編成されていた教皇の軍は、都市ベジエを襲撃し、キリスト教徒たちは正統派も異端派も安全な場所を求めて地元の教会に逃げ込んだ。ローマ教皇の特使は〔地元民が避難した〕建物を封鎖し、火をつけるよう命じた。その特使は「皆殺しにせよ。神の御心に従って」[*5]と語ったと伝えられている。教皇庁はそのときスイスの守衛兵を雇っていた。かつては恐れられていたスイス人の傭兵部隊は、今はスイス軍の一部となり、斧槍とタイツで身を固めている。

国家と国軍――ウェストファリア秩序の主柱である――が次第に武力市場を独占するようになった四〇〇年前から、傭兵たちは、表舞台から消え始めた。そしてついに、雇われ兵たちは一八五〇年代頃には目にすることがなくなった。ところが、二一世紀には未開拓地の戦争、コンゴでの戦い、他の辺境地での紛争にベールに包まれた存在として現れるようになった。人は誰でも傭兵は過去の遺物と見なしてきた。ごく最近までは。

民間契約：アメリカ流の戦争様式

傭兵はイラクとアフガニスタンで、アメリカによる契約が呼び水となって復活を遂げた。そこでの戦争では、数多くの武装した契約業者たちが活動したが、〔かつてのような〕専門的職業性は薄まった。もし読者がこのことに気づいていたなら驚きである。普通の人なら、世界唯一の超大国が「金で雇う殺し屋」など必要としないと思うはずだ。しかし、イラクやアフガニスタンでは珍しいことではなかったが、傭兵の利用は計画的に行われたものではなく、単なる偶然の産物だった。

最近のイラクやアフガニスタンでの戦争に従事している要員の半数以上は、民間軍事会社の契約業者である。アメリカは今も民間会社との契約に基づいて戦っているのだが、〔歴史的に〕ずっとそうだったわけではない。第二次世界大戦中、軍隊の約一〇パーセントが契約を交わした軍人だった。この比率がイラクでは五〇パーセント、アフガニスタンでは七〇パーセントに増大した。これらの戦争ではアメリカ軍兵士一人に対し、最低でも一人の契約業者の兵士がいた——一：一の比率である。この比率が一：三に近づいたこともあった[*6]。

イラクとアフガニスタンでの戦争は大量の契約業者を解き放っただけでなく、新たな種類の契約業者を生み出した。民間軍事会社《プライベート・ミリタリー・カンパニー》である。民間軍事会社は外国から軍隊を募り、戦闘に従事するなど、従来は政府の仕事と思われてきた業務を遂行する。言い換えれば、傭兵である。とはいっても、現代の傭兵は、一九六〇年代に仕事を探しにコンゴを放浪していたような過去にいた「孤高の傭兵」といったイメージとは異なる。この新しい種族は、世界をまたにかけた活動実績を有する数百万ドルを稼ぎ出す会社なのだ。

彼らはウォール街で取引し、ニューヨーク証券取引所の上場企業にリストアップされるなど、戦争ビジネスを新たなレベルに引き上げている。

法人企業に所属する戦闘員は、イラクとアフガニスタンで活動する契約業者の約一五パーセントを占めるが[*7]、その少ない数字に惑わされてはいけない。彼らの失敗は、アメリカの戦略に甚大な影響を与えた。民間軍事会社ブラックウォーター社によるニソア広場での行為は、イラクとアメリカで騒動を巻き起こし、イラク戦争全体を通じて、どん底の時期となった。

私は海外の関係者たちから、アメリカは未来の戦争の八〇パーセントから九〇パーセントを外注するつもりなのかとたずねられることがあるが、時代の趨勢はその方向に向かっている。たしかに、ブラックウォーター社の創業者であるエリック・プリンスはそうなるべきだと考えている。プリンスは、アフガニスタンのアメリカ軍部隊をすべて契約業者の兵士と交代させる計画をアピールしている。言い換えれば、彼は一〇〇パーセント「金で雇った殺し屋」を使って、アフガニスタンの戦争を完全に民営化することを提唱しているのである[*8]。新植民地主義を呼び起こしながら、ある国を平定するため、傭兵軍に支えられたアメリカ人の「総督」となることを欲しているのだ。彼は、アフガニスタン国内の「数兆ドル」に値する鉱床採掘権を取得することで、採算がとれる以上の収益が上がると約束する。もしこの考えが通用するなら、〔国防の〕専門家の多くは、イラクの原油埋蔵量はコストのかからない戦争を保証してくれるとアメリカの納税者たちを納得させることができる。だが実際は、戦争には数兆ドルかかる[*9]。この事実にもかかわらず、ワシントンにいる者の多くはプリンスの提案を魅力的だと考えてきた。

なぜ、アメリカは戦争をアウトソースしたのか？　たしかに、世界で唯一の超大国は、二つのならず者国家に関与してきたのであるが、そのイラクもアフガニスタンも超大国ではない。少なくとも、通常戦信奉者が考えるような戦争ではなかった。戦争に突入するとき、ホワイトハウスは途上国での戦闘は短期間で片が付くと思い込んでしまっている。それが「五日間、五週間、五カ月間かはわからないが、それより長引くことはないだろう」と、二〇〇二年に国防長官だったドナルド・ラムズフェルドは語った。軍隊は「仕事をして、さっさと終わることができる」[10]と。約二〇年経過した今でも、アメリカはいまだ二つの場所で足元をすくわれたままであり、負けを認めようとしないが、かといって勝利を宣言することもできないでいる。

これらの戦争が数カ月間で終わらない場合、ホワイトハウスは危機に直面する。全志願制のアメリカ軍は、長引く二つの戦争を継続するのに十分なアメリカ兵を募集できないことを理解している。意思決定者は、三つの困難な選択肢に直面する。第一に、撤退し戦闘をテロリストに任せるというもの（非現実的）。第二に、兵員を補充するため、ヴェトナム戦争時代のような徴兵制を敷くこと（政治的自殺）。そして第三に、兵員を補充するため、契約で戦争請負業者を雇うこと。驚くことはない。実際に、ブッシュ、オバマ、トランプ政権は〔第三の〕契約オプションを選択した。契約による傭兵の数は、戦争地帯においてアメリカ軍の軍服を着た部隊の隊員の数を上回っている。

イラクとアフガニスタンの戦争は、アメリカが関与した戦場において、法人の犠牲者が軍人の損失を超えた歴史上はじめてのケースとなった。ある研究者の調査によると、国防省のために働く契約業者の死亡者数は軍人の一・八倍から四・五倍の間で推移していることが判明している。二〇一〇年までに、契約業者の方が軍よりも戦闘で殺害される数が多くなった。[11]だが、出血だけがアメリカの戦争に貢献する方法ではない。ランド研究所によると、契約業者の二五パーセントはＰＴＳＤ〔心的外傷後ストレス障害〕の基準に達しており、これは退役軍人の比率を上回っている。[12]しかも、契約業者の四七パーセントはアルコール常習者で、一八パーセントはうつ病を患っていた。だが、契約業者の本当の死傷者数は定かではない。政府は死傷者数のデータを追跡調査しておらず、民間軍事会社はビジネスへの悪影響を考え、実際より少ない数字を報告する。おそらく、これは意図的である。契約業者の戦士は政府の資金を節約している。なぜなら、政府は負傷した兵士に支払われる高額な病院医療費や軍人恩給を支給する必要がないからだ。クライアント〔政府〕の目から見れば、契約業者は契約に値するものさえ獲得できれば、あとは「使い捨てできる者たち」なのだ。

また、契約業者は軍よりも安上がりである。[*13] 監視機関である議会予算局によると、戦時中の歩兵大隊は年間一億一〇〇〇万ドルの経費を必要とするが、それに匹敵する民間軍事会社の部隊は九九〇〇万ドルである。平時では経費節減額はさらに大きい。歩兵大隊は六〇〇〇万ドルかかるが、契約業者は一銭もかからない。契約は平時になると期限満了となるからだ。一九九五年から一九九七年まで、傭兵会社エグゼクティヴ・アウトカムズ社には、シエラレオネの暴動を鎮圧するため――任務は達成した――月額一二〇万ドル支払われ、他方、国連軍は月額四七〇〇万ドルを使い尽くし、何も達成できなかった。[*14] ビジネスは公共部門と比べ、効率性の面で優れているのだ。

こうしたコスト面における不均衡は、戦争をより一層巨大なビジネスに変貌させ、契約業者による戦争への投資を増大させた。傭兵の動向を調査する労働統計局が存在するわけではないため、武力市場の価値は未知のままだ。アメリカ国防省は二〇〇七年から二〇一二年まで民間警備会社に約一六〇〇億ドルを費やしたが、その額はイギリスの国防費全体のほぼ四倍である。[*15] だが、この数字は軍事契約のみを扱ったもので、他の政府機関が行った契約を含んでいない。例えば、国務省もブラックウォーター社、トリプル・キャノピー社、ダインコープ社などの民間軍事会社と契約していた。アメリカ合衆国が民間警備会社に支払った総額は定かではない。

契約に基づく戦争は、いまやアメリカの戦争様式の一部となっている。実を言うと、オバマ上院議員は民間軍事会社にさらに責任を担わせる法案を二〇〇七年に提出しており、[*16] 大統領になるとそれを無視した。共和党、民主党を問わず、ホワイトハウスが超党派の支援を受けなければならないワシントンでは、民間軍事会社との契約は、数ある政策イシューの中の一つにすぎなかった。将来のアメリカの戦争は、全面的に外注《アウトソーシング》されるようになるだろう。

成長するビジネス

砲弾の一斉射撃があまりにも強烈なため、アメリカ特殊部隊の隊員たちは防護のために「たこつぼ」に身を潜めた。弾幕砲火の後、戦車の縦列が一二五ミリ戦車砲を放ちながら、陣地に向けて前進してきた。特殊部隊の隊員たちは応戦したものの、戦車を阻止することはできなかった。

統合特殊作戦コマンドからの三〇人のデルタフォース隊員とレンジャー隊員――アメリカの最精鋭のエリート部隊――は、シリア東部にあるコノコ社のガスプラントに釘付けにされていた。ざっと二〇マイル〔約三二キロメートル〕離れた司令部に戻ると、グリーンベレーの一個チームと海兵隊一個小隊は、戦闘の一部始終をドローン中継で観戦しながら、コンピュータ・スクリーンを睨んでいた。彼らはクルド人やアラブ軍と共に、コノコ社の施設を防護する極秘ミッションに就いていた。誰も、敵が装甲部隊で襲撃してくるとは予期していなかった。

アメリカ軍を攻撃したのはロシアに雇われた五〇〇名から成る傭兵部隊であった。大砲、装甲人員輸送車、それにＴ‐72戦車を保有していた。彼らはハリウッド映画や欧米の評論家が描くような漫画じみた烏合の衆ではなかった。この部隊はロシアに本拠を置く民間軍事会社ワグナー・グループに雇われた者たちで、数々の有能な傭兵部隊と同様、十分に組織され優れた戦闘力を発揮した。

アメリカの特殊部隊は、無線で救援を求めた。リーパー・ドローン、Ｆ‐22ステルス戦闘機、Ｆ‐15Ｅ打撃戦闘機、Ｂ‐52爆撃機、ＡＣ‐130ガンシップ、ＡＨ‐64アパッチヘリコプターなどが次から次へと飛来した。これらの攻撃により傭兵部隊は何度も叩かれたが、彼らはビクともしなかった。

四時間が経過して、傭兵部隊はようやく退いた。四時間もだ。アメリカ軍に死者は出なかったため、軍は大勝利だと宣伝した。だが、そうではなかった。五〇〇名の傭兵部隊を撃退するため、アメリカ最高のエリート部隊と最先端の航空機が四時間を費やしたのだ。[*17] 相手が一〇〇〇名だったら、どうなっていただろうか？　五〇〇〇名なら？　さらに多かったとしたら？

傭兵部隊は欧米人が考える以上に強力であり、それは重大な見落としだった。傭兵のことを国家の軍隊を模した安価なコピーだと思い込んでいる者は失態を招くだろう。というのも、営利目的の戦士というものは、同じ戦士の中でもまったく性質の異なる種に属している。ワグナー・グループやブラックウォーター社のような民間軍事会社は、海兵隊と比べても、重装備を誇る多国籍企業である。被雇用者はさまざまな国籍の出身者から成り、彼らにとって利潤こそがすべてである。愛国心は重要ではなく、せいぜい責任感が必要なくらいだ。驚くことではないが、傭兵は通常戦のような戦い方をしない。

民間軍事組織はビッグ・ビジネスであり、その範囲は世界中に及んでいる。この違法な市場をめぐっては、いったい何十億ドルが動いているのか誰にもわからない。誰もが知っていることと言えば、このビジネスが活況を呈しているということだ。二〇一五年以来、我々はイエメン、ナイジェリア、ウクライナ、シリア、イラクで傭兵たちの活動を見てきた。こうした営利目的の戦士たちは現地軍に勝り、シリアでの戦闘で見せたように、アメリカの精鋭部隊と渡り合っている。

中東は傭兵で溢れかえっている。クルド人の民兵と一緒に働く職を探している兵士、保有する油田を守りたい石油会社、テロリストに死んでほしいと願っている者たちにとって、クルディスタン〔トルコ、シリア、イラク、イランの国境にまたがる山岳地帯で、歴史的に主にクルド人が居住する地域〕は安息の地である。単なる冒険心から職を求めてくる戦士もいれば、民間人としての暮らしに意味を見出せないアメリカの退役軍人もいる。クルディスタンの中心都市イルビールは、傭兵ビジネスの非公式な市場となっている。そこは映画『スター・ウォーズ』に出てくる惑星タトゥイーンのバー——密輸業者やレンタル銃で一杯の——を彷彿とさせる。

民間軍事組織は、サウジアラビア、カタール、アラブ首長国連邦など、戦争を欲するが攻撃的軍隊を持たない富裕なアラブ国家にとって有益なオプションであった。傭兵たちは最近、これらの国のためにイエメン、シリア、リビアといった国々で戦っている。例えば、アラブ首長国連邦は、イランが支援するフーシ派と戦うため数百名の特殊部隊の傭兵を秘密裡にイエメンに派遣した。コロンビア、パナマ、エルサルバドル、チリなどラテンアメリカ出身の男たちはみな、麻薬戦争を戦ったタフな元軍人たちであり、新しい戦術や強靭性を中東の紛争へと持ち込んだ。彼らはバーゲン品でもあった。アメリカやイギリスの傭兵が請求する額よりもわずかなコストしかかからず、アラブ首長国連邦は一八〇〇名の傭兵を雇い、彼らに昔の給料の二倍から四倍の給料を支払った。

傭兵たちの営利動機を逆用して、それを戦争の戦略に利用するため、シリアはテロリストから領土を奪回した傭兵に対し、見返りに原油の採掘権を報酬として与えた。少なくとも、ロシアの二社がこの方針に沿ってシリアと契約を結んだ。イヴロ・ポリス社とストロイトランスガス社である。これら石油採掘企業は、傭兵を雇って危険な仕事をさせた。例えば、イヴロ・ポリス社は、ワグナー・グループの傭兵を雇ってシリア中央部にある油田をＩＳＩＳから奪った。シリアには約二五〇〇名のロシアが雇った傭兵たちがいた。ロシアは彼らをウクライナでも利用している。

実際、傭兵たちはウクライナ紛争でも広範に利用されている。ロシア人、チェチェン人、フランス人、スペイン人、スウェーデン人、セルビア人の傭兵らが、ウクライナ東部の血みどろの戦争で両陣営のために戦った。ワグナー・グループのような会社は、広範囲にわたり極秘任務を遂行してきたが、いずれの関与もロシア政府は否認している。ウクライナの新興財閥も傭兵を雇っているが、それは国のためではない。

例えば、大富豪のイホル・コロモイスキーは財産を守るために私設戦士を雇って、石油会社ウクルトランスナフタ社の本部を占拠した。

アフリカでは、ナイジェリアが極秘に傭兵を雇い、国の深刻な問題に対処している。ボコ・ハラム〔二〇〇二年に設立されたナイジェリア北東部で活動するイスラム過激組織〕問題である。このイスラム主義のテロ集団は、ナイジェリアにカリフ国家を建設しようと戦い、ナイジェリア軍はそれを迎え撃っているけれども、その方法がよくなかった。アフリカには「象が戦うと、草原が踏み荒らされる」という諺《ことわざ》がある。数万人の人々が殺され、二三〇万人以上の住民が家を追われた。ボコ・ハラムは二七六人の女子生徒を「妻」として誘拐し、その多くが二度と見つかっていない。国際的に激しい憤激が巻き起こったものの、何も解決されなかった。

誘拐事件の後、ナイジェリア政府はボコ・ハラムとの戦いのため極秘に傭兵を使うことにした。そこにはB級映画に出てくる孤独なガンマンではなく、本物のプライベート・アーミーがいた。彼らは特殊部隊チームとMi‐24ハインド・ヘリコプターガンシップ――空飛ぶ戦車――と共に到着した。捜索・撃破ミッションをこなし、二、三週間でボコ・ハラムを追い払った。ナイジェリア軍は六年かけても、同じ任務を遂行できずにいた。こうした国軍の不振や国連の不在を考えると、アメリカは中東におけるテロリストの追跡・殺害を傭兵にやらせるべきだという意見もある。

テロリストたちも傭兵を雇っている。マルハマ・タクティカルはウズベキスタンを拠点に、イスラム聖戦士過激派のために活動している。マルハマに採用される者たちは全員スンニ派のイスラム教徒であるが、クライアントであるテロリストたちと異なり、みながイデオロギーに執着しているわけではない。サービス内容は、軍事訓練のトレーナー、武器のディーラー、エリート戦士のオファーなど、今日の市場では標準的なメニューだ。シリアでの仕事のほとんどは、アルカーイダ系テロ集団のヌスラ戦線、中国に拠点を置くウイグル人過激派集団のシリア支部である東トルキスタン・イスラム運動のためだ。将来、ジハード主義者たちが精密なテロ攻撃を行うため、傭兵の特殊部隊を雇うことになるかもしれない。

テロリストが傭兵を雇えるなら、人道主義団体が雇えないこともないだろう。ＣＡＲＥ、セーブ・ザ・チルドレン、ＣＡＲＩＴＡＳ、ワールド・ビジョンといった非政府組織（NGOs）は、紛争地域で人命、財産、利益を守るために、ますます民間部門に頼るようになっている。イージス・ディフェンス・サービス社やトリプル・キャノピー社といった大手軍事会社はＮＧＯへの宣伝を始めており、欧州省庁間安全フォーラムやインターアクション（アメリカのＮＧＯネットワーク）といったＮＧＯ事業団体は、契約のためのガイドラインを加盟団体に配布している。国連は公式認定された民間軍事会社の力を借りて、近年縮小傾向にある平和維持任務を強化すべきだという意見もある。[*18] 民間のピース・キーパーか、それとも全く何もしないかの選択——今日、世界の多くの地域で起きている状況——は、ホブソンの選択である。何が大富豪による将来の人道的介入への出資をやめさせることができるだろうか？　集団虐殺の終結が大いなる遺産として残るというのに。

とりわけエネルギー業界では、多国籍企業が傭兵にとって最大のクライアントになる。危険地域で活動する企業は、受け入れ国政府が提供する「腐敗した無能な警備部隊」にうんざりしており、その代わりに民間軍事組織にますます頼るようになっている。例えば、巨大鉱山会社フリーポート・マクモラン社は、トリプル・キャノピー社と契約を交わし、インドネシアのパプア州の広大な敷地の鉱山〔金、銅、モリブデンなど〕を守っている。そこは反乱勢力が潜む地域だ。中国石油天然気集団公司〔ＣＮＰＣ：原油、天然ガスの生産・供給、石油化学工業製品の生産・販売で中国最大規模を誇る国有石油企業〕はディーヴェ警備会社と契約し、内戦中の南スーダン中部における資産を防護している。いずれ、エクソンモービル社やグーグル社も軍隊を雇うかもしれない。

海上にも傭兵たちはいる。それは二世紀前の私掠船〔一六世紀から一九世紀にかけて、私掠免許状を交付され、戦時に敵国船を攻撃・拿捕した民間船〕に似ている。国際船会社は彼らを雇い入れ、アデン湾、マラッカ海峡、ギニア湾といった海賊多発海域を通航する船舶を護衛させている。彼らの働き振りはこうだ。武装した契約業者は海賊多発海域の「武器貯蔵船《アーセナル・シップ》」に配置され、呼び出しがあればクライアントの貨物船やタンカーに駆け付ける。甲板に駆け付けた後は「乗船警備」の段階に移り、船全体をカミソリ鉄線で堅固にし、大口径火砲で防護する。船が海賊危険海域を通過した後、傭兵チームは武器貯蔵船へと戻り、次のクライアントからの指示を待つ。この業界はロンドンを本拠地とし、ISO規格28007の認証を通じて正当性が保証されている。なかには、過去の私掠船時代への回帰を望む者もいる。つまり、政府が発行する「私掠免許状」を与えられた民間の海軍艦艇を使い、海賊船など敵の船舶を襲撃・拿捕するというものだ。アメリカ合衆国憲法第一章第八条に記載のとおり、連邦議会が私掠船を雇う権限を有している事実を知ってアメリカ人は驚くにちがいない。これが実現すれば、海賊のゾディアック〔一九六八年から一九六九年のサンフランシスコ連続殺人事件の犯人の呼び名〕たちが出没した後で、海軍の駆逐艦を派遣するよりも、よほど効率がよいことが証明されるだろう。

サイバー空間でも傭兵たちは活躍している。それは「逆ハック」会社と呼ばれている。このコンピュータ会社はハッカーを襲撃したり、クライアントのネットワークを襲撃するハッカーたちを「逆ハック」する。逆ハック会社はネットワーク侵入による被害を元通りにすることはできないが、そこが重要なのではない。彼らは抑止力として役立つ。ハッカーたちが攻撃目標を選定するとき、目標とする会社が逆ハック会社と契約していることをハッカーたちが承知していれば、その会社に対する攻撃を断念し、別のより脆弱な攻撃目標を選ぶはずだ。これは積極防御《アクティブ・ディフェンス》と呼ばれる。これを実行することは、アメリカを含む多くの国々で現行法では違法行為であるが、そうした〔違法行為と見なす〕判断に疑問を抱く者たちもいる。というのも、国家安全保障庁（NSA）は非政府系組織に対しては防護を提供できないからだ。例えば、二〇一七年のワナクライというランサムウェア攻撃〔マイクロソフト社のWindowsを標的とし、データを暗号化してユーザーに身代金を要求する〕により、世界一五〇カ国以上で二三万台以上のコンピュータが感染した。犠牲となったのは、イギリスの国民保健サービス、スペインのテレフォニカ社〔スペインおよびスペイン語圏ラテンアメリカ諸国で最大の通信会社であり、マドリードを本拠とする〕、ドイツのドイツ鉄道、フェデックス社のようなアメリカ企業も含まれていた。もし国家が国民や組織をサイバー攻撃から守れないのなら、独自に守ることを奨励すべきではないか？

民間軍事組織はいたる所でその持てる力を証明している。一五〇年の潜伏期間を経て、武力市場はわずか二〇年ばかりのうちに復活し、驚くべき勢いで成長している。軍事戦略には陸上、海上、航空、宇宙、サイバーの五つの戦いの領域がある。ここ二〇年以内に、民間軍事組織は宇宙を除くあらゆる領域に拡散してきたが、それもまた変化するだろう。例えば、スペースX社のような企業により宇宙探査はすでに民営化されているし、民間の軍事衛星がある日、地球を周回する日が来るかもしれない。

さらに事態は拡大する。わずか一〇年で、武力市場の規模はイラクで活動するブラックウォーター社を超え、一段と殺傷力を増している。傭兵はいたる所に姿を見せ、もはや辺境のみをさまよう存在ではなくなっている。「契約による戦争」は新しい戦争様式となり、アメリカによって復活を遂げ、他国に採用されている。

法の無益さ

最近まで私はロンドンにおり、民間軍事会社について講演をした。一八世紀風の会場は荘厳さが感じられ、聴衆の中には国防問題専門家、大学院生、政府職員らが混じっていた。質問は丁重ながらも内容は鋭く、それがイギリス流だった。どこで講演してもよく受けた質問は、次のようなものだ。実のところ、それは発言と呼べるものではなかった。

「でも、それは違法じゃないのか！」

「違法性云々を語るのは、戦略ではない」と、私は言った。「それは権威への訴えであり、その権威とは？

国連は一九四六年以来の主要任務であった紛争予防の役割を放棄した。国連はイラク、シリア、スーダン……どこであれ、戦争を阻止するため何ら意義のあることをできなかったのと同様、傭兵の拡大を防ぐことに無力だった。国際法は機能せず、国連も機能していない。両者とも見せ掛けの存在となり、無視されるか、都合よくねじ曲げられている」。

会場は静まり返っていた。まるで女王陛下をドルリーレーン街の売春婦と呼んでしまったかのように。

国際公法はフィクションである。ある著名な法学者はこれを「法の限界点」[*19]と呼び、他の者は「柔らかい法《ソフト・ロー》」と自嘲する。本物の法と異なり、国際公法は必要性よりも儀礼を重んじるからであろう。なぜか？　国際法と言っても、〔その中身は〕外交的慣習が六〇パーセントを占め、国家間の拘束力を持たない条約が四〇パーセントを占めている――つまり国家間の外交関係のみなのだ――。国際裁判所、警察軍、刑務所といったものはなく、国際法を無視しても何ら深刻な問題は起こらない。

挙手が続いた。

「でも、本当に世界が傭兵を阻止したいと思うなら、できると思う。ブラックウォーター社のような会社を強制的に追放し、残りを追跡して捕らえればいい」

聴衆はみな頷いている。

「おそらくそうでしょう。しかし、誰が戦争地帯まで行って、傭兵たち全員を逮捕できますか？　国連ですか？　ＮＡＴＯですか？　アメリカは傭兵を捕らえるために、イエメンやナイジェリアに第八二空挺師団を送り込むでしょうか？　私はそうは思いません」

聴衆の頷きは止んだ。

「それに」と、私は続けた。「傭兵たちは、法執行機関の職員らを殺害してしまうでしょう。そうした殺傷手段を取り締まることはできません」。

別の手が挙がった。怒りながら私に向けて手を振っている。

「私は弁護士だ」と、その男は言った。

〝まずい〟と、私は思った。

「傭兵を阻止する簡単な方法は、彼らのクライアントの足跡を追うことだ。私が言っているのは、合法的に足跡を追うということ。監獄への片道切符だということがわかれば、誰も傭兵を雇おうとはしないだろう。それがこの問題の解決策だ」

聴衆たちは再び頷き始めた。

「それをあてにしてはなりません」と、私は言った。「バイヤーの多くは、ロシア、ナイジェリア、アラブ首長国連邦、そしてアメリカといった国家です。彼らを私闘のかどで刑務所に送るのは難しいでしょう」。

「私が言っているのは、非国家主体のことだ」と、その弁護士はほとんど立ち上がりかけて言った。

「傭兵たちの手口は巧妙になっています。あまり追い詰めると、法の及ばない国外に脱出してしまうでしょう。大手会社は税金を逃れるため、すでにそうしています」と、私。

聴衆は再び頷くことを止めた。別の手が挙がった。

「それで、私たちはどうすべきなのでしょうか？」

これは、私が最も望まない質問だ。難問だから。

自主規制を唱える者もいるが、これだと諺にもあるように、鳥小屋の警護をキツネに頼むようなものだ。ジュネーヴを本拠とする国際行動規範協会と呼ばれる組織が、すでにこの業務を行っている。加入にあたり、バイヤーや兵力提供者《フォース・プロバイダー》らは（彼らは〝M〟の付く用語を避ける）法の遵守と基本的人権の尊重を誓約する。それは高邁なモデルであるけれども、武力市場はそれをすり抜けてしまう。

市場による解決を唱える者もいる。スーパーバイヤーはライバルを締め出しながら、自らの市場支配力を利用して、残りの気に入った兵力提供者に魅力的な契約内容を提示するなど、業界各社の行動を操作することができる。では、誰がスーパーバイヤーなのか？　イラクとアフガニスタンとの戦争中のアメリカがそうであったし、平和維持任務の一部を外注していれば国連もそれになり得る。また、バイヤーの企業連合がスーパーバイヤーになることもあろう。とはいえ、企業連合を維持するのは厄介だ。簡単に脱退できる反面、結束は長く続かない。あるいは、我々は国家が一六四八年にやったこと〔ウェストファリア条約〕を再現し、市場を独占することもできる。これがうまく機能するには、すべての国々が傭兵廃絶に向けて資源を蓄えなければならない。そうなれば、世界平和は達成しやすくなるにちがいない。

「率直に言うと」と、私は言った。「これからは傭兵の時代であり、彼らは我々が知っている戦い方を変えるという事実を受け入れなければなりません」。

ルール7 「新しいタイプの世界パワー」が支配する

メガ教会（定期的な礼拝に二〇〇〇人以上が集まるプロテスタント教会）は、信仰による神の力を体現している。超巨大なプロテスタントの礼拝の家は、アメリカの特に南部地域で目にする。牧師たちはロックスターのようであり、教会内の、スポーツスタジアムによくあるマルチ画面の巨大スクリーンに姿を映して説教をする。テキサス州ヒューストンにあるメガ教会には、週に平均して五万二〇〇〇人もの信者たちが集まる。説教はテレビ放映され、世界の一〇〇カ国以上で一週間に七〇〇〇万人、一カ月に二〇〇〇〇万人の視聴者を獲得している。

それでもアメリカのメガ教会は、世界的に見れば礼拝者の数はさほど多くない。[*1] インドネシアにある「ベタニア神の教会」には、週に一四万人の礼拝者が集まり、インドのカルヴァリー寺院教会（カルヴァリーとは、キリストが十字架に磔にされたと言われる場所を指す）には一三万人の信者が訪れる。ナイジェリアにはラゴス（一九九一年までナイジェリアの首都）だけでも四つのメガ教会があるが、それぞれ平均約五万人の信者が訪れている。韓国のソウルにあるヨイド純福音教会《ゴスペル・チャーチ》は、信者の数が実に四八万人であると公表している。

メガ教会は豊富な資金を集めている。「もしアメリカ国内すべてのメガ教会の寄贈金を合計すれば、ざっと数十億ドルにのぼるだろう」と、ハートフォード神学校の社会宗教学教授のスコット・トルーマンは語る。彼はアメリカの平均的なメガ教会は「年間約六五〇万ドルの歳入を得ている」[*2] と見積もっている。ヒューストンにあるレークウッド教会は、年間九〇〇〇万ドルの予算をもつ。[*3]

ここで仮定の話をしよう。中東でムスリムのテロリストたちが、男性のキリスト教徒たちを磔にし、女性の成人や少女たちを性奴隷として売り渡し、キリスト教会を吹き飛ばしている。世界中の人々が震撼する中、国際コミュニティはなす術もない。多くのキリスト教徒は無防備な人々を防衛する義務があると信じ、それが仲間のキリスト教徒や聖なる場所を護ることを意味するなら、なおさらだ。こうした使命感を背景に、九〇〇年前に十字軍の遠征が行われた。カリフ・ハーキム〔九八五年―一〇二一年。エジプトのイスマイル派のカリフで、死後彼を神格化するドルーズ派が生まれた〕は、エルサレムにあるキリスト教会や宗教的遺物を破壊し、その中には聖墳墓教会も含まれていた。

今日、メガ教会が十字軍のスポンサーになったとしたら、どうなるだろう？　福音主義者は決して平和主義者であるとは限らず、その一部は自らの信仰を守るときは好戦的でさえある。彼らは危険にさらされたキリスト教コミュニティを守るためなら、傭兵を雇うことも厭わない。テロリストを倒すため、小規模な私兵を投じる者までいる。

合法性への配慮は二の次だ。福音主義者は、人間が定めた法は神への義務に劣ると信じ、ＩＳＩＳのような不敬で唾棄すべきムスリムのテロリストは抹殺されて然るべきだと考えている。さらに、罪なき人々の保護に失敗してきた国際コミュニティの惨状を見て、グローバルな自警主義〔国軍や警察に頼らずに、自らの手で秩序を維持しようとする考え方〕を正当化し、伝統的倫理を放棄する人々が現れ始めた。キリスト教徒は、より誇り高き務めを果たさなければならない。一人のカリスマ的説教師がメガ教会でこのような自説を訴えたとすれば——はい、このとおり——現代の十字軍が誕生する。

このシナリオは、単なる仮定の話ではない。ＩＳＩＳがイラク北部を占拠している間、草の根レベルでキリスト教徒の動員が実際に生じた。クルド人自治地区にあるイラクの都市イルビルは、ＩＳＩＳ抹殺を志す外国人戦士が集まる拠点となった。傭兵もいれば、キリスト教徒の十字軍戦士もいる。その多くは、イラク戦争で実戦経験をもつアメリカとイギリスの退役軍人たちだ。

アメリカがイラクから撤退した後、キリスト教徒の抵抗力は強まっている。先行きを案じ、ニネヴェ平原防護隊、タイガー警護隊、バビロン旅団、シリア軍評議会といった民兵部隊が形成された。また、世界中の教会は、本国の信者たちから支援を受けながら、前線の〔ISISによって〕包囲された共同体を支援するため、布教団を派遣している。

キリスト教徒民兵部隊の一例はドゥエイフ・ナウシャと言い、この名はアッシリア語で「自己犠牲」を意味する。外国人戦士から成る大隊を擁し、リクルーターの一人は「ブレット」という偽名を使った二八歳の若者である。デトロイトで生まれ育った彼は、イラク戦争を経験したアメリカ陸軍の退役軍人である。今や自称「キリストの兵士」や「十字軍兵士」である。彼の左腕には機関銃、右腕にはイバラの冠をかぶったイエスのタトゥーが彫ってある。

「イエスは言った。汝がこの最も小さな者に為したことは、すなわち私に為したことである」と、ブレットは言った。「私はこの言葉をきわめて深刻に受けとめている」[*4]。

もしメガ教会がこうした草の根十字軍のスポンサーとなれば、何が起こるか想像してみてほしい。つまり、そうした教会がISISの中枢を叩くため、最高レベルの傭兵を雇い入れたならばどうなるだろうか？　彼らはISIS――それに続くものが何であれ――との戦いに向かい、勝利するかもしれない。傭兵もそうであるが、十字軍もまた過去の遺物ではなくなるかもしれないのだ。

そんな未来なんてあり得ないと感じるかもしれないが、予想する以上に現実はその方向に向かいつつある。さまざまな分野の大富豪や人道組織は、すでに自分たちの力で戦争を食い止めようと傭兵を雇っている。数年前、私はそうしたプランへの参画を依頼された。大富豪の女優ミア・ファローは、ブラックウォーター社や人権団体と接触し、スーダンのダルフールでのジェノサイドをやめさせようとした。そのプランは簡単だ。ブラックウォーター社がダルフールに武力介入し、いわゆる「人間の島」と呼ばれる難民キャンプを設置した後、そこを傭兵が防護するというものだ[*5]。そこは恐ろしいジャンジャウィード――ダルフール全域の村落で虐殺を繰り返す武装グループ――から逃れて来る難民にとって安全な場所となる。この間、人権団体は世界中の不正に関与した人物と組織の名前を公表するメディア・キャンペーンを開始し、強力な国連平和維持軍を使って、今回限りで集団虐殺を終わらせようと国際コミュニティに訴えかける。結局、ファローはそのプランを選択しなかったが、このことがポイントなのではない。そのプランは実行可能であり、資金さえあれば誰でも争いをやめさせることができるという事実が重要なのだ。

それは二〇〇八年のことであり、まだ多くの者が傭兵を雇うことに慎重であった時代だ。今はそうではない。傭兵は復活し、彼らを雇い入れることは一般的になった。誰が明日のミア・ファローになるのだろうか？　何らかの遺産を残そうとする富豪や団体は、小切手にサインし、戦争を終わらせることができる。あるいは、戦争を始められる。テロリストの首に懸賞金をかけることができる。ところが、こうした活動は、アメリカと他国を誰も望まない泥沼状態に引きずり込む可能性もある。意図せざる結果が起こるのは、戦争の常である。

ある者はそこに中世的世界の幕開けを垣間見る。そこでは、さまざまな国や教会、富豪たちがワールドパワー〔世界的影響力をもつ主体〕として、世界的野心を追い求めている。彼らは必要なら、武力を行使することができる。なぜなら、彼らは中世の時代のように武力を買い求めることができるからである。今後、数十年の間に私兵の利用は拡大し、それを阻止するものは何もない。そうして、いずれ大富豪がスーパーパワーとなる可能性が出てくる。

国家の退潮

リベリアでの私の仕事の一つは、軍閥指導者を破産に追い込むことだった。軍閥たちは残忍だったが、モスキート将軍、ピーナッツ・バター将軍、スーパーマンなど、みな気取ったニックネームを持っていた。私のお気に入りは「素っ裸の将軍《ジェネラル・バット・ネイキッド》」で、彼の部下たちは裸で戦った。異性の服装を着用した民兵もいて、彼らは羽毛のボアを身に着け、上品なハンドバッグを戦場に携えていた。戦争が終わった後、私はリベリアの首都モンロビアの繁華街で素っ裸将軍に偶然出くわしたことがある。彼は福音を説いていた。

フェミニストが唱える理論とは裏腹に、女性の手ごわい軍閥もいる。パトリシカと名乗る二十歳のこの女性は、民兵たちに集団レイプされ、死んだものとして放置された。彼女は息を吹き返して「ブラックダイアモンド」と名乗り、女性だけの民兵組織を築いた。AK-47やRPGで武装し、レイプ犯に鉄槌を加え、欲しいものを手に入れた。

「怒りがあれば」と、ブラックダイアモンドは私に語った。「勇気が込み上げてくる。そして何事においても達人《マスター》になれる」。その後、彼女は私生児の「スモールダイアモンド」を授かった。

リベリア筆頭の軍閥指導者といえば、チャールズ・テイラーであり、彼はリベリアの大統領となった〔一九九七年―二〇〇三年〕。他の軍閥指導者と同様、テイラーも権力を掌握して政権の座に就いた。しかし、他の誰よりもテイラーは賢く、もし選挙で選ばれたなら、国際コミュニティは彼のことを単なる殺し屋ではなく、リベリアの正統な統治者として受け入れるはずだと彼は悟った。

テイラーは力ずくで大統領官邸を奪うと、奇抜な選挙運動スローガンを掲げて、選挙を実施した。そのスローガンとは「彼は私のママを殺した。彼は私のパパを殺した。それでも私は彼に投票する」というものだった。そして、人々は彼に投票した。テイラーは七五パーセントの得票で地滑り的勝利を収めた。国連やカーター・センター〔ジミー・カーター元米大統領がジョージア州アトランタに設立した非営利組織。世界各地の紛争解決と予防、疾病の撲滅と管理などに従事〕は、選挙が自由かつ公正に実施されたと発表した。

「なぜ、テイラーに投票したんだい？」と、私はあるリベリア人にたずねた。

「その理由は、もし我々が投票しなかったら、彼は我々全員を殺しに来ただろうからさ」と、その男は語った。これは、国民全体が人質に取られたような恐怖心とも言えるだろう。

テイラー大統領は国連に一議席をもち、他国と正式な関係を結び、支配の正統性を享受した。しかし、それは全くの悪用だった。テイラーは過去の軍閥たちと同様、国家を略奪すべき戦利品と見なしていた。そして彼は、その戦利品を得たのである。テイラーは国庫から一億ドルを盗み、リベリア人が飢えているのに、贅沢な暮らしを続けた。テイラーは彼を父なる神として崇拝する少年兵から成る小さな軍隊を持ち、おびただしい量の「ブラッド・ダイアモンド」（血塗られた戦争地域で産出される宝石）を取引した。「ブラッド・ダイアモンド」という言葉は世界中で知られるようになった。テイラーは武器も派手に装飾することを好み、クロムメッキを施したAK‐47を所持していた。数年後、私はそのAKを手に取ったことがある。また彼は、気に入った女性を見つけると、男たちを送り込みその女性をさらった。やり終えた後、その女性は生きていることもあれば、そうでないこともあった。彼の息子のチャッキーはさらにひどかった。テイラー家に逆らった男たちは消されるか、あるいは食べられることもあった。軍閥たちの中には、儀礼的にカニバリズムを実践する者が多くいた。

チャールズ・テイラーとチャッキー・テイラーは反乱勢力に銃をつきつけられて追い出され、今はもういないが、リベリアは依然として脆弱な国家のままである。他の脆弱国家と同様、リベリア政府は完全とは言えないまでもどうにかコントロールされている。たしかに大統領がいて、大統領宮殿があり、国旗も国連議席もある。しかし、リベリアは国際援助で生計を立て、社会事業は外国のNGOによって運営され、大規模な国連平和維持軍によって事実上占領されている。中央政府の権威は辺境の国境地帯まで十分には行き届いておらず、そこには何かがはびこるかもしれない野放しの空間が広がっている——実際、そのとおりであり、軍閥は身を潜めて自分たちの出番を待ち、武装勢力は彼らの登板を待っている（その一部の動きに私は関与した）。汚職は常習化している。リベリアは国家ではなく、国家の真似事をしているだけだ。

破綻国家は世界問題の中で例外的な現象であると多くの人々が考えているが、それはむしろ常態と言える。世界一九四カ国の大半は、リベリアのように脆弱である。ある国はリベリアよりましであり、別の国はリベリアより悪いだけである。ある国はシリアやソマリアのように完全な失敗だった。外交官たちはそのような話題をカクテルパーティーで話すことを好まないが、それは『フォーダーズ』誌〔アメリカの世界的な旅行ガイドブック〕が推奨しない旅行先を訪れる者にとって、閃光で目が眩むほど明白である。数多くの研究がこのことを裏付けている。[*6] 数十億の人々が崩壊の危機にある国々で暮らしているが、そこは無政府状態ではない。一つの権力者が立ち去れば、別の権力者が立ち現れる場所なのだ。

国家の衰退は、新しいタイプのワールドパワーの登場を促している。国家の退潮によって生じる権力者の空白は、反乱勢力、カリフ支配、企業統治、麻薬国家、軍閥政治、傭兵の領主、そして荒野で埋め尽くされるだろう。例えば二〇〇〇年、イスラエルが南レバノンから撤退した後、その領地を引き継いだのはレバノン政府ではなく、テロ組織のヒズボラだった。イスラエルは二〇〇六年に南レバノンに侵攻し、レバノン軍ではなくヒズボラと戦った。南レバノンは依然としてヒズボラに領有されている。これは現在進行中の「慢性的無秩序」である。

他にも例はある。北部イラクの崩壊後、クルド人たちは独自の軍事組織ペシュメルガ〔二〇〇三年に設立されたイラク領クルディスタン自治政府の軍事組織〕に防衛された事実上の独立クルド人国家を建設した。ソマリアはソマリランド、プントランド、その他に分裂し、それぞれが独自の武装集団を保有して権力争奪を繰り返している。南米の麻薬王たちはギニアビサウという西アフリカの国を奪い、そこを麻薬国家とし、欧州向けのドラッグの拠点にしている。アフリカ全体の各地が無名の者たちによって支配され、誰の支配も及んでいない土地もある。国家の幻影は地図上では存続しているかもしれないが、現実ではない。新しいタイプのパワーがゆっくりと姿を現しているのだ。

破綻国家――国家建設――に対する国際コミュニティの反応は惨憺たるものだった。[*7] イラクやアフガニスタンでのアメリカの事業はその好例である。イラクではサッダーム・フセインによる統治の方がまだましだった。アメリカ人は、なぜアフガニスタンが「帝国の墓場」と呼ばれてきたのかをようやく悟った。国連の実績は、同じように悲惨だ。南スーダン、コンゴ民主共和国、ブルンジ、ハイチ、その他の地域における平和構築のミッションは、コストが高く、成功の望みは薄かった。国連の援助で強くなった国はどこにもない。国家建設は失敗に終わる。国家は〔建造物のように〕積み上げられるマシンではないのだ。

傭兵と同様、国家の退潮は「慢性的無秩序」時代の兆候であり、原因でもある。国家は消滅することはなく、アメリカや西欧諸国など世界の上位二五カ国は強国のままであろう。ミャンマーやハイチといった下位二五カ国は、ソマリアと同じ道を辿ることになる。その中間の国々はどうなるだろうか？　将来、ある国はますます国家らしくなり、道路や橋の建設に取り組むが、それ以外のことはほとんどしない。人々は心の赴くままに国境を往来し、自分たちの望み通りのことをする。絶対国家の支配とウェストファリア秩序は、二〇世紀にクライマックスを迎えたのだ。

国家の死を嘆く者たちにとって、「弱い国家」は少なくとも一つの選択肢を有している。ナイジェリア政府がボコ・ハラムに対して実施した作戦のように、傭兵を雇って領土を再征服し、法の支配を取り戻すことができる。将来にはもっと多くのことを期待できるかもしれない。ところが、多くの国々は腐敗した体制を維持するだけで満足し、国際的な慈善事業の恩恵を受ける一方で、国民に奉仕するのではなく、国民を食い物にしている。国家の退潮により新しいタイプのパワーが形成されつつあり、権威の空白を埋めようとしている。

新しいエリートとの出会い

ミア・ファローは成長するクラブのメンバーである。十分な資金をもつ者は、自らが欲することなら何であれ――戦争を開始し、戦争を終わらせ、他人の財産を奪い、グループ全員を殺害しまたは救出する――それらを実現するために軍隊を賃貸することができるということが現実味を帯びている。それを可能にしているのが、傭兵の力だ。傭兵を雇うために賃金を支払えるなら、その大富豪は世界問題における新しいタイプの権力者になれる。

こんな話は荒唐無稽に聞こえるかもしれないが、そうではない。実際、それは需要と供給の法則に従っている。戦争は市場と化し、傭兵の出現は「市場の見えざる手」を通じて新たな需要を惹起している。だが、その需要は国家からのものではない。資金を持ち、治安を望んでいる人々からだ。そのような人々は数多くいる。我々はますます不安定化する世界に生きており、傭兵たちは治安を売りつける。依頼人が誰であれ、何人かは今後数十年の間に大きなパワーを獲得するだろう。彼らは国際関係の中で、新たな支配階級となる。

この新しいワールドパワー階級に加わるのは誰か？　まず第一に、世界人口の一パーセントだ。二〇一五年、わずか六二名の個人が、地球上に住む人類の半数よりも多くの資産を所有していた。[*8] 言い換えれば、一握りの大君たちが三六億人分以上の資産を所有していることになる。彼ら〔の人口比率〕は、〇・〇〇〇〇〇二パーセントだ。トップ層への富の集中は、増加傾向にある。二〇一〇年、全人類の下半分の富の総量は富豪の上位三三八人分であったが、いまやその割合は上位六二人ほどになっている。二〇一七年、クレディ・スイス〔スイスのチューリッヒに本社を置く世界有数の金融機関〕は、世界の最富裕層の一パーセントが世界の残りの総計より多くの富を生み出していることを明らかにした。

民間軍事組織が登場したことで、『フォーブス』誌の大富豪リストや『フォーチュン500』〔アメリカの『フォーチュン』誌が年一回編集・発行しているリストで、アメリカの企業を対象とした上位五〇〇社の総収益ランキング〕は、軍事色と危険なイメージを帯びることとなった。すでに民間軍事組織は多くの国家よりも強力な存在となっている。世界銀行によると、上位一〇〇位の経済体は三一の国家と六九の法人から成る。[*9] ウォルマート社は世界第一〇位の経済体であり、インド（一四位）、ロシア（三〇位）を凌いでいる。ガボンが単に国家であるというだけで、世界情勢においてエクソンモービル社よりも影響力があると主張する者はいるだろうか？　もちろん、そんなことはない。今やエクソンモービル社は独自の軍隊をもち、より一層パワフルになっている。

石油会社の視点から、傭兵の雇用はビジネスとして十分に成り立つ。ここ数十年間、エクソンモービル社やシェル社といった企業は、ナイジェリアのような腐敗した政府に翻弄され続け、従業員の命を危険にさらし、金銭面で損失を出しながら、自分たちの安全を確保することに必死だった。二〇一三年、テロリストがBP社やスタトイル社〔ノルウェーの北欧石油最大手。二〇一八年以降、社名を「エクイノール」に変更〕が経営するアルジェリアの天然ガス施設を襲撃し、四〇人の従業員が殺害された。もし石油会社が施設を防護するために傭兵を雇っていれば、こんなことは起きなかったかもしれない。

将来、傭兵の利用が合法的になることを前提とすれば、メガ企業や世界の一パーセント〔の経済体〕は、自らの安全に投資するだろう。株主からの圧力がそれを後押しするだろう。一部の者は「これは違法であるが、国際法の効力は貧弱で、それを執行する政治的意志も薄弱である」ことを強調するかもしれない。誰が巨大石油会社の指導部を逮捕し、サハラ以南のアフリカや中東といった地域で傭兵を捕縛しようとするだろうか？　誰もしないだろう。ある者はそんなシナリオはあり得ないと言うだろう。しかし、ある中国石油企業はすでに南スーダンで傭兵を雇っており、前述したように、シリアではロシアの採掘会社が同じことをしている。他の企業もそれに続くだろう。

傭兵を雇用する国家の数も増えるだろう。毎年、ますます多くの政府が傭兵を雇っている。第一にアメリカであり、その次にロシアである。今や中東やアフリカの国々は、国内の治安ニーズを満たすため民間軍事組織に頼るようになっている。こうした趨勢は民間軍事組織を事実上合法化している。ちょうど数世紀前に見られたように、誰もが傭兵を雇うようになるのは、もはや時間の問題である。国連までもが、行き詰まった平和維持任務を強化するため民間軍事組織を運用することになるかもしれない。やがて世界中の紛争を商品化しながら、民間軍事組織が賃貸される。こうした状況から、需要を満たすために供給が急がれ、傭兵は増大の一途を辿る。

犯罪組織がスーパーパワーになることも考えられる。新興財閥や麻薬カルテルはすでに民兵や暴力集団に頼っているが、国家を奪い取って傀儡とするため、今では攻撃ヘリコプターやプライベートな連隊など高性能な火力を賃貸することができる。こうした動きは、世界中で起きている流れを加速するだろう。麻薬国家はラテンアメリカや西アフリカのいたる所に存在し、ユーラシア諸国の多くはマフィア国家である。傭兵の存在により、麻薬戦争や新興財閥による争いは凄惨をきわめる。メキシコでは、二〇一七年の最初の五カ月間で一万一一五五名が麻薬関連の暴力沙汰で殺されたが、それは二〇分間に一人が亡くなっていることを意味する。もし競争相手のカルテルが傭兵部隊の強力な火力を手に入れたなら、どれほどの死者が出るだろうか？　傭兵部隊は犯罪組織が国家の陰に隠れた存在ではなく、国家に取って代わることを可能にする存在となる。

テロリズムは傭兵の助けを借りて、事態をさらに悪化させる。ニッチな闇市場を通じて、テロリスト部隊の訓練・装備化、潜在的目標に対する戦略的偵察、直接行動やテロ攻撃の実施など、テロ組織が欲するサービスを提供できる。前にも述べたように、ウズベキスタンをベースとするマルハマ・タクティカルと呼ばれる傭兵グループは、すでに傭兵の活用を始めている。こうした動きは、多くの次元で戦慄を覚えさせる。これまで、ほとんどのテロ攻撃は熱狂的なアマチュアによるものだった。傭兵の特殊部隊チームははるかに破壊的であり、発見や撃退が困難で、間違いなく大量の死傷者をもたらすだろう。また、ISISの崩壊により、テロリストたちは「もし領土を奪うなら、そこを堅固に保持する準備が必要である」と悟った。ジハード部隊はそうするには貧弱であったが、傭兵部隊であれば紛争全体をリバランスしてくれるだろう。さらに悪いことに、質の高い傭兵部隊の技能は兵力増強装置《フォース・マルチプライヤー》となる。「アフリカの角」のアル・シャバーブ、西アフリカのボコ・ハラム、世界的に拡散したアルカーイダなどのグループは、欧米に対するジハードにプロフェッショナルな支援を求めている。恐ろしいことに、傭兵部隊はテロリストたちを不愉快な新しい同盟に追い立ててしまう。

ところが将来の人々は、ミア・ファローが試みようとしたように、独自の傭兵部隊を使って撃退することができる。メガ教会、巨大NGO、潤沢な資金を持つモスク、関心を寄せる大富豪たちは、救世主的な慈善ミッションのために傭兵部隊を雇用する。賃金が順調に支払われる限り、傭兵たちは悪魔ではなく天使に仕え、熱心に〔雇用主に〕奉仕する。民間軍事組織は集団虐殺を阻止するため、武力による人道的介入を行うこともできる。武力介入の目的は、他にも難民を救う救援ミッション、人道支援物資を運搬する車列の警護、紛争地帯で活動する慈善団体の保護、集団虐殺や目に余る人権侵害を扇動している指導者の暗殺などがある。傭兵部隊がいれば、どれほどの残虐行為が緩和されたであろうか？　おそらく、ルワンダ、バルカン半島、ダルフール、ヤズィーディで。たしかに、何も手を打たなければ効果を期待できない。「偉大な善」を打ち立てるためなら、多少の危害は仕方がないという善悪の判断が傭兵によってなされるわけであり、国際コミュニティが集団虐殺を目の当たりにして怯《ひる》んでいる間、〔傭兵部隊の〕依頼人たちは解決に向けて取り組むのである。

大富豪たちがスーパーパワーになると、どのようなことが起こるのだろうか？　大英帝国時代の東インド会社が参考になる。今日、世界的大企業――エクソンモービル、ウォルマート、グーグルなど――が振るっているパワーは、東インド会社に比べると、飼い慣らされた野獣のようだ。〔東インド会社は〕一六〇〇年に株式会社として設立され、歴史上最も力を持った企業となり、企業乗っ取りの先駆けともなった。〔植民地時代の〕インド人が英語を学ぶとき、最初に覚える言葉は「略奪」を意味するヒンドゥスタニー語のスラング"loot"であった。二七五年間の統治期間中、東インド会社はイギリス国王のためにインドを征服していたことになっているが、時折、誰が誰に仕えているのか見分けがつかなくなる。

東インド会社が権力を振るった背景に私的軍隊《プライベート・ミリタリー》の存在があった。東インド会社は独自の軍隊を持つことで、欧州のライバルを払いのけながら、軍事的征服、強権的支配、略奪、〔インド〕亜大陸支配を実行に移した。一九世紀の変わり目に、東インド会社は一五万人の兵士と一二二隻の戦列艦――大型艦は四〇門の大砲を搭載し、最も強力なライバル国の戦艦に匹敵する――から成る傭兵軍を擁していた。だが、明日の野心的なスーパーパワーたちへの警告として、私有軍隊の維持が会社を破綻に追い込んだことを指摘しておきたい。

どんな組織も自分たちの指示どおりに動く軍隊を雇うようになれば、世界は一変するだろう。私的軍隊が、国家ではない新たなスーパーパワーを育み、我々が知る国際関係――国家と国家の関わり――は時代遅れになる。では、私的軍隊そのものがスーパーパワーとなったら、何が起こるだろうか？

傭兵の大領主

傭兵は自ら独立して事業を立ち上げることができる。奪えるものが目の前にあるとき、あえてオファーを待つ必要などあろうか？　強力な傭兵部隊は、麻薬国家やマフィア国家のように国の一部を吸収し、国全体を乗っ取り、「傭兵国家」に変えることもできる。傭兵の領主は目新しくはない。中世やルネッサンス期には、ペルージャ、リミニ、ウルビーノ、カメリーノで見られたように、傭兵隊長は自ら統治者となることもあった。スフォルツァ（「強制」を意味する）と呼ばれた一人の狡猾な傭兵は、ミラノを奪い、そこに王朝を打ち立て、ほぼ一世紀にわたってミラノを支配した。

傭兵による乗っ取りにふさわしい地域とは、天然資源が豊富にあるが、政治的に弱体化した地域である。そのような地域はいたる所にある。ヴェネズエラの油田地帯、コンゴの鉱山、リベリアの用材林地帯、イエメンの天然ガス地帯、リビアのスイート原油（硫黄含有度の低い原油）地帯などだ。戦争、天然資源、その資源を欲する人々といった条件が揃っている所では、傭兵国家が誕生する潜在的な可能性がある。世界の手の届きやすい地域はことごとく採掘されてしまっており、残るは紛争地域のみとなった。これは投機的な傭兵にとって格好のチャンスとなる。一部の者は「傭兵政府の発展はない。その理由は違法だから」と考えているが、彼らは、国際コミュニティは結束して傭兵を阻止することを前提にしているようだ。だが、そうとも言えない。傭兵と依頼人が増えていることから明らかなように、世界はすでにその方向に動いているのだ。傭兵国家は仲介人を必要としない。

傭兵はいかなる方法で国家を乗っ取るのだろうか？　方法はいくらでもある。まず、征服という昔ながらの方法だ。十分に装備された傭兵部隊は、ソマリアやイエメンの一部を切り取ることができた。いずれの地も、現地の慢性的無秩序が原因で、未開拓の原油・天然ガスの埋蔵量がある。また、傭兵はクーデターを起こすこともできる。一部のクーデターは純粋に内政問題だが、多くの場合、外国からの援助を伴う。一九五〇年以来、二〇〇件を超えるクーデターが成功しており、二〇一八年に一三人の世界の指導者が武力を使って権力を握った。[*10] 彼らはいったん権力の座に就くと、自らを終身大統領と宣言し、封建領主のように統治し始める。コンゴの強奪者だったモブツ・セセ・ココは、現地語で「すべての雌鶏を獲得する雄鶏」[*11]を意味する名前に改名した。将軍や軍閥指導者たちは普段から国を乗っ取り、罰を逃れている。ならば、傭兵にできないことはないだろう。

別な方法としては、コンゴ民主共和国のカタンガ州〔二〇一五年以降四つの州に分割〕、インドネシアのアチェのように資源豊富な地域における分離独立運動を乗っ取ることもできる。このシナリオでは、ある支配者が別の支配者に取って代わる。傭兵は当初、反乱側に味方し、政府が放逐された後、今度は反乱勢力を攻撃する。いったん傭兵が問題の資源――ウラニウム、石油、ガス、銅、金、コバルト、リチウム、木材、ダイアモンド――をコントロールすると、闇市場で売りさばいたり、ダミー会社を使ってオープン市場に供給する。地元の人々は、労働力として奴隷同然の状態に置かれる。

抜け目のない傭兵なら、宮廷革命〔側近による無血クーデター〕を起こして、玉座（あるいは執政官の肘掛け椅子）の背後から統治する。このオプションは、首都で指導者たちを人質に取りながら国軍を制圧あるいは味方になびかせるといった武装蜂起の煩わしさから解放してくれる。これは衛兵主義《プレトリアニズム》と呼ばれ、その名はアウグストゥスが創始したローマ皇帝を護衛する悪名高き近衛《プレトリアン・ガード》兵に由来する。しかし、近衛兵は護衛任務よりもむしろ皇帝をコントロールする役割を担っていた。三〇〇年間の存続期間中、近衛兵は一四人の皇帝を暗殺し、五人の皇帝の任命に深く関与し、さらには皇帝の執務室を競売にかけ、最高値を付けた入札者に売り飛ばしたこともあった。〔このように〕まるで他人事のように対処してきた者たちが、国家運営に頭を悩ませたりするだろうか？　それに加え、〔権力の地位に就けば〕国連で一票を獲得することになり、世界の指導者たちの間で正統性が高まるのである。

傭兵は「慢性的無秩序」の状態を利用し、戦場だけでなく統治者として利益を得ることができる。このシナリオが現実となれば、混沌状態を増幅し、「慢性的無秩序」は悪化する。

深層国家

もう一つ、別の新たなスーパーパワーが存在する。実際それは新しいものではないが——国家が退潮するにつれ、その役割が変化したと評価するのが妥当であろう。「なぜ、ある政府の政策は、誰が大統領で誰が首相となっても同じ政策が継続しているのか」と、不思議に思ったことはないだろうか？　とりわけ同じ人物が、選挙の候補者のときは、その同じ政策を批判する運動を展開していた場合である。その政策が不人気だからなのか？　例えば、オバマ大統領も、トランプ大統領も、選挙運動中はアフガニスタン戦争に反対していたにもかかわらず、大統領就任直後に一時的な兵力増派に踏み切っている。これに当惑するのは、あなただけではない。世界中の人々は、自国の政府が危険な政策を抱え込んでいることに常に困惑している。そこに「深層国家《ディープ・ステート》」が存在しているかもしれないのだ。

「深層国家《ディープ・ステート》」は存在している。しかし、一般にイメージされているものとは異なる。それは共同謀議でもなければ、陰謀論の類でもない。共同謀議は体制の転覆を追求するものだが、「深層国家《ディープ・ステート》」は体制プラスアルファとして実在している。「深層国家《ディープ・ステート》」はがん細胞をもつ国家のようなものである。国家権力を支える制度——軍、司法、インテリジェンス組織——が自分勝手に行動する。国家に奉仕するのではなく、国家を自分たちに奉仕させる。そうした国家制度は、指導者の正統性や国民の関心などとは関係なく、政策に影響を及ぼす「国家内国家」となり、やがて内部クーデターで権力を奪取する。言い換えれば、これらの反逆的な国家制度は、国家構造内部の深淵から国を乗っ取るのだ。

ジョージタウン大学でこの種の話をしていると、私が担当する大学院の学生たちは陰謀論としての「深層国家《ディープ・ステート》」というアイディアを拒む。公平に言うと、それは描かれ方にもよるのだが。不満のたまった政治家や活動家たちは「深層国家《ディープ・ステート》」のせいで自分たちの立場が脅かされていると非難し、それを見て人々はあきれた表情をする。「深層国家《ディープ・ステート》」という概念自体は何年も前からあったのだが、その用語は最近まで欧米で、とりわけアメリカではほとんど知られていなかった。トランプ大統領のオルタナ右翼支持者や元首席戦略官のスティーヴ・バノンは、「深層国家《ディープ・ステート》」が大統領の権威失墜を目論んでいると非難した。トランプ政権で勤務する前後にバノンが会長を務めていた「ブライトバート・ニュース」には、そうした考えを呼び起こす記事が頻繁に掲載されていた。批判者たちは、オルタナ右翼たちを偏執狂の危険人物であると風刺する一方、この種の告発にうんざりしながら「アルミ箔の帽子」〔これをかぶることで、マインドコントロールから脳を守ることができると信じている人を揶揄した表現〕に手を伸ばす。しかし、両者とも間違っている――「深層国家《ディープ・ステート》」は実在するが、それは陰謀ではないのだ。

陰謀論と「深層国家《ディープ・ステート》」との区分は、捉えにくいが重要である。実際、それは「個人」対「制度的アクター」の問題である。陰謀論《コンスピラシー》は共謀者《コンスピレーター》として知られる個人によって遂行される。陰謀団や黒幕がお膳立てをし、共謀者たちは個人的コネクションや影響力、資金、他の資源をかき集め、体制転覆を企てる。それゆえ自己防衛のためにも、陰謀は隠し通さねばならない。もし体制派によって捕らえられれば、反逆者の汚名を着せられ、処刑台へ送られてしまうからだ。

過去にあった大きな陰謀事件には、一六〇五年のイギリス国王と議会の爆破を企てたガイ・フォークスによる火薬陰謀事件〔イングランド国教会優遇政策の下で弾圧されていたカトリック教徒過激派によって計画された政府転覆未遂事件。ガイ・フォークスは実行責任者〕、アメリカ南北戦争後に南部連合運動の復活を企図したジョン・ウィルクス・ブースによるエイブラハム・リンカーン暗殺がある。いずれのケースも共謀者は捕縛・殺害され、彼らの死は体制に対する他のあらゆる脅威への警告とされた。ここで過去の陰謀から、現代の着想が得られていることに留意すべきである。今日、政治的ハッカー集団アノニマスから、「ウォール街を占拠せよ」〔二〇一一年、アメリカのウォール街で発生した経済界や政界に対する一連の抗議運動を主催する団体名とその合言葉〕のデモ参加者にいたるまで、反体制派の抵抗運動にはきまってガイ・フォークスの仮面が異議申し立てのシンボルとなっている。その仮面は現代政治文化の偶像となり、コミック本シリーズや映画の『Vフォー・ヴェンデッタ』は人気を博している。ファシスト国家と化したイングランドで戦う「V」という名のガイ・フォークスの仮面をかぶった制裁者がその映画の主役である。それは反体制派ヒーローのモデルであるが、こうした作品は、共謀者集団がシステムといかにして戦うかに関する具体例となる。

陰謀論とは異なり、「深層国家《ディープ・ステート》」は制度的アクターである。たしかに、制度は複数の人々から構成されているが、彼らは共謀者たちと同類ではない。ベーコンエッグをめぐるジョークがある。〔ベーコンエッグでは〕ニワトリは〔卵を提供することで〕関与（involved）し、ブタは〔体を張って〕すべてを捧げて（committed）いる。共謀者集団はブタに似て、すべてにリスクを負う。制度に関わる人々はニワトリであり、大義には骨を折るが、完全かつ最終的な犠牲を払うことは滅多にない。共謀者は個人的資源を危険にさらすが、制度に雇われている者は組織的資産を活用する。将軍は私有財産を犠牲にしてまで敵と戦おうとはせず、軍隊を使う。戦いに負ければその将軍は解任されるけれども、軍隊は行軍を続ける。結局、フォークスと共謀者たちの陰謀は未遂に終わり、ベーコンにされた。

ある意味で、制度は有機体である。誰も表面に出ない。数十年の職務を経て最高位に昇進した一握りの個人が、信頼を背景に制度が抱えるアジェンダに取り組む。共謀者たちはそうした「会社人間」のことを、同じ会社人間に捕まり首になるまで集団思考——あらゆる制度で——に染まり続ける「身なりだけ立派で中身のない者《エンプティ・スーツ》」と蔑む。

「深層国家《ディープ・ステート》」の制度とは何だろうか？　それは国によって異なり、そうした制度を持っていない国もある。とはいえ、一般的にそれは権力の制度——軍、秘密警察、インテリジェンス組織、法執行機関、司法制度である。その権限は法律で成文化され、完全な合法性を有する。通常の制度と異なる点は、その制度が「ならず者」になってしまうことである。「深層国家《ディープ・ステート》」制度の特徴は、自らの組織利益を国家や国民よりも上位に置くことである。正統政府は存在しているかもしれないが、実際に支配しているのは「深層国家《ディープ・ステート》」である。

「深層国家《ディープ・ステート》」を形成している制度は、共同謀議の実行者のような行動を企てることはしない。むしろ、彼らは受動的に同調の姿勢を見せるだけだ。「深層国家《ディープ・ステート》」はナッシュ均衡に従って、自分たちの組織利益と一致すれば協調し、共通の目標を擁護して相互補完的な行動をとるようになる。この暗黙の合意は、次第に国をコントロールする「深層国家《ディープ・ステート》」の手にわたる。彼らは説明責任を果たさなかったり表に出なかったりして、正統政府の決定を拒否し、妨害し、無効にする。

共同謀議者と「深層国家《ディープ・ステート》」は互いに敵対する。共同謀議者はシステムの弱体化を追求し、「深層国家《ディープ・ステート》」はシステムの乗っ取りを画策する。共同謀議者は陰に隠れて活動するが、「深層国家《ディープ・ステート》」は公然と活動する。共同謀議者は急進的な諸個人のチームから成るが、「深層国家《ディープ・ステート》」は制度である。共同謀議の時間枠は短く、たいてい数カ月か数年で活動を終える。「深層国家《ディープ・ステート》」は数十年か数世紀のスパンで考える。社会科学的な専門用語を使えば、古典的な「構造対エージェンシー論争」に見られるように、共同謀議はエージェンシーを表し、「深層国家《ディープ・ステート》」は構造を具現している。[*12] 共同謀議と「深層国家《ディープ・ステート》」とは、火と土ほどの違いがあるのだ。

「深層国家《ディープ・ステート》」は目新しいものではない。中世初期、フランク人によるメロヴィング王朝は国王によってではなく、「宮廷宰相」または執政によって統治されていた。他の事例には、インドのマラーター王国のペーシュワー、日本の封建時代の将軍、一八世紀と一九世紀におけるイギリスの首相たちがいる。彼らは公式の統治者の背後にいる真の権力者であった。

「深層国家《ディープ・ステート》」という言葉はトルコに由来し、一九九〇年代に一般的になった。トルコの学者、市民、観察者にとって、国の政府が実際にはどのように機能しているかを描写することが中心的課題となった。アメリカの外交官でさえ、トルコの政治情勢をワシントンに説明するとき、この用語を使っている。トルコの「深層国家《ディープ・ステート》」については多くの説明がなされてきたが、ほとんどの人が「深層国家《ディープ・ステート》」のことを陰から支配する黒幕的組織として描き、具体的には、軍部、インテリジェンス組織、法執行機関、司法、マフィアといった制度的エリート間の権力関係と見なしている。こうした組織が一体となってトルコに恒久的な国家安全保障機構を確立し、選挙で選ばれた政府の権威をいつでも覆せる不滅の「非常事態《エマージェンシー》」権限を持つ。

トルコの「深層国家《ディープ・ステート》」は特殊事例ではなく、ひとつのモデルである。政治学者と対外政策の専門家は、正統な政治指導者とは無関係に、場合によっては彼らに対してパワーを行使する〔トルコの〕制度を「深層国家《ディープ・ステート》」という概念を使って描いている。「深層国家《ディープ・ステート》」の概念は、トルコ、アルジェリア、パキスタン、エジプトおよびロシアのような権威主義国家の行為を合理的に説明する唯一の方法である。そこでは有権者が選んだ指導者に取って代わり、将軍やスパイ組織のリーダーが、名前だけの民主主義社会における真の統治者である。サッダーム・フセインのイラクはバース党の「深層国家《ディープ・ステート》」であり、アラブの春は北アフリカや中東の「深層国家《ディープ・ステート》」に対する人民たちの抵抗だった。「深層国家《ディープ・ステート》」は民主主義を求める抗議者を粉砕するか、買収しようとした。結局、どこも倒れなかった。二〇一六年、トルコ政府とエジプト政府は、より明白な安全保障国家の独裁制に移行している。そこでは、「深層国家《ディープ・ステート》」が唯一の国家である。

イランは古典的な「深層国家《ディープ・ステート》」であり、代議政治の覆いを被《かぶ》った神政国家である。中東で数年間にわたりアメリカ軍を指揮したデイヴィッド・ペトレイアスによると「それは基本的に二つの国からなる」。選挙で選任された大統領、議会、閣僚、陸軍、海軍、空軍、海兵隊など、目に見える国家が存在している。そして、革命防衛隊――陸・海・空軍、外国展開部隊を有するコッズ部隊から成る「深層国家《ディープ・ステート》」がある。「これら二つの勢力は、互いに相当な緊張状態にある」と、ペトレイアスは言う。[*13]

欧米の自由民主主義諸国もまた、「深層国家《ディープ・ステート》」の一部を共有している。こうした考えは古くからあるが、すでに忘れられてしまっている。一八六〇年代、ウォルター・バジョットは『イギリス憲政論』という著書の中で「二重政府」の理論を説いている。彼自身は政治的偏りもなく、『エコノミスト』誌の編集長を一七年間務め、彼の名を冠したコラム欄があるほどだ。バジョットは二つの制度セットがあり、それが一緒になって二重政府を形作っていると示唆した。威厳を備えた制度は君主制と貴族院であり、実際の権力の座席は有能な制度、すなわち庶民院（下院）、首相、内閣に存在する。当時、すべてを統治していると主張していたヴィクトリア女王と貴族階級の威光の下で、彼らは精勤していた。

「正式に憲法に記載されている内容は関係ない」と、バジョットは主張する。彼が論じているように、重要なことは効率的な制度であり、現代の「深層国家《ディープ・ステート》」を反映したアイディアである。一八六〇年代以来、事情はかなり変化した。今日、ダウニング街一〇番地〔イギリス首相官邸の所在地〕を「深層国家《ディープ・ステート》」と取り違える者はいないだろう。王室はゴシップ記事にしかならず、貴族院（上院）は公共の遺制である。その間、下院、内閣、首相は、新たな威厳を伴った制度に変容しつつある。何が効率的制度で、何が「深層国家《ディープ・ステート》」なのか？ある者はこう言うだろう。それが、イギリス式行政サービスなのだと。

イギリス・コメディの愛好家は、一九八〇年代初めにBBCで放送された『イエス、ミニスター』[*14]〔イギリスの政治風刺コメディ番組〕を覚えているだろう。首相のジム・ハッカーが主役で、彼はイギリスの行政職員、とりわけ公設秘書のハンフリー・アップルビー卿によって、いつも出し抜かれていた。ハッカーがファウストであれば、アップルビーはメフィストフェレス〔ドイツのファウスト伝説に登場する悪魔〕だった。ハッカーは愛想が良い人物で、心から公共のために尽くしたいと欲していたが、いつも官僚たちに阻まれ、何をすることもできなかった。広い人脈をもつアップルビーはなかなか善良そうに見えたが、閣僚の政治的アジェンダを分捕るために巧妙な陰謀を張り巡らせていた。ハッカーは、行政官僚たちが政治的に不偏不党で政府での経験も多く、国にとって何がベストなのかを知っていると信じている。それが官僚仲間の中で共有された信念だ。腹にすえかねたハッカーはある時、前任者である野党メンバーのトム・サージェントに助言を求めた。

ジム・ハッカー：やぁ、トム。君は勤務歴が長い。行政機関が仕掛ける罠のことなら何でも知っているはずだ。

トム・サージェント：いいえ、全く知りませんよ、先輩。それには数百年かかりますよ。

ジム・ハッカー：どのようにして立ち向かうのだい？　彼らが望まないことを、どうすれば彼らにやらせることができると思う？

トム・サージェント：先輩、私がそれを知っていれば、野党になっていませんよ。

あらゆる皮肉と同様、これは真実の半面を含んでおり、ユーモアがある。当時、本物の首相であったサッチャーは、『イエス、ミニスター』の熱狂的ファンであり、彼女は「権力の流れがどうなっているかを明確に観察できる形で描かれており、私にとって純粋な喜びの時間でした」と語っている。[*15] 彼女は『イエス、ミニスター』の寸劇を真似てくれた。この番組シリーズは政治風刺の古典であり、ＢＡＦＴＡ〔イギリス映画テレビ芸術アカデミー〕をはじめとする多くの賞を獲得した。

アメリカも「深層国家《ディープ・ステート》」であると言える。自由市場の民主主義は、建国以来、政治と経済の利益が絡み合いながら共和国の中心を形作ってきた。「深層国家《ディープ・ステート》」を表す事例は枚挙にいとまがない。金ピカ時代のヴァンダービルトやロックフェラー、その他の大物有力者によって必要以上に過度な政治的影響力が振るわれた時代から、現在の巨大企業による熱心なロビー活動――「言論の自由」を行使する個人と同様に合法的な扱いを受けていた――まである。アメリカの政治システムは、常に法人利益と政治的利益のつながりを守ってきたのだ。

　アメリカの民主主義社会において、ウォール・ストリート〔大企業〕がメイン・ストリート〔中小企業〕を呑み込むことへの懸念はもはや昔の話だ。財界の大物実業家と議会メンバーは、〔深層国家《ディープ・ステート》のことなど〕陰謀めいた戯言だと片づけてしまうだろう。ところが、説明責任を伴わないビッグビジネスがもたらす権力と闇のマネーは、キャピトル・ヒル〔アメリカ議会〕を悩ませ、一八七〇年代の労働運動から最近の「ウォール街を占拠せよ」運動に至るまで、市民の間に深い憤りを引き起こしてきた。一八九六年の大統領選挙では、当時の悪徳資本家――ジョン・D・ロックフェラー、アンドリュー・カーネギー、J・P・モルガン――らが、共和党の候補者であったウィリアム・マッキンリーに資金を援助し、民主党候補者のウィリアム・ジェニングス・ブライアンを落選させるため、もしブライアンが当選すれば労働者は失業し、工場は閉鎖されると自社の労働者たちの不安を煽った。結局、マッキンリーは大統領となるが、五年後に暗殺された。金権政治家たちは、新大統領となったセオドア・ローズヴェルトという強敵にぶつかった。彼は「見せ掛けの政府の陰には目に見えない政府が君臨し、国民に対する忠誠も責任も有していない[*16]」と、声高に語った初めてのホワイトハウスの宿主となった。

　このように、アメリカ版「深層国家《ディープ・ステート》」を誕生させている企業と政治アジェンダとの秘かな結婚に衝撃を受けるかもしれないが、さほど驚くことはない。アイゼンハワー大統領が離任演説で「軍産複合体[*17]」と呼んだものの不健全な影響について、国民に警鐘を鳴らしたことは有名な話だ。軍産複合体とは、軍部と武器を供給する産業界、その動きを監視する議会との間の、「深層国家《ディープ・ステート》」内部の提携同盟である。それは企業による政治家への献金、議会による軍事費の承認、官僚政治を支持するロビー活動、産業界に対する政府の柔軟な行政指導がうまく循環する無限ループとなる。

　利害の対立はありふれた光景であるが、退役した将軍や提督たちが「ベルトウェイ・バンディット」社〔武器販売コンサルタント〕の取締役会の一員になることを阻止することはできない。これらの企業はワシントンの環状高速道路沿いに立ち並び、ペンタゴンに装備品を売りつける。退役軍人たちは、儲けの多い軍事契約の商談を前進させる手助けをしている。その結果、「もっと多くのF‐35、もっと新しい航空母艦」――歴史上、最も高価だが最も無用な兵器――という事態を招き、「第三のオフセット戦略」という金食い虫となっている。結局、軍産複合体という「深層国家《ディープ・ステート》」は、対外政策の軍事化を推し進め、世界平和にとって問題を投げかけている。

「深層国家《ディープ・ステート》」の懐疑論者が好む手口は、一部の常軌を逸した過激派の考えとして一笑に付してしまうことだ。だが、アイゼンハワーの演説の信頼性は無視できない。彼は大統領職を二期務めた五つ星の退役将軍であり、第二次世界大戦の英雄――彼に匹敵する権威は他にそういない――だった。アイゼンハワーが軍産複合体の描写に用いた言葉は、今日の「深層国家《ディープ・ステート》」についての考えと酷似している。「我々は軍産複合体による……不当な影響力の獲得を防がなければなりません」とアイゼンハワーは語り、「あってはならない権力が台頭する潜在的可能性が存在し、これからも存在し続けるでしょう」と付け加えた。アイゼンハワーの離任後、どういうわけか軍は議会の承認を得て、軍の最高学府である武器調達戦争大学の名称を彼にちなんだ名称に変えた。「深層国家《ディープ・ステート》」はどうやらユーモアのセンスがあるようだ。[*18]

それ以来、アメリカの「深層国家《ディープ・ステート》」に対する警告が幾度か繰り返されてきた。マイク・ロフグレンは二八年にわたり議会の補佐官を務め、下院と上院の予算委員会で勤務した後、二〇一一年に退職した。両委員会とも議会で最も力のある委員会であり、三兆八〇〇〇億ドルの政府予算を監視している。補佐官としてロフグレンは、企業と政治課題との曖昧な境界線問題の最前線に立った。退職後、彼は「ペンシルヴァニア通りの端に、我々の目に見えるものの背後に隠されているもう一つの政府がある。それは国を統治する公私の制度が混在した実体である」と語った。[*19]

同様に、法学者のマイケル・J・グレノンは、バジョットが警告した「二重政府」論[*20]を再現している。

グレノンは、憲法にそう書いてあるからといって、議会あるいはホワイトハウスが国家安全保障政策を決定していると思い込んではならないと述べている。実際には、「世論や議会による拘束の影響を受けずに運営されている」国家安全保障制度によってそれは準備されている。このことが、ホワイトハウスの主人が誰であれ、アメリカの国家安全保障政策がほとんど変わらない理由なのだ。

ジョージ・W・ブッシュ、バラク・オバマ、ドナルド・トランプの三人の指導者個人の思想は著しく異なっていても、各政権の対外政策が不思議なほど一貫していることを観察できれば、グレノンが抱いた懸念を理解できるだろう。海外におけるブッシュの軍事的冒険主義に対するオバマの非難は、彼の選挙運動の中心をなしていた。当選後、彼は方針を転換し、大部隊を「増派」してアフガニスタン戦争を拡大し、海外でのドローン攻撃や民間軍事会社の利用を増大させ、有権者に衝撃を与えた。

やがて、トランプ候補は、オバマのシリアとアフガニスタンへの介入を取り上げ、同地域からのアメリカ軍の撤退とNATOからの脱退を求めた。その後、トランプ大統領は三つの問題すべてで方針を転換し、支持者を驚かせた。〔その理由についての〕トランプの唯一の説明は、事態は「大統領執務室《オーヴァル・オフィス》の机に座ると、全く変わってしまう」[*21]というものだったが、この説明では十分ではない。形式上、誰が権力の座にあるかとは関係なく、「深層国家《ディープ・ステート》」は独自の磁石が示す指針に向かって運営されるのである。

では、何がなされるべきであろうか？　「腐敗したビジネスと腐敗した政治の癒着を解消せよ」と、テディ・ローズヴェルト〔セオドア・ローズヴェルト〕は一世紀前に呼びかけた。[*22]アイゼンハワーは二〇世紀半ばにこれに同意し、「我々の自由と民主主義のプロセスを危険にさらす」というあってはならない権力の勃興を防ぐことができるのは、「警鐘と博識な市民だけ」であると語った。[*23]これは実際には生じていないが、起こる可能性はある。いずれにせよ、アメリカの「深層国家《ディープ・ステート》」は企業と政治の癒着を強める方向に作用してきた。その画期的出来事が二〇一〇年の最高裁重要判例「シティズンズ・ユナイテッド対FEC判例」である。

それによると、法人による政治献金を個人の言論の自由の一部と見なすという判決が示され、それまでの数十年来の憲法解釈を覆した。しかし合理的に考える者なら、膨大な資源を持ち、単一争点の実現に向けて突き進む法人が、個人と同じ権利を有するという解釈に同意しないだろう。法人は人民ではない。しかし、そうした法人と政治家の二重のらせん構造が、アメリカの権力構造のDNAを形成しているのである。「深層国家《ディープ・ステート》」は存在する。その剝き出しの権力は〔形式上の〕国家が衰退するにつれ、ますます露わになる。「アラブの春」の抗議者たちが気づいたように、「深層国家《ディープ・ステート》」が正体を現すようになれば危険だ。「深層国家《ディープ・ステート》」が脅かされると、穏やかな夜に静かに消えてゆくようなことにはならない。「深層国家《ディープ・ステート》」は攻撃する。「慢性的無秩序」を加速する力の一つとなり、それを経ることで他の強力な国家は将来、イラン、トルコ、エジプト、中国、ロシアと同じ道を辿るだろう。

国家が衰退するにつれ、新しいタイプのプレーヤーが現れる。その一部は、地域のスーパーパワーになる。こうした変動は、誰が国際関係で影響力を持つかを根本的に変え、二一世紀の後半には世界秩序をひっくり返してしまうだろう。

ルール8　「国家の関与しない戦争」の時代がやってくる

アカプルコは、かつて地上でもっとも魅力に溢れる場所だった。ハリウッドの人々は、太陽の輝くビーチ、遠洋フィッシングを目当てに、そして自分自身を見てもらうことを期待して、このメキシコの海岸都市に集まった。純情派女優リタ・ヘイワースが夫オーソン・ウェルズと共にエロール・フリンのヨット上で二八歳の誕生日を祝った。そこはＪＦＫとジャッキーがハネムーンを過ごした場所であり、フランク・シナトラが民衆から身を隠した場所だ。ジョン・ウェインや他のスターたちは、ロス・フラミンゴ・ホテルをプライベートな保養地として購入し、ゲイリー・クーパーやケーリー・グラントといった友人たちを断崖上のそよ風を浴びるために一緒に招待した。ザ・ザ・ガボールは裸でプールに飛び込み、センセーションを巻き起こした。エリザベス・テイラーは三番目の夫マイク・トッドとアカプルコで結婚し、デビー・レイノルズが花嫁の付添い役を務めた。レイノルズは、この街が「輝いていた」と思い出を語っている。[*1]

今日のアカプルコは戦場である。[*2] あらゆる戦場地帯と同じく、そこには数多くの死体がある。二〇一六年、人口一〇万人あたり一一三名が殺され、世界で三番目に危険な街となった。その数字は、アメリカで殺人の多い都市セントルイスの二倍である。

アカプルコは、「国家の関与しない戦争」が交差する場所だ。そこはアメリカ行きコロンビア産のコカインや他の薬物の中継地であり、麻薬カルテルとの戦いにとって戦略的に重要な場所でもある。メキシコ政府が街をコントロールしていると主張する者もいるが、それは誤りだ。数年間、「ナルカプルコ」（こう呼ぶ者もいる）〔Narcotic（麻薬）とAcapulcoを合成した造語〕は、ベルトラン・レイバ兄弟によって支配されてきた。邪魔する者は誰であれ「消された」――だから、誰も彼らの邪魔をしない。

「ベルトラン・レイバがしていることは、薬物の売却だ」と、エヴァリスト――現地の住民は報復を恐れて、ファーストネームしか名乗らない――は語る。「でも彼らは、我々に手を出さない」[*3]。

ベルトラン・レイバは、国際犯罪シンジケートである強大なシナロア・カルテル[*4]のために働いている。もし多国籍の法人とテロリストの武装組織が結託すれば、麻薬カルテルが誕生するだろう。そのカルテルは、コロンビアやペルーの高原で一キログラムのコカインを約二〇〇〇ドルで買い付け、海外市場で一〇万ドルの高値で売りつける――四九〇〇パーセントの収益率だ。それもコカインだけで。シナロア・カルテルは多様な経営事業を縦割りで行い、マリファナ、ヘロイン、メタンフェタミンも栽培し、輸出している。この麻薬組織のＣＥＯは、ホアキン・〝エル・チャポ〟・グスマンで、ビジネスに精通した残酷な殺人者だ。『フォーブス』誌の世界のトップ富豪一〇位に掲げられ、メキシコで最も影響力のある男として伝えられている。アメリカのインテリジェンス・コミュニティは、シナロア・カルテルを「世界で最も強大な麻薬密輸組織」と見なしている。

その後、セタス〔メキシコの麻薬カルテル〕が入ってくる。ＳＥＡＬｓの一団がならず者になり、麻薬カルテルに武器を提供する場面を想像してほしい。それは一九九〇年代にメキシコで起きたことだ。メキシコ軍の特殊部隊が軍務を放棄し、世界四大陸で巨額の事業を展開するガルフ・カルテル〔一九三〇年代に設立され、現存する組織としては、メキシコ最古の麻薬犯罪組織〕の用心棒となった。やがて、用心棒たちはガルフ・カルテルから飛び出し、ロス・セタスとして知られることになる独自のカルテルを結成した。斬首、奇怪な拷問、無差別殺人など、彼らの残忍な手口は通常のカルテルの基準に照らしても過激であり、収賄よりも残虐性を好む彼らの性格を示している。アメリカ政府はセタスを「メキシコで活動する最も先進技術に優れ、洗練され、危険なカルテル」[*5]と呼んでいる。

すでに君臨している麻薬カルテルのスーパーパワーと新興カルテルとの戦いは避けられず、アカプルコはその発火点となった。二〇〇六年、切断された首は波で運ばれ、日光浴をしていたメキシコ人の女性と、恐怖で怯える二人の子供の隣に漂着した。それは、その夏に起きた抗争で生じた斬首された六体の首と、まるで処刑のような殺人、そして手榴弾攻撃の一部だった。カルテルの暗殺団同士の真昼の戦闘が街頭で勃発し、ときには警察を巻き込んだ。ラ・ガリータの近郊で起きた戦闘では、燃え上がる車と多数の死体が置き去りにされた。

「それがすべての始まりだった」と、エヴァリストはシャッターの降りた商店と焼けただれた建物を指さしながら語った。

まもなく、メキシコ政府は麻薬カルテルに宣戦布告し、カルテルと軍が公然と戦うアカプルコなどの戦闘地帯は、あたかも第三次世界大戦になだれ込んだようだった。政府軍は勝利よりも敗けるほうが多かった。しかし二〇一四年、政府軍はエル・チャポを捕らえた。しかし、彼は一マイル〔約一六〇九メートル〕の長さのトンネルを抜けて刑務所から脱獄した。一年後、彼はメキシコ海兵隊との銃撃戦で再度捕らえられ、アメリカの刑務所に収監された。それ以来、シナロア・カルテルは分裂した。エル・チャポの側近同士の内紛がアカプルコなどの街を破壊している間、ライバルのカルテルはシナロア・カルテルの縄張りを分割してしまった。結果は、さらなる戦争だった。

メキシコの麻薬戦争は一〇年以上も長引き、政府は無力をさらけ出し、事態を食い止められないでいる。流血の事態は二〇一七年に記録的水準に達し、月間の殺人件数はこの二〇年間の中で最高潮に達した。毎日、新たな死体が街頭に残され、カルテル同士の銃撃戦で二〇人から三〇人の犠牲者が出た。以前の暴力事件はメキシコの一握りの州に集中していたが、二〇一七年になると、三一州のうち二七州にまで拡大し、前年と比べ、殺人事件の発生件数は上昇している。「それはもう、アフガニスタンやそこらと変わらない よ。「暴力ばかりだ」と、あるアカプルコ住民が言った[*6]。

カルテル戦争が始まると、警察の出番はなくなった。ほとんどの暴力はカルテル同士の対決で、偶発的に民間人の死者が出た。こんなことは本来、受け入れられるものではなかったが、他のあらゆる戦争と同様に、次第に受け入れられていった。麻薬戦争では残忍性が常套手段である。テロリストと似ている。敵戦闘員の斬首された頭部や、拷問で傷んだ遺体は、敵対するカルテルのメンバーに対する警告となる。時折、その頭部が警察官のものだったりする。余計な手出しはせぬよう当局に対する警告であるが、麻薬戦争ではライバル組織を打倒することに焦点があてられ、〔矛先は〕警察ではない。

メキシコ政府はいったい何をしているのだろうか？　政府はマイナーアクターとして脇に追いやられた。〔メキシコ政府による〕カルテルに対する厚かましい宣戦布告は、何も生み出さず、無益なジェスチャーに終わった。それ以来、カルテルは一段と勢力を拡大し、組織間の抗争は激化した――こうしたことすべてが政府の無力をさらけ出していた。理論上は、政府がメキシコにおける主権的権威者である。しかし実際は、カルテルが支配している。唯一の問題は、将来、誰が国を支配するか、ということだ。

カルテルにとって国家は戦利品であり、打ち負かすべき力の実体ではない。国家をうまく操ることができるとき、どうして頂点にいたる道を自ら閉ざす必要があるだろうか？　「警察と軍部は、麻薬取引にしばしば加担している」と、ある専門家は言う。「莫大な量の麻薬が、軍がコントロールする地域から流出（おそらく現金も流入）している」[*7]。買収は個人に限らず、制度全体を覆い尽くし、賄賂を拒絶した役人は殺された。このようにしてカルテルは国家を奪う（「麻薬国家《ナルコ・ステート》」という語の由縁はここにある）。ラテンアメリカの多くの国は、実際、麻薬国家である。

政府の無力さにうんざりし、自分たちの手で問題に取り組む市民もいる。カルテルは脅迫によって農村地帯を支配し、住民に強奪という「課税」を行っている。メキシコのミチョアカン州の農民たちは自ら武器を取り、カルテルメンバーの殺害を開始した。それから数カ月以内に、自警団員たちは突撃銃を手に軍隊式の襲撃を行い、街の周囲に非常線を張り巡らせ、エリア内から麻薬を一掃した。見つかったカルテルメンバーは、みな殺された。

「この住民たちは、コミュニティに生じた空白を埋めている」と、あるジャーナリストは語った。「軍はこの地で、七年間にわたり数千人の兵士で犯罪組織と対決を試みてきたが、実際には何も果たせなかった……この地における政府軍と政府の努力の有効性の欠如は、告発に値する」。[*8]

メキシコは「国家の関与しない戦争」の一つの例であり、将来には、そうした例がますます多くみられるだろう。麻薬カルテルは、地域の支配権をめぐって互いに争い、国家は脇に追いやられ、ゾンビがうろつく麻薬国家になり果てる。

残念ながら、現代の戦略家たちはそうした紛争について考察する用語《ボキャブラリー》を持っておらず、彼らが「敗ける」理由になっている。一〇年ほど戦いが続いた後、メキシコ政府はカルテルの阻止に失敗し、暴力は手に負えない状況になっている。アメリカもまた失敗し、四〇年間にわたって、いわゆる「麻薬戦争」に一兆ドルを費やしてきた。[*9] ナンシー・レーガン〔第四〇代アメリカ大統領ロナルド・レーガンの妻で、一九八一年から一九八九年までアメリカのファーストレディ〕による「ただノーと言おう」キャンペーン以降も、カルテルの勢力は拡大した。なぜか？　それは〔カルテルを打倒するための〕資源が欠如していたからでも、政治的意志が欠如していたからでもなかった。むしろそれは、戦争の本質に関する想像力の欠如にあった。

政策決定者たちはメキシコの麻薬戦争のことを「麻薬戦争《ウォー・オン・ドラッグ》」と呼んでいるにもかかわらず、実際の戦争であるとは認めなかった。彼らにとって、メキシコはミュージカル『ウェストサイド物語』のようなもので、街のギャングたちとの決闘に悩まされているという感覚だった。[*10] 彼らの解決策とは治安取締り対策であり、そこが問題だった。「麻薬戦争」を現実の戦争ではなく、法執行活動であると見なしたのだ。数十年間にわたり負け続けたのも無理はない。取締りの強化、新たな捜査テクニック、法律の改正など、どれを取っても、この新しいタイプの戦争に勝つための解決策とはならなかった。真の解決法は、戦争を再考し、考え方を変えることだ。これを行ってこそ、解決策はおのずと明らかになるだろう。

麻薬戦争は、我々に現代の紛争について教えてくれる。第一に、なぜ、我々はある武力紛争を「戦争」と見なし、他の紛争を「犯罪」とみなすのか？　二〇一六年、メキシコは世界で二番目に凄惨な紛争地域であったが、メディアの見出しを飾ることはほとんどなかった。シリア、イラク、アフガニスタンが報道リストを独占していたが、メキシコの麻薬戦争は二万三〇〇〇人の命を奪った――内戦の結果、五万人が命を落としたシリアに次いで二番目。[*11] イラクとアフガニスタンの戦争では、それぞれ一万七〇〇〇名と一万六〇〇〇名が亡くなっていた。

こうした事実にもかかわらず、いまだに我々はメキシコが戦争状態にあるとは考えていない。それは、ばかげたことだ。カルテルは人を殺し、ＩＳＩＳがやったような身の毛もよだつ処刑ビデオを制作しているが、世界はあくびをしている。麻薬戦争はテロリズムのように流血を伴い、アメリカなどの国にとって大きな脅威となっているが、戦争と見なされていないために無視されている。「戦争」というラベルには、他の武力紛争の形態とは認めない奇妙な権威づけの効用があり、国際コミュニティは犯罪の波を押しとどめることよりも、戦争を終結させるための政治意志と資源をかき集めることを重視する。犯罪者の逮捕を理由に、ノーベル平和賞を受賞した者はいない。「戦争」と「犯罪」との非合理な区分が、メキシコ人を日々死に追いやっているのである。

第二に、カルテルは街頭のギャングではなく、地域のスーパーパワーである。「カルテル」という用語は、とてつもなく誤った名称だ。それはビジネス上の癒着や価格設定を連想させ、実体を何も反映していない。メキシコのカルテルは決着がつくまで徹底的に戦い抜く。さらに、彼らは単なる「不正な取引」以上のことを行っている——麻薬帝国である。彼らの帝国の国内総生産（ＧＤＰ）は他の多くの国よりも大きく、アメリカ司法省によると年間三九〇億ドルにのぼる。[*12] 個別のカルテルを合算するとＧＤＰは世界九三位で、アイスランドやボリビアよりも高い。その活動は大陸をまたぎ、『フォーチュン５００』誌に掲載されている合法的ビジネスとは異なり、二〇〇八年の不況期においても繁栄を続けた。

カルテルは、世界の新たなスーパーパワーの一つの例である。カルテルを打倒するため、法執行活動だけでなく、国力のすべてを投入しなければならない。それは我々がテロリストやその他の脅威に対して取り組んできたことだ。

第三に、カルテルは戦争を始めると、まるで帝国のように戦う。土地、そこに埋蔵されている資源、その資源を収穫する住民の支配をめぐり互いに争う。それは全くの搾取であり、欧州の植民地帝国時代に行われたことだ。物質的な富と武力による征服は、スペイン人のコンキスタドール〔征服者の意。一六世紀にメキシコ、中央アメリカ、ペルー文明を征服〕からイギリスの東インド会社までの長い間、戦争のテーマであり続けてきた。利益の動機と戦争が結びつく現象は何ら新しいことではなく、カルテルはそれに追加されたもう一つの例にすぎない。アカプルコのケースでは、カルテルは戦略的中継地を確保するために戦ってきた。カルテルを打倒するため、封じ込め、抑止、強制外交、軍事的懲罰など、麻薬帝国を阻止する戦略を採用しなければならない。ナチ帝国は、法執行活動のメンタリティで打倒されたわけではなかった。

最後に、なぜ我々はカルテルの用心棒たちを殺し屋と見なすのだろうか？　カルテルは分権化された民兵組織によって運営され、各組織は独自の階級構成と内部規律を抱えている。「ハルコン」（またはハヤブサ）として知られる下層のメンバーは、敵のカルテルや政府の治安部隊を警戒する街中の耳目となっている。シカリオ（*Sicario*）〔スペイン語で「殺し屋・暗殺者」の意〕は歩兵であり、襲撃、待ち伏せ、暗殺、誘拐、窃盗、恐喝、プラザ（縄張り）防衛の役割を果たす。ルガールテニエンテ（副隊長）は、一区画の領地を統治し、内部規律を維持する。このようにして、カルテルの正義は厳格に守られているのだ。トップにはカポ（麻薬密売組織の幹部団）がいて、重役のように組織全体の活動を監督する。幹部団はテリトリーごとに指導者を任命し、さまざまな組織と連携し、人々の目を惹くような襲撃プランを立てる――歴史上の王のように。このような麻薬武装組織にメキシコ軍では相手にならず、ラテンアメリカ諸国の軍にとっても手に負えない相手かもしれない。我々は民兵組織と戦うための戦略を採用する必要があり、いずれにせよ、それは単なる「警官と泥棒との戦い」という次元を超えている。

思考を怠ると痛い目に遭う――人命、財産、国際的威信を台無しにする。だが、そうした思考の怠慢は、過去四〇年間にわたるアメリカの麻薬戦争戦略を支配してきた。それが我々が敗け続けてきた理由である。カルテルを国内犯罪組織として扱ってきた我々の立場は、重要なポイントを見落としている。我々は新しいタイプの戦争に直面しており、そこでは国家が脇に追いやられている。これらの戦争で、ラテンアメリカ諸国の政府はカルテルに屈服してきた――これは戦争だった。

犯罪ネットワークは、世界じゅうの多くの地域で国家に取って代わり、戦争を始めるだろう。アカプルコはその単なる一例にすぎない。通常戦の信奉者たちは、こうした紛争が正規戦に見えないため、そのことに気づいていないけれども、そうした理解は我々を危険にさらす。もし我々が勝利を欲するのであれば、戦略的思考の中に「国家の関与しない戦争」という概念を取り込まなくてはならない。

戦争の再定義

専門家たちは、戦争とは何かを理解していない。ハイブリッド戦、ノンリニア戦、積極工作《アクティブ・メジャー》、「グレーゾーン」の紛争といった用語が議論で取り上げられるたびに、さまざまな業界用語が現れては消える。これらの用語の意味をめぐっては、非通常戦の一断面を語っているという以外にコンセンサスはない。だが、それさえ疑わしい。先述したように、通常戦対非通常戦という区分はない――あるのは「戦争」だけである。「通常戦」というものは、「ゲリラ戦」や「心理戦」が特殊であるのと同様、他とは明確に区分される一つの戦いの形態なのだ。

ただ一つ、専門家たちが同意しているのは、こうである。つまり「戦争」と見なされるためには、ある武力紛争は純粋に政治目的を達成するために戦われているはずであり、これが麻薬戦争が戦争に数えられない理由とされている。物質的利益を求めて戦うことは、どこか卑しいことで、戦争以下の行為であると考えられる。それゆえ、カルテルは犯罪者集団と見なされ、〔政治目的のために戦われる戦争より〕低次元の治安問題であると片づけられるのである。「海賊のような犯罪行為を阻止するための武力の行使は、戦争ではない」と、ある専門家は述べ、続けて「なぜなら、海賊は政治目的ではなく、物質的利益を求めているからだ」と主張している。[*13] この見解は将軍、学者、辞書など、さまざまな観点から考察された結果であるが、それは間違っている。

物質的利益と政治目的は、長きにわたり戦争と結びついてきた。カルテルが最初なのではない。ローマ人は既知の世界を征服し、一〇〇〇年にわたって栄華を誇った。マウリヤ帝国は軍事戦略と経済理論を統合し、古代インドでローマ人と同じことをした。その考えは『実利論』の中に収められ、欧米以外の考えとして今日も学ぶことができる。欧州の大国は、一四〇〇年代から一九五〇年代にいたるまで――ほぼ六世紀――黄金、神、栄光を求めて地球上を植民地化した。彼らはこれを征服戦争と考え、先住民たちを支配した。中国でのアヘン戦争は、外国人を犠牲にして欧州の経済利益を求めたものであり、現代の麻薬戦争との類似点が多い。スペインのコンキスタドールの残忍さは伝説的であり、イギリスは「太陽が沈まず、血が乾くことのない帝国」であると言われた。

カルテルもそれと変わらない。麻薬戦争は金のためだけではない。過去の植民地戦争のように、領土を確保し、資源を採取するために戦われる。これには統治、課税（強奪）、戦略が必要である。カルテルの手口は残忍であるが、それは国家の手法とも言える。イギリスは残虐行為を手段としてインド亜大陸を植民地とし、その過程で住民を大量虐殺した。イギリスの行為があまりにも残虐であったため、インド兵士は一八五七年にセポイの反乱で反旗を翻し、民衆暴動に火をつけた。アメリカは銃口で脅しながら西部フロンティアの開拓を進め、軍隊を使ってアメリカ先住民を駆逐し、殺害しながら、白人の入植者たちは土地を奪っていった。一八九〇年、第七騎兵隊はサウスダコタ州のウンデット・ニーで、男、女、子供を含む一三〇人から二五〇人のスー族を虐殺した。アメリカのインディアン戦争では、一八三〇年から一九一一年にいたるまで数多くの虐殺が生じている。これに比べると、カルテルの方が抑制が効いている。

戦争はさまざまな理由から始められるが、裕福になることもその理由の一つだ。これを聞いて驚く者はいるだろうか？　戦争のエキスパートたちは、そうだろう。彼らは歴史的記憶を選択し、不都合な歴史を無視する。それに対し、エコノミストたちは戦争をありのままに見ている。富の獲得は政治目的と同様、常に戦争の目的であった。エコノミストのミルトン・フリードマンは「政治的利己主義は、経済的利己主義よりもいくぶん高潔であると言えるだろうか？」[*14]と問うている。「戦争は純粋に政治的理由によって戦われる」という考えは間違っている。

戦争のエキスパートたちの誤解に伴うもう一つの問題は、「誰が戦争を開始するのか」というものだ。これは重要である。なぜなら、「戦争」というラベルには多少の正当性が含まれているからである。[*15]さもなければ、これまで考察してきた紛争は単なる大量虐殺になってしまう。ほとんどの専門家たちが前提にしていることは、国家が――そして国家のみが――正当性のある戦争を遂行する特権を有している――ウエストファリア思想——ということだ。国家が非国家主体と戦う紛争は、非通常戦《ノンコンベンショナル・ウォー》あるいは「小規模戦争《スモール・ウォーズ》」と呼ばれるが、一九世紀に逆戻りしたかのような愚弄した言葉だ。「国家の関与しない紛争」は戦争とは見なされない。だが、アカプルコの例が示すように、「国家の関与しない戦争」は存在する。

戦争は、多くの戦争専門家たちの理解を超えて進化している。通常戦は公衆電話のように過去の遺物となり、現代戦の死者は圧倒的にシビリアンであることが研究によって明らかにされている。[16]その多くが真の犠牲者であるが、軍服を着用せず、通常戦を戦っていない戦闘員たちも多い。いったい、誰が戦争を戦っているのか？　それは第二次世界大戦のような国民国家ではない。むしろ、世界の新しいクラスの権力者たちであり、そうした紛争の多くは「国家の関与しない戦争」の実例となっている。麻薬戦争はその一例だ。

もうひとつの例はルワンダで起きたジェノサイドであり、九〇日間で八〇万人が命を落とした紛争である。[17]それは、イラク戦争の八年間で殺された死者数の七倍である。このアフリカで起きた戦争は、いかなる意味においても「通常戦《コンベンショナル》」ではなかった。伝統的な戦闘隊形が取られることなく、主要兵器はレイプとマチェーテである。銃弾に倒れた犠牲者は、まだ運が良いほうだった。国連がそうであったように、戦争法は無力だった。交戦主体は国家ではなく、フツ族とツチ族という二つのエスニック集団だった。関わりのある国は、名ばかりの国家だった。この種の戦争は、伝統的な軍人から見てきわめて異質であり、自分たちの考えに合わせるため、紛争に「国家」——ルワンダ——というラベルを貼らねばならない。しかし、この紛争のどこにも国益はなく、ルワンダ、ブルンジ、ウガンダ、コンゴ民主共和国の四カ国を巻き込んだ。驚いたことに、専門家たちはこれを「戦争」と呼ぶことを拒み、このことからも彼らの通常戦バイアスは非常に強いことが分かる。おそらく彼らは、ルワンダの紛争を「例外的な八〇万人殺人事件」と考えたにちがいない。

伝統主義者は「国家の関与しない戦争」のことなど思いもよらないだろう。たとえ我々の身の回りで起きていてもだ。ある者は「国家の関与しない戦争」を無視して安穏とし、単なる大量殺人と見なすべきだ――本末転倒な考え――と語る。別の者たちはエスニック紛争と見なし、戦争とは呼ばないが単なる殺人以上のものだということを認めている。「内乱」(insurgency)から「人民の中の戦争」(war among the people)まで、多くの散文的用語が戦争という地獄の世界を描写するために作られてきた。アフリカの戦争のほとんどは、ぼんやりしたカテゴリーに入れられているが、世界の戦争の多くがアフリカで起きているのだ。だが、アフリカを研究する戦争エキスパートはほとんどいない――随分と奇妙な見落としではないか。

アフリカは我々に戦争の未来を垣間見せてくれる。そこには、通常戦タイプの国家間戦争などない。ダルフールの住民たちを虐殺したスーダンでの戦争のように、時折、国家が交戦主体になることもある。ダルフールでは五〇万人が根絶やしにされ、村全体が焼かれた。麻薬戦争のように、国家は奪い取られる戦利品である。アフリカの軍閥指導者の中には、国家を奪い取って大統領となり、生涯にわたり権力の座にとどまる者もいるのだ。

名ばかりの国家の内部で戦争が起きている。ソマリアや中央アフリカ共和国での紛争は、そのカテゴリーに該当するが、そこに国家は実在しない。我々は地図上の国名を見てそう呼んでいるだけである。コンゴ地域は国家の関与しない、もう一つの戦争の発祥地である。第二次コンゴ戦争は、公式上は二〇〇三年に終結していることになっているが、今日にいたるまで紛争は猛威を振るっている。コンゴ軍は弱体で、国連は駐屯基地から外に出ることはない。では、誰が戦争を遂行しているのか? 新しいタイプの権力者たちである。コンゴ戦争は地上で最も流血が多く、五四〇万人が死亡し、アメリカが関与したイラクとアフガニスタンにおける戦争の死者数の何倍もの多さである。[*18] アフリカの戦争は、中東の紛争をまるでボーイスカウトの催し物のように見せてしまう。しかし、専門家たちは国家が関与しないという理由だけで、それらを戦争とは見なさない。

中東の戦争は、国家を分析対象から外せば、理解がより容易になるだろう。二〇一四年にＩＳＩＳがイラクじゅうを席巻したときの画像を覚えているだろう。後部に重機関銃を備え付けた軽トラックの車列が、砂漠の中を進軍する。黒の衣服を着たテロリストたちが民家を一軒ずつ回り、『コーラン』について尋問する。重要な一節を暗誦できなかった住民は、後頭部を撃ち抜かれる。何の理由もなく撃たれた者もいる。イラク政府軍はＩＳＩＳの黒旗を見るとすぐに武器を放り投げ、軍服を脱ぎ捨て逃亡した。その後に待っていたのは、礫、斬首、窓外放出、性奴隷としての女性や少女の人身売買、シーア派の虐殺など、身の毛もよだつ出来事だった。

欧米にとって、これは説明のつかない戦慄すべき出来事だった。直接巻き込まれた人々にとって、これは戦争だった。実際のところ、これは古くから続く戦争だった。スンニ派とシーア派のムスリムは、ムハンマドの死後、誰が彼の忠実な後継者となるかをめぐり、ずっと戦ってきた。この紛争は一四〇〇年間にわたり盛衰を繰り返し、この闘争の最近のプレーヤーがＩＳＩＳなのだ。国家はこの長い戦争に後れて登場しただけであり、麻薬戦争における国家と同様、その多くは、より大きな地域紛争の中の単なるツールにすぎない。それゆえ、イラクやシリアなど、たった一国で勝利したところで「国家の関与しない戦争」では何の解決にもならない。

中東における戦争で、国家は二次的存在であり、真の交戦主体は国境をまたいで存在するスンニ派やシーア派の住民である。シーア派はイランのアーヤトッラー〔高位の宗教学者〕に率いられ、その領域はレバノン、シリア、イラク、イエメン、バーレーンの一部にいるシーア派住民——「シーア派の三日月地帯」——を取り囲んでいる。それを押し返そうとするのが、サウジの王族に率いられたスンニ派連合であり、湾岸諸国、ヨルダン、北アフリカ、パキスタン、そしてアジアの信徒との結びつきがある。住民グループは政府の政策とは関係なく、この戦争に関与している。レバノンやイラクのような一部の国は、かなりのスンニ派およびシーア派住民を抱え、政府を脇に追いやったまま互いに戦っている。イスラエルはそれを黙って見ている。イラン・イラク戦争の開戦前夜、また新たなスンニ派対シーア派の殴り合いが始まろうとしていたとき、イスラエル首相のメナヘム・ベギンは「双方の交戦者に幸運と成功を祈る！」[*19]と語った。

通常戦的マインドに頼っていては、国家しか見えず、肝心な問題点を診断しないため、常に「国家の関与しない戦争」に敗けてしまう。中東戦争の最前線は、イスラエルからシーア派三日月地帯を通ってイエメンに通じる。それは複数の戦線を有する単一の戦争なのだ。ところが、通常戦的マインドでは、各国の紛争を個別の戦争と見なす。一つの戦争を戦うために一つの戦略を用意するのではなく、複数の戦略――一国ごとに一つの戦略――を作ると相互に行き違いが生じる。例えば、アメリカはイラクにおいてイラン軍と共にＩＳＩＳと戦う一方で、イエメンではイランが支援するフーシと戦っている。こんなことでは、誰も戦争に勝てない。これはアメリカ軍の落ち度ではない。政府上層部の戦略的思考の失敗であり、上層部に助言する専門家たちの失敗である。

戦争とは何か？　戦争とは武力による紛争であり、それ以上ではない。政治とは国家のみに固有の管轄領域ではないし、戦争は国家と非国家の双方によって遂行される。戦争は純粋な政治的理由に加え、さまざまな理由から遂行される。経済的利益、宗教上の信仰、アイデンティティ、文化、名誉、復讐……何でも理由になりうる。そして我々はあらゆるものに備えなければならない。「通常戦対非通常戦」などという区分はなく、あるのは戦争だけだ。戦争を煙のように考えてみてはどうか。常に移ろい、絡み合い、漂う。硬直した見解に固執する戦略家たちは、戦争の変幻自在な性質に翻弄され、戦略的奇襲を受け、敗北を味わう。兵士たちがよく口にするように、敵は〔住民から〕票を集めている。未来の戦争を理解するには、我々は「戦争」「犯罪行為」「大量殺人」といった粗雑なラベル貼りを乗り越えなければならない。それらの倫理的基準は曖昧なため、明確な区分を受け付けないのである。

プライベート・ウォー

新たな種類の非国家的パワーに加え、傭兵の台頭がプライベート・ウォーを生み出している。プライベート・ウォーとは、現代の軍隊が戦い方を忘れてしまった古代の戦争形態である。それは文字通り、戦争の市場化の産物であり、武力は他の商品のように売買される。こうした現象は、我々がすでに気づいているように、戦争を変化させる。

戦争の民営化は、戦い方を劇的に変える。紛争が商品化されれば、市場の論理とスークの戦略が戦争に適用される。スークとはアラブ世界の自由市場であり、プライベート・ウォーがいかに機能するかをイメージする格好の例となる。スークでは、あらゆるものが売りに出され、交易の対象となる、何でもありの世界だ。騙し、詐欺、厳しい駆け引きが当たり前の世界だ。だからこそ価値があり、レアな掘り出し物やエキゾティックな骨董品にありつける。思わぬ宝物を手にできるかもしれない。しかも安値で――万事抜かりなければ。さもなければ、騙し取られてしまう。この規制なしの空間は、アマチュア向きではない。返金、返品、交換品はなしだ。そこには街を知り尽くした買い手だけが参画できる。最高のアドバイスは昔ながらの「買い手の責任負担」だ〔売り手が保証する場合を除き、購入する商品の品質を評価する責任は買い手のみが負うという原則〕。戦争の文脈に置き換えると、マキアヴェリが警告しているように、その影響は深刻である。

実際のプライベート・ウォーはどのようなものか？　それは傭兵の戦い方に近い。そもそも雇われ兵士たちは職を失うことを望んでいない。一四世紀イタリアのフランコ・サッケッティ〔イタリア・ルネッサンス期の作家。一三三〇年頃―一四〇〇年頃］は、プライベート・ウォーの倒錯した様子を伝えている。

二人のフランシスコ会修道士は、要塞の近くで傭兵隊長と出会った。「あなたに神の平和が訪れますように」と、修道士はお決まりの挨拶をした。

それに対し、傭兵は「そして、神があなたの施しを奪い去りますように」と返した。

修道士は、そのような無礼な返礼にショックを受け、傭兵隊長に説明を求めた。

「お前たちは、私が戦争で生計を立てており、平和は私の身を亡ぼすということを知らないのか？」と、傭兵隊長は言った。「私は戦争を糧にして生き、お前たちは施しで生きている」。

「そして」と、サッケッティは語る。「傭兵は自分の置かれた状況をうまく管理し、彼が生きていた時代のイタリアに平和はほとんどなかった」[*20]。

戦争の民営化は戦いを根本的に変えることになるが、このことを理解していない通常戦の戦略家たちは自国の軍隊を死に追いやる。第一に、プライベート・ウォーは独自の論理を持つ。クラウゼヴィッツが経済学の父であるアダム・スミスと出会ったようなものだ。利潤追求型の戦士は、政治的考慮や愛国心に縛られない。実際、これこそ彼らのセールスポイントの一つなのだ。傭兵たちは市場のアクターであり、彼らが縛られる制約は戦争法ではなく、経済法則である。その影響は広範囲にわたる。これは我々にリスク含みの新たな戦略的可能性を切り開く。それは財界のCEOたちには知られたものだが、将軍たちにとっては異質なものだ。

第二に、プライベート・ウォーの実態を見ると、戦争開始への障壁は低い。傭兵を雇うということは、クライアントにとって賭博台で自ら血を流さずに戦えるということだが、これはエコノミストたちが「モラル・ハザード」と呼ぶ現象を生み出す。自動車をレンタルするときのモラル・ハザードを考えてみよう。ある人はレンタルした車を粗雑に扱う。自分の車で、線路上を時速一〇〇マイルで走行したがる人はいるだろうか？　大丈夫。あなたは自分の車にそんなことをするはずはない。そんなことをしたら、あなたの車は大きな痛手を被ってしまうだろう。でも、他人の車なら、そんな心配をするだろうか？　あなたは結果に対処する必要はなく、この個人的責任の欠如によって、一部のドライバーの中にマナーの悪さがはびこるのである。プライベート・ウォーについても同じことが言える。傭兵はレンタルした軍隊であり、クライアントは自分の身近な人が血を流すわけではないのだから、戦争開始には無頓着になる。もし傭兵隊長が自らは戦わずに済み、代わりに別の部隊に戦闘命令を出すだけなら、同じように戦闘開始に無頓着になるだろう。プライベート・ウォーの戦士たちは、レンタル車と同様、簡単に処分できる「使い捨て人間」であり、こうした事実は戦争を安易に開始し、長引かせる無謀さを物語っている。

第三に、プライベート・ウォーは戦争を育む。傭兵と雇い主が互いに共生関係になるにしたがい、それは単なる需要と供給の関係になる。その作用はこうだ。傭兵とクライアントは互いを探し求め、価格を交渉し、私的利益のために戦争を始める。こうした動きは、シロップに群がるアリのように他の傭兵たちを惹きつけ、他のバイヤーが自衛のためにこれと同じことをしやすくする。金銭のために働く兵士たちが市場に溢れ、彼らのサービス価格は低下し、新しいバイヤーたちは自分たちのプライベート・ウォーのために傭兵を雇う。このサイクルは、マキアヴェリの時代がそうであったように、地域が紛争で溢れ返るまで続く。

プライベート・ウォーがエスカレートする傾向を強くもつ理由は、それが経済的性質を有するからである。サプライ・サイドに立てば、傭兵たちは職から離れることを望まない。その代わり、傭兵たちには、利益を求めて紛争を開始し、それを長引かせる誘因が働く。失業した傭兵たちは略奪者となる。彼らは生き延びるために地域住民を餌食とし、傭兵サービスの需要を人工的に作り出す。無防備な住民をゆすり、脅迫することもある。そうした歴史的事例は多い。三十年戦争の折、ブランデンブルク・プロイセンを統治していたフリードリヒ・ヴィルヘルムは「我々の［傭兵］部隊は、国家に膨大なコストを課しながら、無慈悲な損害を与えてきたことを我々は知っている」と言明し、「敵であっても、これほど惨いことはできないだろう」と語った。*21

デマンド・サイドから見れば、傭兵の利用可能性の増大により、これまで軍事行動を想定してこなかったバイヤーが、今はそれを選択肢の一つとして使えることを意味する。我々はすでに二〇一五年に多国籍企業や政府、大資産家たちが傭兵を雇っているのを目撃した。それは二〇年前などといった過去の話ではない。プライベート・フォースを利用できる可能性は、そのための資金を提供できる者にとって、武力紛争を開始する敷居を下げ、戦争への誘因を一層高めることにつながるのである。

第四に、武力市場の出現は、政治学者たちが「セキュリティ・ディレンマ」と呼ぶ状況を作り出している。互いに意思疎通していない敵対的な国家同士の軍備競争の場面を考えてみよう。冷戦期、アメリカとソヴィエト連邦は、防衛目的を主とする膨大な核兵器を備蓄していた。アメリカが一〇〇〇発の核弾頭を持てば、ソヴィエト連邦は二〇〇〇発を持ちたいと欲するような状況である。アメリカはさらに三〇〇〇発でやり返し、ソヴィエト連邦はさらに五〇〇〇発を製造した。どちらの国も相手より多くの核爆弾をもたなければ安心できなかった。結局、このエスカレーションは巨大な核兵器庫を作り上げてしまい、何かの誤解が原因となって世界を吹き飛ばしてしまうところだった。実際、冷戦期に少なくとも六回、それに近い危機的状況が起きている。*22

プライベート・ウォーもまた「セキュリティ・ディレンマ」を生み出す。そうした危険な環境の中、バイヤーは純粋に防衛目的で傭兵を確保するかもしれないが、これが裏目に出る。他のバイヤーたちは、そうした傭兵の抱え込みを警戒し、最悪の事態――すなわち、奇襲――に不安を募らせる結果、自己防護のため二倍の傭兵をかき集める。これが最初のバイヤーを刺激し、最悪の事態に備えてより多くの傭兵を雇う結果、やがて軍備競争が生じる。危険なのは、あらゆる当事者が事態をエスカレートさせ、武力を行使することだ。こうした水平的エスカレーションは、戦いを望んでいない人々がいずれ戦う羽目に陥るという「セキュリティ・ディレンマ」を生み出してしまう。プライベート・ウォーは公的部門〔国家の軍隊〕よりも多くの戦闘員を巻き込み、新たな戦争が勃発する機会を増幅させる。

第五に、〔対立する勢力の双方に〕二股をかける裏切りは、プライベート・ウォーでの致命傷となる。傭兵と雇い主の間に意見の食い違いが生じたとき、契約違反の訴えを聞き入れてくれる裁判所は存在しない。代わりに、血と裏切りによって決着をみる。貪欲な傭兵たちは、暴力をちらつかせながら契約の再交渉を迫り、クライアントの資産を分捕ったり、あるいはクライアントの敵から賄賂を受け取ったりする。支払いを怠ったバイヤーは、より強力な傭兵チームを雇い入れなければ、自ら雇った傭兵の手で消されることもある。プライベート・ウォーには戦争法規がないため、市場の失敗は悲惨な結果を招く。

プライベート・ウォーは通常戦と対照をなし、そのため〔通常戦ばかりに備えている〕現代の軍隊はそれに対応できない。実際、現代の軍はプライベート・ウォーを理解さえしていない。矛盾した表現になるけれども、彼らにとって、プライベート・ウォーは「国家の関与しない戦争」である。しかし、そうした前提は危険なほどナイーブである。プライベート・ウォーは、現代の戦略家たちに忘れ去られてきたとはいえ、数千年の間、我々と共に存在してきたものなのだ。武力の自由市場において、ビジネス戦略は軍事戦略を織り交ぜたものとなる。言い換えれば、プライベート・ウォーは政治学よりも政治経済学によって導かれる。こうした意味合いから、通常戦の信奉者たちにとって、プライベート・ウォーを見分けることは難しく、ましてや、それに打ち勝つ戦略を策定することなど思いもよらないことなのだ。

プライベート・ウォーに勝利する

「国家の関与しない戦争」は、すべてではないにせよ、その多くは市場化されるだろう。「国家の関与しない戦争」の一部は、イデオロギー色の強いテロリストや反徒たちによって戦われるだろうが、傭兵の活用が普及するにしたがい、彼らが傭兵に頼る機会も増えるにちがいない。次に示すのは、そうした戦争に勝利するためのいくつかのユニークな戦略である。なかんずく、狡猾《カニング》さはプライベート・ウォーの合言葉である。読者は巻末に掲載している『兵法三十六計』も併せて参照してほしい。

◇バイヤー側（デマンド・サイド）の戦略

- ●敵側につく傭兵に贈賄し、離脱させよ
- ●敵が防御をできなくなるよう、域内の全傭兵を抱き込め
- ●軍事作戦を終了したなら、給料の支払いを拒否せよ
- ●未払いの傭兵を追い出し、殺害するため、より強力な傭兵部隊を短期契約で採用せよ
- ●雇用可能な傭兵をすべて買占め、価格を吊り上げた後、市場にダンピングし、価格を下落させるなどして、戦争の風向きを操作せよ
- ●説明責任や恐喝の材料として、特定の傭兵部隊の市場における評判を貶めよ
- ●その場の判断で臨機応変に特殊部隊チームや攻撃用ドローンなど新たな能力を投入せよ。そうすれば、最大限の作戦上の柔軟性と予測可能性が与えられる
- ●もし資金があるなら、ライバルよりも多額の資金を出資して、際限のない消耗戦を遂行せよ。傭兵は国民軍――自国民に制限されている――よりも、大きな人材供給源となる。傭兵の労働供給源は

世界中にある。これは通常戦にコミットしている国家と戦うとき、とりわけ有利に働く

●傭兵の軍備競争を焚き付け、敵を破産に追い込め

●傭兵をおとり工作員として雇い入れ、自ら選択した戦争に他者を巻き込め

●隠密行動のために傭兵を雇い入れ、「関与を否認できるもっともらしい根拠」を最大限活用せよ。これは残虐行為を伴う戦争——拷問、暗殺、威嚇作戦、テロ行為、民間人の虐殺、大規模な付随的被害を引き起こす任務、民族浄化、集団虐殺など——を遂行する際に有利となる

●「偽りの旗」作戦を遂行せよ。国名や組織名を悟られないよう秘密裡に傭兵を雇い入れ、敵同士の戦いを扇動せよ

●擬態行動のために傭兵を雇い入れ、虐殺、テロ行為、反発や報復を招きそうな残虐行為を敵の仕業に見せ掛けよ

●大規模に傭兵を雇い入れ、敵領土内に侵入させ、彼らを解き放ち、給料は未払いにする。失業した傭兵は無法者となり、敵国内に無政府状態の種を植え付けることで安上がりにミッションを遂行できる（敵が傭兵を雇って、こちらを攻撃でもしない限り）

●きわめて危険なミッションであると知りながら、それを正確に伝えないと、傭兵の犠牲者が甚大になることもある。傭兵がミッションを達成した後、すぐに彼らとの関係を断ち、契約金の支払いを停止する。傭兵は弱り果て、こちらに歯向かえなくなる

●複数の傭兵部隊と契約を交わし、彼らに内緒で同じ目的を達成させせよ。傭兵たちは別個の戦略的アプローチを採用し、相互に行き違いが生じるはずだ。最初にミッションを完遂した部隊に報酬を与え、それ以外とは関係を断ち、支払いを停止する（ヘッジ戦略）

●複数の傭兵部隊と契約を交わし、互いに殺し合いをさせせよ。そうすれば、傭兵の数は減少し、傭兵

の管理や調略は容易になる

◇フォース・プロバイダー側（サプライ・サイド）の戦略

●ゆすり戦略を採用せよ。ここぞという時機に、より多額の資金を分捕れるよう、クライアントを恐喝し、脅迫せよ
●利益のための戦争を遂行し、戦争を長引かせよ
●クライアントの敵と戦わず、賄賂について交渉し、彼らから賄賂を受領せよ。価格を吊り上げ、宮廷革命の断行など己のクライアントに反抗する提案をせよ
●贈賄により敵の傭兵に逃亡を促し、戦闘コストを節約せよ
●敵の傭兵と裏取引せよ。クライアントを犠牲にして、傭兵全員の利益となる結果について交渉せよ
●クライアントへの報告義務を満たしながら、彼らを恐喝するツールとして、市場におけるクライアントの評判を操作できるようにせよ
●次の契約を結ぶまでの間、自ら利潤を求める無法者となり、治安サービスの需要を人工的に作り出せ
●小規模な傭兵部隊を買い取り、自己の民間軍隊に組み入れ、市場の支配力をもて
●クライアントが自分たちに有利なビジネス上の決定を行えるよう、重要な軍事情報を操作せよ
●クライアントを敵に売り渡せ
●ゆすりとたかりに徹せよ。保護料を支払わないようなことがあれば、コミュニティを荒らすと脅せ。報酬額を継続的に安定させて、可能ならいつでも価格を吊り上げよ
●クライアント同士の相互の不信感を焚き付け、戦争の発生を増やせ

●衛兵主義に徹せよ。クライアントを人質に取り、できるだけ長きにわたり、彼らから富を搾り取れ。それを終えたなら、次の新たなホストを探せ
●地域から富を搾取し、軍閥王国を築き上げよ。これは特に天然資源の豊富な紛争多発地域において有益である
●油田や小都市など高価値資産を奪取し、それを所有者に売り払え。それをやり終えたなら、売却した資産を警護する契約を交わせ
●クライアントの資産をこっそり盗め
●競争相手を追い払い、市場を独占し、価格を吊り上げよ

以上のような市場戦略にもし吐き気を催すようなら、あなたは通常戦から抜け出せないでいる証拠だ。ウォール街は市場戦略を日常のビジネスとして扱い、今日の将軍たちよりも明日の戦争を首尾よくリードする用意ができるにちがいない。ビジネス倫理と武力市場との結合とは、ぞっとするようなことだが、対応できないわけではないだろう。戦争はどんどん先に進み、上述したことは未来の話である。

新規参入者が極度に不安定な世界で安全を求めるにしたがい、プライベート・フォースは格好の投資先になるだろう。新たな傭兵たちは、彼らの需要を満たすために現れ、市場もどんどん成長する。将来の紛争市場が、お馴染みのグローバルな紛争地域において活性化することを予測できる。しかしながら、紛争に既得権益をもつ産業界が地球上の紛争多発地域にますますのめり込んでいけば、戦争と苦悩を悪化させることになり、それはそれで頭痛の種だ。束縛を解かれた武力市場を歓迎する人はほとんどいないだろうが、そうした市場はすでに存在している。

とはいえ、これは我々にとって最悪の問題ではない。もう一つ別のタイプの戦争が起こりつつあり、そ

れは通常戦信奉者を粉砕し、通常戦志向の軍隊を役立たずにする。それは「影の戦争《シャドーウォー》」と呼ばれ、あなたがそれを目にすることはないだろう。

ルール９「影の戦争」が優勢になる

ウクライナの戦争地帯の真っただ中にある広大な工業地帯を冷たい風が吹き抜ける。一人の兵士がドラグノフ狙撃銃の照準器を覗いて、辺りの景色を見渡している。見る物すべてが延々と続くコンクリートの廃墟だ。そこには銃弾の穴が刻まれた建物、爆弾の穴だらけの街道、機関銃でズタズタに刻まれた樹木だけがあった。もはや標的《ターゲット》など存在しない。

「くそっ」。彼はロシア語で呟く。

その日の早朝、自動小銃の銃声が冬の空に響き渡っていたが、今となっては、ねじれて錆び付いた金属板のきしむ音だけが聞こえている。新たな停戦が宣言されたのだが、それが守られると信じる者はいなかった。

廃棄された倉庫を使った基地に戻ると、戦闘員たちが身を寄せ合っている。全員がＡＫ－47を携行しているが、誰も軍事徽章や識別可能な軍服を身に着けていない。一人の男が折り畳み式ベッドの上にあぐらをかき、飼い主に捨てられ男たちが引き取った犬と戯れ、安らぎを見出している。

彼らは身元を明かさず、ニックネームを使っている。バルマレイと呼ばれる男は、海賊で人食い人種という架空の登場人物にちなんだ名だが〔ソ連時代のロシアの児童文学作家コルネイ・チュコフスキーの作品の主人公〕、一九六〇年代に造られた手作りの消音器《サイレンサー》付きの年代物のＡＫ－47を携行している。「戦いをやらねばならないとき、停戦監視員たちは戦闘の音を聞くことはないだろう」と、彼は話してくれた。

その日の夜遅く、道の向こうで自動小銃の銃声が突然鳴り響いた。だが誰も動こうとしない。それは前線のバトルリズムであり、夕暮れに銃声が鳴り、それが断続的に夜明けまで続く。

数マイル離れた所にいるハマーは、ウクライナのために戦うドンバス大隊の射撃手である。彼の軍隊は一般市民から成り、政府によって編成されていない。ある者はそれを民兵と呼ぶが、誰のために、なぜ戦うのか疑問を抱く者もいる。

ハマーが所属する分隊はマリンカという町の近くをパトロールしている。アパートの建物は放棄され、どれ一つ窓ガラスが残っていない。ある建物は、爆弾により真ん中の五階分がそっくり陥没し、真っ二つに引き裂かれている。ハマーは二〇〇メートル離れた所にある誰にも使われなくなった家畜小屋を指さす。そこは敵が潜伏している場所である。ハマーたちと同じ民兵で、ドネツク人民共和国の分離独立のために戦っている者たちだ。モスクワから命令を受け、その見返りに新品の兵器を受け取っている。ウクライナ東部の戦争は事実上、ロシアによる隠密裏の侵略である。

ドンバス大隊の兵士たちはひどく劣勢なため、目立った動きができないでいる。一年前、彼らの部隊はデバルツェボの戦いで一カ月間釘づけとなった。敵に包囲され、甚大な損害を被った。

「中隊八〇名のうち、二五人が死んだ」。ハマーはパトロール基地に戻って言った。携帯電話を取り出し、最後の救出・退去の状況を撮影した画像を見せてくれた。彼と友人で赤ひげの「スナイパー」は、凍てつく二月の寒気の中、戦車のそばに立っている。

「ロシア兵がデバルツェボの市街地を奪取した」と、彼は言う。「民兵ではない。ロシア軍だ。ロシアの階級章や徽章は着けていないが、彼らが誰かはみな知っている」。

「リトル・グリーンメン」とは世界中が戦いに勝った者たちを呼んでいる名であるが、もともとは子供が遊ぶプラスチック製の小さな兵隊にちなんで名付けられたものだ。ロシアはウクライナの一部を占拠するため、そしてクリミアの地を収奪するため、極秘に彼らを送り込んだ。

「スペツナズもいる」と、ハマーは付け加える。この周囲から恐れられているロシアの特殊部隊は「一般市民を装っていた」。これは「戦時国際法」で言う戦争ではない。

バルマレイとハマーは、欧米メディアの取材を受けていたが、彼らの証言は錯綜するレポートの霧の中に埋もれてしまった。欧米はロシア軍がウクライナ領内にいることを証明することができず、そうこうするうちに世界の関心は薄れていった。ロシア大統領のウラジーミル・プーチンは当然ながら一切を否定したが、それは彼のＫＧＢ時代を思い起こさせる。

「私ははっきりと言える」と、プーチンは記者会見で語った。「ウクライナにロシアの部隊はいない……ロシアはクリミアを併合することはない」。

それも、ここまでだった。モスクワの議会でクリミア併合が承認されると、プーチンはロシアの部隊がクリミアに派遣されていたことを認めた。[*1]嘘は目的の達成に奉仕したのだ。欺瞞は国際コミュニティの干渉を防ぐための手段であり、その間にロシアはクリミアの抵抗勢力を掃討し、クレムリンが「新しいロシア」と呼ぶ地域に編入した。「リトル・グリーンメン」に関して、プーチンはのちに、彼らは単なる自発的な「自衛集団」にすぎず、ロシア軍そっくりのユニフォームを地元の店舗から手に入れたのかもしれないと語っている。この説が擁護不可能と知るに至って、プーチンはようやく彼らがロシア軍兵士であることを認めた。

あれから数年が経つが、クリミアは依然としてロシアの一部であり、ウクライナ戦争はほとんどが世界から閉ざされた状態で続いている。それは計画的なものだった。モスクワ統制下のメディア組織は、ロシア問題専門家でさえ混乱してしまう速さで、次から次へと「事実」を紡ぎ出していった。欧米は紛争の基本的事実を確定できなければ、ロシアとの戦争のリスクを冒すことはないだろう。それはロシア人による悪魔のような手さばきと言えるほど見事な戦略であった。そうしている間にも、ウクライナは戦火にさらされ続けている。一万人以上が戦死し、その数はイラク戦争におけるアメリカ軍の犠牲者の二倍に上る。

ウクライナ紛争は、戦争の仕方がいかに変わったかを物語っている。一九五六年、ブダペストで起きた学生の抗議運動は、ソヴィエト軍によるハンガリー占領に抵抗して全国規模の暴動へと広がった。同じことは、一九六八年のチェコスロヴァキアで起きた。どちらのケースでも、ソヴィエト軍は戦車のキャタピラで反対派を鎮圧した。

それは軍事力がパワーそのものだった二〇世紀の出来事である。今はそれがマイナスに作用する。ロシアはウクライナに電撃戦を仕掛けるのに十分な戦車師団を有しているが、その代わり、隠密作戦を実行する方を選んだ。なぜか？　隠密部隊の投入により、ロシアは秘密裡に紛争を拡大できるようになる。リトル・グリーンメン、代理民兵、傭兵、そしてスペツナズが幽霊占領部隊《ゴースト・オキュペーション・フォース》となり、国中になだれ込んだ。国際コミュニティが真相を理解したときには、ロシアの征服は既成事実と化していた。

情報化時代には、「関与を否認できるもっともらしい根拠」が火力よりも重要となる。いかにしてアメリカあるいは国連は、実在しないかもしれない戦争を戦うために世界を糾合することができるのだろうか？　おそらく無理だろう。それはロシアによる効果的な戦略的攻勢であるとともに、来るべき未来の一例でもある。

影は剣よりも強し

戦争は地下へと潜伏し、錯綜した影《シャドー》の中で戦われる。誰もが高解像度のビデオ撮影ができる携帯電話で「武装」し、どこからでもビデオ映像を三六五日二四時間のニュースサイクルにアップロードできる時代において、軍隊はこうした問題から離れて、従来のやり方で殺傷することはもはやできなくなっている。国家は犠牲者を出すことには耐えられても、マスメディアの否定的報道には耐えられない。本書でこれまで述べてきた過去のルールは、現代戦ではすでに通用せず、将来戦でも通用しないことを示している。ここで述べるルールは、何が通用するかを示している。

「影の戦争《シャドーウォー》」とは、火力ではなく「関与を否認できるもっともらしい根拠」が戦略の重心（center of gravity）を占める武力紛争と言える。このダイナミクスにより、戦争は認識論の問題へと転化する。現実《リアル》と虚構《フェイク》の判断が勝者と敗者を決定づけることになるのだ。そこでは、大規模な戦車戦は起こらない。戦闘につく兵士は国籍を抹消され、特殊作戦部隊、傭兵、テロリスト、代理国の民兵、リトル・グリーンメン、そして外人部隊という姿で「関与を否認できるもっともらしい根拠」を提示する。今後はこうした「隠密作戦」（black ops）が価値ある唯一の作戦となるだろう。通常戦戦略を用いて戦時国際法に従って戦う国々は、彼らに対抗するため、そうした隠密作戦の戦略を使うことになるだろう。テロリストたちは日頃からこの方法を使っている。なぜ欧米諸国は戦時国際法を更新してこなかったのか、若い男女を戦場に送り出す前に違った方法で戦う選択をしなかったのか、私には理解できない。

「影の戦争《シャドーウォー》」では、不可視状態にできることがパワーの一形態となり、情報は兵器となる。もし敵の現実認識を歪曲することができれば、敵を操作して戦略的失態に陥らせ、勝利につなげることができる。これもまた重要な防衛策である。ウクライナ戦争が始まった頃、ロシアの代理勢力〔ウクライナ国内の親ロシア派分離主義勢力〕はマレーシア航空一七便を撃墜し、搭乗者二九八名全員が死亡した。[*2] それはこれまで撃墜された航空機の中でも最も凄惨な出来事であり、航空史上、九番目に被害の大きな惨劇となった。機体の残骸はドネック地方に飛散し、同地は当初、外部調査による真相究明を阻止するため、ロシア軍によって封鎖された。

ナラティブの戦いが続いた。欧米諸国はブーク地対空ミサイルを発射したとしてウクライナ領内の親ロシア分離主義勢力を非難し、ロシアはウクライナ軍がミサイルを発射したと主張した。国連は全面的な調査を求めたが、親ロシア武装勢力は墜落現場へのアクセスを封鎖し国連は断念した。世界は激しく憤ったが、それも新たなスキャンダルがニュースサイクルに登場するまでのことで、人々の関心は薄れていった。明白な証拠がないまま、真実を虚構から見分けることは至難である。戦争は「彼はこう言った。彼女はこう言った」という問題になりつつあり、虚偽に対して何ら深刻な結果をもたらすものではなくなっている。

ロシアは偽情報超大国(disinformation superpower)となり、「混乱の中で相手を殺す」戦略を採用し、今のところうまくいっている。証拠はいたる所にある。ウクライナ戦争の隠蔽に成功し、二〇一六年のアメリカ大統領選挙をハッキングし、イギリスのEU離脱投票を焚き付け、過激派政治グループの支援、NATO加盟国内の右翼ナショナリズム運動を扇動し、中東における自国の疑わしい役割について延々と情報操作している。二〇一〇年以降、ロシア軍は、平時と有事において情報優越を獲得するため、「情報による対決」[*3](information confrontation)と彼らが呼ぶものを優先している。ロシアは今や、「嘘の帝国」(empire of lies)となっている。

我々はみな情報通のメディア消費者であると思い込んでいるけれども、ロシアは世論を操作することに成功している。彼らはどうやって、それを実現しているのだろうか? その答えは、ロンドンのウエストミンスター宮殿とテムズハウスにあるMI5本部から数ブロック離れた豪壮な高層ビル・ミルバンクタワーの中にある。そこでは真実を送り出すため、ジャーナリストたちが高品質のグラフィック画像を駆使し、壮麗なスタジオの最先端の設備に囲まれながら休む間もなく働いている。ロシアのスタイルだ。同じような場所は世界中に存在する。彼らはみなRTニュースネットワークのために働いている。その番組内容は、CNNやFOX、BBC、そしてフランス24〔フランスの国際ニュース専門チャネル〕が放送するニュースと同じ感覚で受け入れられている。RTニュースの特徴は、フランス語、スペイン語、アラビア語で放送されているのに加え、アメリカやイギリスの視聴者好みの番組構成になっていることだ。カバーエリアは全世界に及び、衛星テレビやインターネットを経由して一〇〇カ国以上で放送されている。しかし、RTがれっきとした報道機関であると騙されている者はいないはずだ。

ＲＴはメディア会社ではなく、インテリジェンス作戦を担っており、その目的は情報《インフォメーション》ではなく偽情報《ディスインフォメーション》だ。ある報道に対して人々の不信感を植え付け、人々の考えを変えるために、報道内容とは違った「事実」を提供する。スパイ手引書には「何も認めるな。すべてを拒否せよ。非難をやり返せ」という信念が繰り返されている。クレムリンはロシアの戦略的利益のために真実を捻じ曲げ、ＲＴに年間四億ドルの予算を投じている。ロシアのスパイ組織はこの種の転覆工作を「積極工作《アクティブ・メジャー》」と名付けており、それは情報を兵器に変えて「影の戦争《シャドーウォー》」をいかに戦うかの一例である。ＲＴが効果を上げている理由の一つは、虚偽の中に正統派の専門家やジャーナリストの見解を織り交ぜ、より大きな世界規模の偽情報キャンペーンに組み込まれている出来事をもっともらしく提供しているからだ。ＲＴは戦略的なストーリーを創造していると考えるべきだ。

「トロール工場」は欧米に対するロシアの「積極工作《アクティブ・メジャー》」のもう一つの要素であり、サイバー戦の真の威力を見せつけている。それはスタックスネットのような破壊工作ではなく——偽情報である。サンクトペテルブルクに所在し、公式にはインターネット・リサーチ・エージェンシーと呼ばれているが、そこはロシア工作員がウェブサイトに不正アクセスし、偽のニュースサイトを立ち上げ、フェイクニュースを流し、ソーシャルメディアに偽のメッセージを投稿している場所だ。トロールとは、いわば匿名の撹乱工作員で、インターネットに不正侵入し、扇動的なグレネードをチャットルームに投げ入れたり、ニュースサイトに掲示したりする。そこにはボットが置かれてある。それは数千単位のトロールを模倣し、正当な内容をかき消すプログラムだ。欧米諸国は、こうした破壊的な電撃作戦に対する防護手段をほとんど持たない。

トロール工場のミッションは、欧米諸国の世論を誘導してロシアの国益に寄与することである。例えば、ロシアは、ＥＵ離脱をめぐる国民投票開始前の最後の四八時間内に、四万五〇〇〇件の「がらくたツイート」をイギリスに送り付けた。[*4] 一部では、それが僅差の投票結果の行方を左右したと信じられている。ロシアは欧州連合を解体に追い込みたいと願っており、イギリスのＥＵ離脱は導火線に火をつける火花になり得るのである。またロシアは、民主主義国を混乱させたがっている。ＣＩＡやＦＢＩ、国家安全保障庁は、二〇一六年のアメリカ大統領選挙において、モスクワがドナルド・トランプに有利になるような工作を「高い確度」で試みたという評価で一致している。[*5] 特別検察官ロバート・ムラー率いる司法省の捜査によりその証拠を見つけ、一三名のロシア人とインターネット・リサーチ・エージェンシーを含むロシア企業三社を「二〇一六年のアメリカ大統領選挙を含む、アメリカ政治システム内部に内紛の種を撒くことを戦略目標」にしているとして非難した。[*6] 議会公聴会、さまざまな捜査、メディアの調査、一般市民の怒り、ホワイトハウスのスキャンダルなど、プーチンの狙い通り、アメリカ国内を混乱に導いている。

グローバリゼーションによって、戦略的偽情報の規模、スピード、強度はこれまで以上に強まっている。民主主義国は、政治学者が「ＣＮＮ効果」と呼ぶものの影響を受け、「積極工作《アクティブ・メジャー》」に対して特に脆弱になっている。国民は、人道的危機の写真など、大衆の心を動かすテレビ映像やインターネット画像を見て、自分たちのリーダーが「行動を起こす」よう要求する。選挙を気にかける政治家たちは、それが国益にならないとわかっていながら、〔政府に対し〕人道的介入を要請する。これは目新しいことではない。少なくとも、米西戦争の「ＵＳＳメイン号」[*7]（*Maine*）の沈没にまでさかのぼることができる〔米西戦争は一八九八年にキューバ島をめぐって起きたアメリカとスペインの戦争。ハバナ港でアメリカの軍艦メイン号が爆沈し、多数のアメリカ兵が犠牲となった事件が発端となった〕。ＲＴとトロール工場はＣＮＮ効果を利用して次から次へと「もう一つの真実」を作り上げ、選挙に揺さぶりをかけ、ウクライナ紛争を覆い隠す。プーチンがジエダイ〔映画『スター・ウォーズ』に登場する平和と正義の守護者〕のように手を振りながら「あなたがたが捜しているリトル・グリーンメンなど存在しない」と語る姿を想像できる。ロシアが武力でクリミアを奪い取ったときには、すでに「影の戦争《シャドーウォー》」で勝利を収めていたのだ。クリミアは実際の戦闘ではなく、「影の戦争《シャドーウォー》」の戦利品だったのだ。

情報時代に情報を兵器にして戦われる「影の戦争《シャドーウォー》」は強力である。通常戦に備える兵士たちは、メディアのスポットライトを浴びると尻込みしてしまうが、「影の戦争《シャドーウォー》」を戦う兵士らはそれを受け入れる。二四時間三六五日ひっきりなしのニュースサイクルによって、部隊が戦争犯罪を起こす様子を捉えられたなら、通常戦タイプの兵士であればそれは敗北を意味する。「影の戦争《シャドーウォー》」を戦う兵士なら、そうはならない。彼らは自分たちの関与を否定し、犯罪行為は敵が行ったことで、敵はハーグ〔オランダにある戦争犯罪を犯した個人を裁く国際刑事裁判所（ICC）の所在地〕に送られるべきだ！　と主張する。「影の戦争《シャドーウォー》」を戦う兵士たちにとって、メディアはマイナスに作用するものではなく、機会を提供してくれる存在である。ウクライナの紛争は、現代戦において「影の戦争《シャドーウォー》」戦略がどのように通常戦戦略を打ち負かすかの一つの例である。

闇の戦い方

政府の転覆が、将来の戦争において支配的となる。核兵器をどこに向けて撃つか決めていないのに、核兵器を何発保有しているかを気にかける者などいるだろうか？　中国の三戦戦略が示すように、政府転覆活動では、鈍重な武力〔通常戦向けの兵器〕は二の次である。ロシア人は欺騙を「マスキロフカ」ないし「マスカレード」と呼ぶが、それは一四世紀以来、ロシアの戦略文化の一部であった。元来、敵を欺くための軍事的欺騙が今やロシア流の戦争様式となっている。

「マスキロフカ」の戦略的論理は説得力がある。それは「戦争の霧」を創り出し、敵を靴下パペット〔靴下で作る指人形。ここでは「傀儡」を指す〕に変えて勝利を収める。そんな闇のアートは、核兵器ではなし得ない真の大量破壊兵器である。例えば、ロシアの「積極工作《アクティブ・メジャー》」はインテリジェンス機関のデータベースを破損し、分析内容や結論を変えることができる。欧米（または他の誰でも）を騙し、自国に有利に仕向けることができるなら、わざわざ他国に侵略する必要などあろうか？　これが「影の戦争《シャドーウォー》」である。

欺騙は、兵法の中で最も古い形態であり、最も恐るべきものだ。孫子は二五〇〇年前に「兵とは詭道《きどう》なり」と書き、彼の著書『孫子』の中で戦略の用い方を説いた。『孫子』は戦略に関する最高の古典の一つであり、戦争、ビジネス、政治、スポーツ、家庭など……ありとあらゆる分野で活用されている。欧米では『孫子』があまりにも頻繁に誤読され、あたかも戦略の「おみくじ入りクッキー」〔中華料理店で出されるクッキーで、空洞部分に運勢占いの紙が入っている〕のようだ。その理由は、珠玉の知恵が簡単に綴られていること、そして稚拙な翻訳が多かったことによる。孫子を理解するには、古代中国の道教や易経の宇宙原理を少しは知っておく必要がある。ときどき、戦争大学で私が教えている学生が、孫子は兵学のヨーダ〔映画『スター・ウォーズ』に登場するジェダイの導師。小柄な東洋の老人の姿をしている〕だ、と冗談を言う。あるいは「シスの暗黒卿」(Dark Lord of the Sith)なのかもしれない〔シスも『スター・ウォーズ』シリーズに登場し、暗黒の力の信奉者を指す〕。

孫子は戦争に対する「間接アプローチ」を提唱している。この戦略概念は第一次世界大戦で凄惨な経験をした後の欧米諸国で簡単に取り上げられ、すぐに忘れ去られた。間接アプローチの考えはこうだ。敵と直接戦ってはならない——敵の裏をかくのだ。うまくいけば、このアプローチによって敵を操り、味方が乗じ得る弱点を創り出せる。クラウゼヴィッツとは異なり、孫子によると、武力行使は愚者による戦法であり、戦場の勝利というものは無能な将軍の証であると見なされる。戦いの極意は、計略により戦闘が始まる前に敵を敗北に追い込んでおくことである。「戦わずして人の兵を屈するは」と孫子は言う。「善の善なる者なり」。知略は腕力に勝るのである。

間接アプローチが成功するには、いくつかの条件がある。ここでは二つ取り上げる。第一に、情報の卓越性だ。敵のすべてを知らなければ、敵を出し抜くことはできない。ゆえに孫子は諜報〔『孫子』では「間」〕について真剣に検討した。彼はスパイを分類し、命がけのスパイ活動までそれに含めている。また、成功は、己れの能力と限界をいかに把握しているかにかかってくる。したがって、彼の格言は「彼を知り己れを知れば、百戦して殆うからず」なのである。

第二に、奇襲の精神は勇敢な精神よりも上位にあることを知ることだ。敵との銃撃戦にまっしぐらに突き進むことは控えるべきだ。それより、餌を撒いて敵をおびき寄せ、同士討ちに追い込んで残存者を掃討するのがよい。欺騙によってカオスを創り出し、それを活用する。能力があるときは、ないように見せ掛け、兵を動かしているときは、動いていないように見せ掛ける。近づいているときは、遠くにいるように見せ掛け、遠ざかっているときは、近くにいるように見せ掛ける。混乱を装い、敵の不意を襲う。欺騙によって敵の均衡を崩し、常に敵に考えさせ続けることを強要する。『兵法三十六計』も「欺瞞」の利用を勧めている。

言うまでもなく、これは西洋の戦争様式ではない。欧米の軍隊はクラウゼヴィッツを崇拝しているが、孫子が教えられることは滅多にない（教えられることはあっても、十分とは言えない）。二つの流派の理論家が集うディナーパーティーがどのようになるか、想像することは難しい。クラウゼヴィッツは力で押す暴力と戦場の勝利がすべてであるが、孫子にとっては、それは大した価値はない。クラウゼヴィッツはカオスや「戦場の霧」を勝利への行く手を阻む障害物と見なす一方、孫子は混沌を創り出し、それを勝利への武器に変える。クラウゼヴィッツは狡猾な計略は弱者の武器だと信じているが、孫子は〔弱者と強者とにかかわらず〕武器の選択の一つと捉えている。クラウゼヴィッツはスパイを信用せず、インテリジェンス報告を信頼できないと考えているが、孫子はそれらを不可欠なものと見なしている。クラウゼヴィッツは「通常」（conventional）戦争の父であるが、孫子は「非通常」（unconventional）戦争——最近は別の呼び方もある——の父である。クラウゼヴィッツは軍団の兵士で、孫子は忍者である。クラウゼヴィッツはライオンで、孫子は狐である。中国は〔ユーラシアの〕広大な砂漠によって〔西洋から〕遮断されてきたのだ。

「影の戦争《シャドーウォー》」では、政府転覆が戦略となり、「関与を否認できるもっともらしい根拠」が戦術となる。「慢性的無秩序」の力と戦うのではなく、「影の戦争《シャドーウォー》」はカオスを創り出し、それを利用することによって「慢性的無秩序」の力を味方につける。言い換えれば、「影の戦争《シャドーウォー》」の本質とは、敵を常に考えさせ続ける状態に置くことにある。これをいかにして達成できるかについては『兵法三十六計』の中で述べられているが、いずれの場合でも、「賢慮は暴力に勝る」のである。もし敵が「守るべきものは何か」を知らなければ、「影の戦争《シャドーウォー》」の戦士は攻撃法に熟達し、敵が「攻めるべきものは何か」を知らなければ、防御法についてのエキスパートになるのである。

反乱と影の戦争

「影の戦争《シャドーウォー》」は反乱を模倣し、それを乗っ取る《ハイジャック》かもしれない。これは戦略家たちに問題を引き起こす。ロシアによるウクライナ東部の併合がその一例である。つまり、ロシアは親ロシア派の反乱を装ったのである。本物の反乱と「影の戦争《シャドーウォー》」を見分けることは重要だ。別々の違った対応が求められるからだ。両者の区別を誤ると、影の戦士たちの策略にはまってしまう。「影の戦争《シャドーウォー》」の第一のルールは、「騙されやすい人になるな」だ。

反乱と「影の戦争《シャドーウォー》」を見分ける最良の方法は、現地の住民がどのような扱いを受けているかを検討することだ。反乱勢力はどんなに残忍であっても、住民の助けを必要とする。そう見えない例もあるが、多くの反乱は現地住民に対する過剰な暴力が原因で失敗してきた。これはイラク戦争期のアルカーイダに起こった。テロリストたちは当初、現地部族からの支持を取り付けていたが、彼らを残酷に扱った結果、現地部族は寝返り、アメリカのために戦うようになった。「スンニ派の覚醒《スンニ・アウェーキング》」として知られる出来事である。よりわかりやすい反乱のモデルは、アメリカ革命である。建国の父たちは、現地住民たちが投票権を行使する将来のアメリカ市民となることを自覚し、敬意をもって住民たちと接しなければならないことを承知していた。

「影の戦争《シャドーウォー》」では、住民たちが犠牲者となる。民間人は付随的被害にとどまらず、有効な軍事的標的とされる。これは人権を尊重する反乱勢力や軍隊といった「現地住民に配慮する敵」と戦う場合、特にあてはまる。孫子流に言うと、影の戦士たちは敵を倒すため、敵の崇高な理念を逆手に取ろうとする。だがそれは、影の戦士が選択兵器の一つである「関与を否認できるもっともらしい根拠」を持つ場合にのみ有効に機能する。

罪なき人々の虐殺は、「影の戦争《シャドーウォー》」に相手を誘い込み、相手を痛めつけ、「影の戦争《シャドーウォー》」を引き起こすために利用され、効果をもたらす。自国民が犠牲になることさえある。プーチンは一九九九年に権力を掌握したとき、国家は組織犯罪の横行と無秩序でバラバラになっていた。まさに彼の手腕が問われる瞬間だった。モスクワを含むロシアの三都市で起きた一連の爆破事件により四つのアパートが崩壊し、二九三名が死亡し、一〇〇〇名以上が負傷した。やがて、その背後にチェチェン人テロリストがいることが暴かれ、恐怖の波がロシア中を襲った。それはロシアの９／11となり、第二次チェチェン戦争へと至る。この野蛮な事件は、共通の大義の下に国民を結束させることとなった。

だが国民を結束させたのはチェチェン人ではなく、プーチンだった。彼は自らの政治権力を強化し、権力の中心を首相官邸から大統領府へと移した。今では、プーチンとＦＳＢ（ＫＧＢの後継機関）が爆破事件の背後にいたことを専門家たちは知っている[*8]。ＦＳＢの専門家であるジョン・ダンロップとエイミー・ナイトは、ナイトの言葉によれば、ＦＳＢが「その攻撃の実行を担当」した十分な証拠を提示している。彼女はこう結論付けた。「それはプーチンの承認なくして実行されたとは到底考えられないことだ」。むろん、プーチンの経歴を知っていれば、さほど驚くことはないだろう。

戦争の風向きを変え、間接的な戦略効果を達成するために民間人を殺害することは、影の戦士の常套手段である。戦争法規が単なる標語にすぎなくなる将来において、影の戦士たちは罰せられずにうまく切り抜けるであろう。戦闘員たちはますます身分を隠し、無差別に殺戮を行う。交戦規則は存在せず、民間人が標的となる。中東、アフリカ、アフガニスタンの紛争では人権侵害が横行しているが、国際コミュニティはそれを阻止する術をほとんど持たない。これらはすべて「影の戦争《シャドーウォー》」の隆盛を物語る証であり、今後の数十年で支配的な戦争形態となるだろう。

苦い果実

欧米は闇のアートの実践面で、常に著しく後れを取っているわけではない。実際には、倫理的に問題のある方法で、相当うまくそれを使いこなしてきた。一九五〇年、グアテマラは壊滅的貧困からの解放を約束した大統領を選出し、彼はそれをやり遂げた。短い期間で。ハコボ・アルベンス大統領は、全人口の一パーセントを占める富裕層から土地を取り上げ、それを他の住民に再配分して、五〇万人の人民にとって恩恵となる農地改革を断行した。もしユナイテッド・フルーツ社(現在はチキータ・ブランド社)が退去させられた地主でなかったならば、アルベンスはおそらく事態をうまく切り抜けることができたであろう。ユナイテッド・フルーツ社はアメリカの多国籍企業で、ラテンアメリカのどの国よりも強大な財力を持ち、カリブ海諸国を植民地化し、そこを「バナナ共和国」にした。

ユナイテッド・フルーツ社には有力者の友人がいた。以前同社は自社の利益を増大させるため、アメリカ海兵隊を説得し、ホンジュラスなど同社が選定した国に侵攻させようとしたことがあった。二〇世紀前半、海兵隊はウォール街の仲間たちと結託したギャングと化し、アメリカの闇の国家の一部を形成していた。バナナ戦争の戦功により二度の名誉勲章を授章したスメドリー・バトラー将軍は、自分が「ビッグビジネス、すなわちウォール街や銀行家のために働く高位の筋肉マン……資本主義のために違法に金儲けをする悪党にされてしまった」[*9]と、不平をこぼした。しかし、今度はそうはいかなかった。結局、海兵隊はユナイテッド・フルーツ社の収益アップのために侵攻するようなことはしなかった。

ユナイテッド・フルーツ社はそれにもめげず、その矛先を今度はエドワード・バーネイズに向けた。バーネイズはマディソン街の元祖「狂人《マッドマン》」として知られ〔広告の父〕、広告ビジネスで使われる「スピン」〔情報操作〕という用語を作った人物である。バーネイズは闇のアートの達人であり、以前にもユナイテッド・フルーツ社を援助したことがあった。彼はかつてユナイテッド・フルーツ社と仕事をした経験のある二人の弁護士、ジョン・ダレスとアレン・ダレスに働きかけた。幸いなことに、当時のダレス兄弟は国務省とＣＩＡを取り仕切っていた。バーネイズは二人に、共産主義者の反政府暴動がグアテマラを転覆させており、何らかの手を打たなければならないと信じ込ませた。そして次なる一手が打たれた。

ダレス兄弟はアイゼンハワー大統領に、アルベンス大統領は共産主義者の傀儡であり、ソヴィエトによる中央アメリカの奪取を防ぐため、排除される必要があると説得した。ダレス国務長官は「グアテマラ人は共産主義の恐怖の支配下で暮らしている」[*10]と主張した。さらに、アルベンス政府はテキサス州の境界に核兵器を配備するようソヴィエトをけしかけるだろう。それはソヴィエトに第一撃の優位を与える。そのような攻撃を受ければ、アメリカは生き残れない。ダレス兄弟は、手遅れになる前に、ただちに共産主義勢力を巻き返す方策を見つけ出すべきだと主張した。アイゼンハワーはそれを承諾した。

ところが、ダレス兄弟は戦略的問題を抱えていた。アメリカはあからさまにグアテマラに侵攻することはできない。なぜなら、この国はソヴィエトの従属国家と見なされていたため、いかなる敵対的行動も第三次世界大戦を誘発しかねないからだ。ダレス兄弟は、アメリカが「関与を否認できるもっともらしい根拠」を保持し、アルベンスを権力の座から引きずり下ろす別の方策を見つけなければならなかった。そこでＣＩＡは孫子的な解決策、すなわちＰＢＳＵＣＣＥＳＳ《ピービーサクセス》[*11]というコードネームの作戦を考え出した。その極秘ミッションは「極秘裏に排除するため、できる限り流血を回避して、現在の共産主義者が支配するグアテマラ政府を脅迫し」、そして「極秘裏に親アメリカ政府を打ち立て、維持すること」だった。

一九五三年の夏、ＣＩＡはグアテマラに対する「影の戦争《シャドーウォー》」を開始した。潜入した工作員たちは密かに地元の学生たちを募り、グアテマラシティ〔グアテマラの首都〕中に反共シールを貼らせたり、アメリカのパイロットに協力を求め、政府施設の上空を大音量を出しながら飛ばし、空中からビラを投下させて地元住民を脅したりした。それから数カ月にわたり、ＣＩＡは反政府的な風評を広め、パンフレット、ポスター・キャンペーン、落書き、脅しを通じて、民衆を誘導した。ＣＩＡは国境をまたいだホンジュラスに「解放の声」という呼び名の偽のゲリラ・ラジオ局を開設して、毎日、グアテマラの抵抗勢力に暴動をかき立てる音楽を放送し、国内に反政府活動が膨張している印象を与えた。

こうした欺瞞活動を一層強化するため、ＣＩＡはアルベンスのライバルだったカスティヨ・アルマスを擁立した。彼は軍の元幹部で、かつてアルベンスの失脚を試み失敗したことがあった。アルマスの武装勢力はホンジュラスとエルサルバドルの基地に集結し、その数はＣＩＡのプロパガンダによって誇張された。その間、ダレス国務長官は外交団にグアテマラを政治的に孤立させるよう指示し、アメリカが介入した場合、アルベンスの援助に駆け付ける国は存在しないというメッセージを与えた。

予定されていた侵攻開始の直前、アメリカ海軍は海上を封鎖し、航空機が爆撃を開始した。グアテマラ市民は今や侵攻が間近に迫っていることを悟り、国外への脱出を開始した。ＣＩＡはプロパガンダにより、グアテマラ軍にアルベンスを攻撃し、国家を救済するよう促した。それはうまくいった。アルベンスは命からがら逃亡し、グアテマラは再び、ユナイテッド・フルーツ社とアメリカの国益にとって安全な国へと戻った。ＣＩＡによる任務終了後の報告書には、ＰＢＳＵＣＣＥＳＳ《ピービーサクセス》作戦は「達成され、言い逃れできる根拠をしっかりと確保できた」と結論づけられた。[*12] プーチンなら誇らしく思うだろう。

アルベンス政権に対するＣＩＡの「影の戦争《シャドーウォー》」は勝利に終わった。孫子の戦略に照らせば、軍事侵攻に伴う予測コストを避け、無血クーデターを果たすことで数千名の命を救ったことになる。しかしながら、勝利の果実の多くは、当初からＣＩＡを巧みに操っていたユナイテッド・フルーツ社のものだった。「影の戦争《シャドーウォー》」にまつわる問題を解く鍵の一つは、「誰の利益になるか、それはなぜか」を知ることである。欺騙はいたる所で起きている。今回はＣＩＡがウォール街の片棒を担いで、バトラーの代役を務めただけである。

その後、グアテマラで起きた出来事は惨憺たるものだった。「影の戦争《シャドーウォー》」との関連はほとんどないが、ここで語るのも無駄ではないだろう。アルベンスが去った後、ＣＩＡは一九五四年にアルマスを大統領に据えた。アルマスにとって不幸なことに、ＣＩＡは相次ぐ軍事独裁者を支援した。事態はますます悪化し、それから三六年間続いた内戦に国全体が巻き込まれていった。その間、二〇万人以上の市民が殺され、残虐行為が横行し、虐殺、レイプ、行方不明者が後を絶たなかった。これら一連の出来事とアメリカの関与については、いまだに議論されている。

議会はついにＣＩＡの不正行為を放置できなくなった。それはグアテマラだけではなく、イランのクーデター（グアテマラと類似し、同年に起きた「影の戦争《シャドーウォー》」）、失敗に終わったピッグス湾侵攻、ＪＦＫ暗殺の共謀の可能性、ヴェトナム戦争のきっかけとなったトンキン湾事件、アメリカ国内の市民権グループへの潜入、チリ内政への介入、ウォーターゲート事件への関与など、ありとあらゆる活動に及んだ。ＣＩＡの闇の活動は制御不能なレベルにまで増殖し、一九七〇年代はインテリジェンス改革の一〇年となった。メディアと同様、議会のチャーチ委員会とパイク委員会はＣＩＡを厳しく非難し、カーター大統領は一九七七年一〇月三一日、秘密工作に関わる八〇〇のポストを廃止した。それは「ハロウィーンの大虐殺」として知られる。それ以来、ＣＩＡはもとに戻ることはなかった。しかし、それは必要なことである。ＣＩＡの工作員たちは自らの墓穴を掘ってしまった。

ここでの教訓は、「影の戦争《シャドーウォー》」は有効ではないということではなく――それは有効である――、秘密工作と民主主義は相容れないということだ。「影の戦争《シャドーウォー》」時代において民主主義は不利な立場に追い込まれ、実際、その弱点をプーチンはうまく利用している。情報と透明性の観点からは、民主主義は優れている。「影の戦争《シャドーウォー》」は独裁制の闇を好む。不幸なことに、民主主義国は勝利の名のもとに、民主主義の価値を犠牲にすることを余儀なくされる場合があり、それは民主主義が誕生したときからつきまとっている現象である。古代ギリシアの歴史家トゥキディデスは、ペロポネソス戦争において、アテナイがライバルで権威主義体制のスパルタとの戦いが進むにつれ、専制的になってゆく様子を描いている。戦争が終わる頃には、アテナイはスパルタとさほど変わらなくなっていたが、いずれにせよ戦争に敗れた。

民主主義は透明性なくして存続できない。欧米は「影の戦争《シャドーウォー》」に光を当て、それを暴くこともできるが、それで十分とは言えない。欧米はクリミアもマレーシア航空一七便の乗客も救えなかった。欧米は〔民主主義の〕魂を失わずに影の中で戦う術を学ぶ必要がある。さもないと、独裁制国家から不意打ちを食らい続けることになるだろう。

欧米の「影の戦争」

戦争は地下に潜伏し、我々はその流れに適応しなければならない。通常戦を信奉する軍人たちは欧米流の「影の戦争《シャドーウォー》」を拒否するだろうが、その流れは避けられない。彼らの戦略はここ数十年にわたって失敗してきたし、今となっては「影の戦争《シャドーウォー》」を戦う兵士たちの術中に陥っている。このままでは我々は負けてしまう。破壊工作に訴えることは、倫理的に誤りであると考える者もいる。一〇〇年前であれば、こうした人たちはおそらく、フェアじゃないという理由から機関銃、潜水艦、爆撃機に反対したにちがいない。戦争とは常に変化しており、我々は適応しなければならない。さもなければ、死あるのみだ。

もっと厄介な問題は、「影の戦争《シャドーウォー》」は民主主義の精神を傷つけるということだ。とはいえ、独裁者の前にひざまずくことは選択肢とはならない。欧米は独自の「影の戦争《シャドーウォー》」様式を開発しなければならないものの、それはロシアや中国あるいはイランのやり方を模倣することではない。その代わり、専制政治の土台を掘り崩すことを狙いとしなければならないが、それは民主主義を瓦解させるよりも簡単だ。さらに、欧米諸国は利用可能な独自のパワー手段を有している。ここで、民主主義国が専制国家の「影の戦争《シャドーウォー》」に対抗できる兵器について取り上げてみたい。

最初のツールセットはキネティックなもの、すなわち銃や銃を撃つ男女の兵士である。特に、これらのキネティックなツールは、最大限の「関与を否認できるもっともらしい根拠」を主張し得るよう、国籍不明の部隊によって構成される。世界の目に触れず、特に攻撃相手からも気づかれない「ゼロ・フットプリント」のミッションを遂行する。そのような部隊は、〈自分たちの活動を〉他国の仕業に見せかけるよう、第三者になりすました作戦を遂行する。将来は、そうした「騙し、騙される戦場」となるだろう。「影の戦争《シャドーウォー》」を担う兵士には、特殊作戦部隊、外人部隊、共通の利益のために戦う代理民兵、マスクを被った兵士（「リトル・グリーンメン」）、あらゆるタイプの傭兵が含まれる。戦闘は非合法活動の衝突となりそうだ。言うまでもなく、これらの部隊は通常戦を戦うことはなく、武力紛争法に縛られることもない。そのような拘束は過ぎ去りし時代の名残であり、現代戦はそれらを時代遅れにしてしまっている。

次に取り上げるツールセットは、ノンキネティックなものだ。兵器化された情報は未来の大量破壊兵器となり、勝利は影響力の空間で決着が図られる。その目的は、敵の意思決定の計算を狂わせ、戦う意志を失わせることである。このため、欧米諸国は独自の「積極工作《アクティブ・メジャー》」を開発し、情報の優位を獲得しなければばならない。神話を打ち砕くだけでは不十分である。事実を明らかにするだけでは、ロシア、中国、そしてテロリストたちからの挑発メッセージを撃退するのに十分ではない。戦略的影響力というのは、ディベートの上品ぶった技法ではない。それどころか、それは攻撃的で狡猾さを必要とし、また、そうあらねばならない。ポーカーには「テーブル席で間抜けを見抜けなければ、間抜けなのはお前自身だ」という格言がある。これまであまりにも頻繁に、欧米諸国は間抜けだった。知識の改ざんへの嫌悪感を克服し、非殺傷兵器の撃ち方を学ばなければならない。

「積極工作《アクティブ・メジャー》」の鉄則は「情報を与えることは、影響力を獲得すること」であるべきだ。例えば、トロールやボットを使って反対者を創り出すこともそれに含まれる。それにより、サイバー戦の真の力——すなわち敵陣営内の反対意見を目立たぬように支援し、自分たちの政策を押し通す一方で、敵のナラティブに対抗する偽装組織を設立したりする——を発揮できる。これらのツールは国防にも役立つ。例えば、もし敵が非営利シンクタンクにひそかに資金援助して、首都で反政府行動を煽ろうとしているとき、それを公式に拒否することをためらってはいけない。〔それに躊躇すれば〕彼らの大義は正当化され、大手メディアの格好の注目の的になるだけだ。むしろ、彼らのメッセージに反駁するため、「草の根」団体を創設するか、競合するシンクタンクに資金を与えるべきだ。[*13] 外部からは、二つの公共政策機関が騒々しい論争を繰り広げているようにしか見えず、視聴者はあくびをしながら、そのやり取りをやり過ごすだけだろう。

専制国家は民主主義国を混乱させるため、「積極工作《アクティブ・メジャー》」の開発に取り組んできたが、今度は欧米諸国が仕返しをする番だ。大衆からの嘲りは、独裁者を窮地に追い込む。独裁者たちは個人崇拝をでっち上げなければならず、権力の座に留まれるか常に心配している。民主主義国はそこを壊すべきだ。敵の信頼度の高い情報源やインテリジェンス機関への贈賄を試みればよい。ロシアの総合参謀部の幹部たちは集団思考(hive mind〔指導者の指図によって集団の成員が同一の思考を行うこと〕)が強いと言われる。不確実性の種を撒いて彼らの集団思考を麻痺させ、それに乗じて幹部らが誤った決定を下すようにする。やがてこの不確実性は内部分裂を引き起こし、独裁政治の殿堂を打ち砕く。秘密の中傷キャンペーンによってテロリストのイデオロギーに対抗し、テロリストの大義を世界中が嘲笑の的とするように仕向ける。テヘランのような反欧米政権に対しては、バービー人形で爆撃する。あるいはホーマー・シンプソンを派遣してもよい。

独裁者は被害妄想にとらわれやすい。なぜなら野望を抱き、自らの存在を脅かすライバルがいたる所に潜んでいると思い込んでいるからである。欧米諸国はこの弱点に乗じるべきである。例えば、エリート同士を互いに競い合わせる中傷キャンペーンを実行に移し、体制内での粛清を敵に見せつけるのである。スターリンやサッダーム・フセインを思い起こしてほしい。彼らは裏切りを恐れて、多数の軍部や権力エリートを虐殺した。欧米諸国は秘密裡に反対政党や派閥を援助し、内部から体制変更を促すことができるかもしれない。あるいはロシアの傀儡政権を権力の座から追放したウクライナの「オレンジ革命」のような体制変更を支援すべきである。モスクワはこのような「カラー革命」を恐れ、[14]それを新しい戦争の形態と呼んでいる。欧米諸国は〔独裁政治に〕圧力を加えるため、それらを利用すべきである。

例えば、ロシアが中東に努力を集中できるのは、近隣の衛星諸国がおとなしくしているからだ。我々が冷戦期に実行したように、欧米諸国はもう一度そうした衛星諸国の支援に乗り出す時である。地下活動を行う「カラー革命」を後押しすることで、モスクワを本国の戦線への対応で手一杯にさせる。そうすれば、モスクワは中東から手を引かざるを得なくなるだろう。爆撃機では、これをなし得ない。

他のツールは、敵のポケットブックを直撃する。昔の戦争のルールでは、制裁措置や約束どおりの効果があがらない切れ味の悪い道具が使われていた。制裁措置は民衆を飢えさせるだけで、政策決定を下すエリート層には効き目がない。肉付きのよい北朝鮮の指導者はその代表例だ。「影の戦争《シャドーウォー》」は異なったアプローチを採用する。犯罪活動に資金援助するのはどうだろうか？　組織犯罪は敵国領内において〔政府の〕

敵となるため、犯罪組織の活動を通じて相手を揺さぶることができる。例えば、資金援助の条件として人身売買を禁じたり、あらゆる売買春をやめることを要求する。

独裁者の効果的統治を蝕《むしば》み、その権力基盤に楔《くさび》を打ち込むため、敵陣営の内部に泥棒政治《クレプトクラシー》〔国の資源・財源を権力者が私物化する政治〕や腐敗政治を蔓延させることもできる。ロシアやイランのように原油依存の石油経済国を相手にする場合、原油価格を暴落させる方法を見つける。国内経済を崩壊させ、相手国がこちらの要求の言いなりになるように仕向ける。多国籍企業が敵の国益を脅かす地域でビジネスを行えるようにする。そうすれば、これらの企業は、政府役人が立ち入れない地域に入り込むことができる。そうした拒否地域《ディナイド・エリア》への出入り口を開くことができる。もっと重要なことは、これらの企業は「粘着性パワー」[*15]（sticky power）の網の目を創り出すことができ、財政的な相互確証破壊の不安にとらわれている独裁者は、おいそれと手出しできなくなる。海外腐敗行為防止法のような法律は見直されるべきだ。それらの法律は、すでにアメリカやイギリスといった国々を、グローバル市場において戦略的に不利な立場に追い込んでいる。グローバル市場では、斡旋料（別名、賄賂とも呼ばれる）もまた通常のビジネスである。

最後に、独裁者の友人や親族に制裁を加えて圧力をかけるべきである。彼らを通じて独裁者の考えを変えるのだ。例えば、クレジットカードを海外で使用不能にしたり、不正な銀行口座を凍結する。そして、パリで一〇〇万ドルの買い物三昧に耽《ふけ》る機会を奪う。彼らがハーバード大学やオックスフォード大学に留学する学生ビザの取得を阻止すべきである。それは不公平だと思うかもしれないが、そうではない。そうした子供たちは、せいぜい、抑圧された人々から隔離された豪華な場所で食事をとり、父親の王国と悪しき作法を相続するだけだろう。例えば、ムアンマル・カダフィの息子の一人はロンドン・スクール・オブ・エコノミクスから、民主主義の価値を讃える学位論文で博士号を得ている。[*16]彼は五年後、「アラブの春」で起きた民衆蜂起に対する父親の容赦のない弾圧に加担した。欧米の一流大学の多くは恥ずべきことに、賄賂と引き換えに世界の一パーセントの子弟の入学を認めている。[*17] おそらくこの収賄を止めることはできないが、兵器化することはできる。

外交も重要である。しかし、人々が考えるようなやり方ではない。外交を通じた国家運営はウェストファリア体制の歩みとともに進化してきたが、今は体制と共に消え去ろうとしている。外務省やアメリカ国務省は他国と交渉するよう設計された組織であるが、今や、非国家主体が多くの国の権力基盤を蝕んでいる。国の機関は、関係するあらゆる主体（アクター）と交渉しなければならないが、相手は国の機関にとどまらない。それには多国籍企業、テロリスト集団、犯罪組織などが含まれ、どれも影響力を行使している。伝統的な外交官は、当然、それを拒絶するだろう。しかし、犯罪組織などと関わりを持つことは、悪しき体制と外交交渉することと何か違いがあるのだろうか？　こうした非国家主体の一部は、将来、戦争に従事することもあるだろう。そして共通の敵に立ち向かうとき、非国家主体との同盟が必要となる時が来るだろう。これは連合による「影の戦争《シャドーウォー》」である。

策略のマインドが生み出す戦略的可能性は無限である。その鍵は「すべてのツールは相互に補強し合い関連している」ということだ――サイロ〔地下の核ミサイル格納庫〕では何も起こらない。例えば、偽情報キャンペーンは現地での隠密作戦を支援するものでなければならないが、その逆も言える。さもなければ、戦略は失敗するだろう。行動が別々では機能しなくなる。

「影の戦争《シャドーウォー》」は将来の効果的な戦略である。それゆえ、欧米諸国は独自にそれを採用すべきだ。孫子は二五〇〇年前、あらゆる戦争は「詭道」であると語った――それは今も変わらない。実際、現在の方がより一層あてはまる。現代戦は情報を活用する。なぜなら、我々は情報時代を生きているからだ。これこそ「影の戦争《シャドーウォー》」が効果的な理由である。パワーはもはや銃口から出てこない。むしろ複雑な影から生み出される。

ルール10 「勝利」は交換可能である

一九一七年二月、ペトログラード（現在のサンクトペテルブルクに与えられた都市名）で革命が勃発した。食糧不足、腐敗、中央同盟国（Central Powers）〔第一次世界大戦中のドイツ帝国、オーストリア・ハンガリー帝国、オスマン帝国およびブルガリア王国から構成された同盟国。欧州の中央部に位置するため、こう呼ばれた〕との破滅的な戦争に抗議するため、数千名の民衆が凍てつく通りに繰り出した。警官が彼らを追い返そうとしたが、飢えに苦しんだ群衆に取り囲まれた。騒動はすぐにロシアの他の地域に広がり、皇帝に忠誠を誓う兵士たちも民衆の行進に加わった。身の危険を恐れた皇帝ニコライ二世は退位し、その後捕らえられた。

チューリッヒでは、若いポーランド人の革命家がむさ苦しいワンルームのアパートの階段を駆け上がっていた。ウラジーミル・レーニンと彼の妻は、ちょうど昼食を終えたところだった。

「ニュースを聞かなかったのかい？」と、ポーランド人の男は叫んだ。「ロシアで革命が起きたぞ！」

その後、祝いが続き、レーニンと反体制派の同志たちは自分たちの幸運を喜んだ。これはずっと待ち望んでいたチャンスの到来だった。彼らが考えていたように、やがてロシアは労働者のパラダイスになる。とはいえ、大きな問題があった。自分たちはロシア市民であるため、チューリッヒとペトログラードをつなぐすべてのルートは中央同盟国によって閉ざされていた。レーニンは絶望して、歴史が彼の横を通り過ぎてしまうのではないかと恐れた。

ベルリンでは、リヒャルト・フォン・クールマンが機会を察知していた。彼はドイツの外相を務める筆頭外交官であった。大戦争（Great War）〔第一次世界大戦のこと〕によって、世界帝国〔ドイツを指す〕はその限界点に達していた。シュリーフェン・プランが約束した迅速な勝利は失敗に帰し、今やドイツは西からイギリスとフランス、東はロシアから挟み撃ちにされていた。両戦線は膠着状態に陥り、数百万の兵士を犠牲にし、多額の資産を失っていた。クールマンは何か変化が起きなければ、その年を持ちこたえられそうもないとわかっていた。降伏は選択肢にならなかった。ドイツはフランスのほぼ半分を獲得していた。譲り渡すことなど、あろうはずがなかった。

勝利への唯一の道は、東西いずれかの戦線で迅速に勝利を収め、もう一方の戦線に全戦力を集中することだった。これまでは、それは起こりそうもなかった。ドイツ最高司令部はさらに数百万の兵士を投入したかったが、そんな余裕はどこにもなかった。クラウゼヴィッツの遺産の継承者らしく、彼らは兵力と消耗のことしか考えることができなかった。だがクールマンは元ビジネスマンの外交官であり、事態を別の視点から見ることができた。

ドイツの諜報員はチューリッヒのレーニンと接触し、世紀の取引を申し出た。ドイツ国家が極秘に彼と彼の同志らを「密封された列車」で欧州を横断し、ペトログラードまで輸送するというのである。密封された列車は、あたかも巨大な外交文書用郵便袋のようだ。入国証明を受けながらいくつもの国境を越えたが、税関職員は中を覗《のぞ》くことを許されなかった。

一週間たって、レーニンと同志らはペトログラードに到着した。それはまるでロシアに彼らのイデオロギーを注入し、国を戦争から離脱させる伝染病のウィルスのようだった。ロシアの戦線離脱は、一年後のブレスト・リトフスク条約によって正式なものとなった。たった一つの列車の移動で、クールマンは東部戦線を片づけてしまった。銃弾を使わず、謀略によって。クールマンが説いたように、「連合国から一国をはぎ取ることが、戦線の背後のロシアで実行した転覆活動の目的」だった。クールマンはレーニンの伝染性の強いイデオロギーを兵器に変えて勝利した。[*1]

レーニンの乗った密封列車は、「戦争で勝利を収める方法は数多く存在する」ことを示している。言い換えれば、勝利は代替可能なのだ。ドイツ最高司令部の想像力の効かないメンバーたちにとって、勝利とは戦場においてのみ達成される。それは「銃弾を多く持つ者が勝利する」というロジックに従った考えだ。彼らは通常戦タイプの戦士だった。クールマンは我々に代替アプローチがあることを証明している。それは安上がりに実行され、容易に達成される。そして数百万のドイツ人の命を救った。そのような謀略は通常戦タイプの戦士には決して思いつかない。なぜなら、彼らは暴力の言語しか理解できないからだ。暴力は武力政治《アームド・ポリティックス》にしか居場所がない。しかし、パワーには実に多くの言語がある。軍事力はその中の一つにすぎず、常に最も有効なパワーであるとは限らない。

ところで、クールマンにとって戦争は良い終わり方をしなかった。ドイツが東部戦線を終結に導く時期はあまりに遅く、アメリカが参戦し、勝利の天秤は連合国側に大きく傾いた。消耗戦の行方は死体の数で測られた。一九一八年七月、クールマンは表舞台に出て、ドイツのカイザーであるヴィルヘルム二世に外交的解決を願い出た。代わりに、彼は辞任に追い込まれた。カイザーは掛け値なしの凡庸な人物であり、いまだに戦争は軍事力だけで勝利できると信じて疑わなかった。我々はみな、それがどのような結果をもたらすのかを知っている。

勝利の秘訣

「勝利」を言い表すとき、人はしばしば「平和」という言葉を使う。勝利の半分は、それがどのようなものかを知ることで得られる。欧米諸国は一九四五年以降の戦争の記録に基づいて判断することを忘れてしまっている。勝利をめぐる彼らの仮説は、依然として一八世紀から一九世紀にかけてクラウゼヴィッツや他の者たちによって打ち立てられた通常戦理論にとらわれている。今は二一世紀であり、そのようなやり方では勝利することはできない。

戦争とは、軍事力を用いた意志の衝突を超えたものである。クールマンはこのことを知っていたが、無視された。彼は戦争の最も重要な秘訣、すなわち「戦争とは武力による政治」であるということを理解していた。これは真の戦争の唯一の法則である。戦争は本質的に悪だというわけではなく、本質的に軍事的というわけでもない。戦争は組織的暴力あるいはその威嚇を伴うもので、人的被害をもたらす。このように元来、血生臭い問題に対して無血の解決策が失敗すると、深刻な流血の惨事を招くのである。孫子からクラウゼヴィッツまで歴史上の偉大な戦略思想家は、みなこうした考えに同意している。

軍はこのシンプルで説得力のある真理を読み違え、まず先に敵を吹き飛ばし、その後で政治問題を交渉するやり方を選択している。これは間違いだ。このアプローチは戦争を終わらせない。引き延ばすだけだ。そうすることで一時的には脅威を鎮めることになるかもしれないが、最初に紛争に火をつけた根本的な政治問題を解決することはできないだろう。敵は再び立ち上がり、再び鎮圧しなければならず、果てしない暴力のサイクルを繰り返す。ローマ軍が難攻不落のマサダ砦を包囲した理由がそれだ。その場でただちに反乱を根絶するためである。

「戦争とは武力による政治である」ということは、〔戦争の〕勝利とは軍事的であると同程度に政治的であることを意味する。言い換えれば、戦争に勝利するためには戦闘で勝利する必要はないということだ。これは自明のことと思われるかもしれない。だが欧米の主要国は、過去七〇年の間に苦い教訓があったにもかかわらず、いまだに戦場における勝利に固執し続けている。アメリカが最たる例だ。ジョージ・W・ブッシュ大統領はイラク侵攻による最初の勝利の後、航空母艦「USSエイブラハム・リンカーン」（*Abraham Lincoln*）の甲板の上に降り立ち、背後に「任務達成」（Mission Accomplished）と書かれた大きな旗をはためかせながら勝利を宣言した。アメリカ軍はサッダーム・フセインの軍隊を圧倒し、アメリカにとって決定的な戦場での勝利を成し遂げた。少なくとも、そう考えられていた。しかし、イラク戦争はさらに八年間も続き、アメリカはいまだにこの国の紛争に巻き込まれたままであり、おそらく今後も続くだろう。「任務達成」は「糸口がつかめない失敗」を表すミーム〔時代の流行を反映し、新たに価値や意味が付加されたシンボル、代名詞〕となってしまった。

その時以来、事態は全く変わっていない。アメリカと同盟国が戦いを繰り広げたアフガニスタン、イラク、シリア、そして他のどの地域においても「平和を勝ち取る」(それがどのような意味であれ)ことができずにいる。戦術的には、欧米の軍隊は無敵である。正規軍同士の野戦で、アメリカ軍と戦う国は壊滅させられてしまうだろう。ところが、欧米の軍隊は戦略的に時代遅れであり、弱者である敵にいとも簡単に翻弄されてしまう。公然たる戦いよりも容易な勝利の方法は存在し、その戦略は大規模な軍隊を必要とせず、あるいは軍隊さえいらないのかもしれない。火力は戦争の勝利には必要ない。ダビデがゴリアテを倒した戦法が、そのことを物語っている。

では、弱者は勝てるのか?

一九六八年一月三〇日、数万の北ヴェトナム軍がテト攻勢を開始した。春節の休日テトを祝うため休戦が設定される予定であったが、代わりに北ヴェトナムは、サイゴンを含む南ヴェトナム全域への大規模な攻撃を敢行した。この時まで、サイゴンは難攻不落と考えられていた。

決死隊はサイゴンにあるアメリカ大使館の建物の中へ突入した。チャック・サーシーは当時、二〇歳の下士官兵だった。

「深夜にサイレンが鳴り響いた。警戒サイレンは〝受け持ち区域に向かえ〟という合図だ」と、サーシーは当時を振り返る。[*2]「みな寝台から飛び起き、不平を言い、よろめきながら装具を身に着け、防御線に向かった。どうせ一五分ぐらいで警戒解除され、我々は再び床に就くのだろうと思っていた。ところが、ある大尉が拡声器を付けたジープで外周沿いにやってきた。これは演習警報ではない、タンソンニャット空軍基地は蹂躙され、サイゴンは手痛い打撃を受けていると叫んでいた」。

サーシーは第五一九軍事情報大隊に所属し、その攻撃はほぼすべての人々の意表を衝いたと語っている。ヴェトコンと北ヴェトナム軍は、サイゴンに加え、三〇の地方都市と王朝時代の古都フエを攻撃した。

アメリカ軍と南ヴェトナム軍は速やかに対応し、失地を取り戻すとともに、「最終的に野戦の戦いに姿を現した」敵を打ちのめした。共産主義者の損失は甚大で、戦闘部隊としての機能は失われた。それは軍事史上、最も際立った敗北の一つと言えた――それが彼らの勝利に転化するまでは。

ニュース映像はサイゴンとフエの戦闘を映し出した。テト攻勢は本国のアメリカ人に衝撃を与えた。[*3] アメリカ国民は戦争が勝利に近づいていると思っていた。ホワイトハウスの当初の楽観的評価が、でっち上げだったことが一夜にして証明された。政府への信頼性に亀裂が入り、戦闘が悪化するにつれて、その亀裂は広がった。二月一八日、軍は戦争全体を通じて一週間当たりの犠牲者数はその週が最も多かったと発表した。五四三名が戦死し、二五四七名が負傷した。数日後、アメリカ政府はこれまでで二番目に多い四万八〇〇〇名の新たな召集を発表し、ジョンソン大統領は予備役から五万人の追加動員を検討した。一週間後、戦況が悪化するまで戦争の段階的拡大を指揮してきた国防長官のロバート・マクナマラが辞任したが、それは解任と言ってもよかった。

アメリカは警戒感を強めた。CBSイブニングニュースのアンカーを務めるウォルター・クロンカイトは、今何が起きているのかを自分の目で確かめるため、ヴェトナムに戻った。彼は第二次世界大戦中の戦争特派員で、ヴェトナムにアメリカが関与し始めた時代に現地からレポートしていた。一九七二年の世論調査で、彼は「アメリカで最も信頼できる人」[*4]に選ばれた。

クロンカイトが現地で見たものは、彼を失望させた。テレビの特別番組でクロンカイトは、ヴェトナム戦争に対するアメリカ人の認識を一変させた。「我々は膠着状態に陥っている」[*5]と訴え、「唯一合理的な解決法は、勝者としてではなく、民主主義を擁護する誓約に従って行動し、そして、できうる限り最善を尽くす名誉ある人民として、交渉することである」と語った。

ジョンソン大統領はその放送を見ながら、「我々がウォルター・クロンカイトに敗北すれば、我々は国を失うだろう」[*6]と語った。数カ月後、ジョンソンは再選への不出馬を表明した。また「紛争の段階的縮小の最初のステップとして」北ヴェトナムへの空爆を一時停止すると語り、アメリカは「現在の交戦レベルを」緩和すると約束した。アメリカはヴェトナムから撤退する道を歩み始めた。

これは北ヴェトナムが戦争に勝利した瞬間だった。それは火力によってではなく、毎晩のニュースによって達せられた。北ヴェトナム政府はアメリカ軍を正規戦では決して倒すことができないことを知り抜いており、全面的にそれを避けた。テト攻勢は軍事的には失敗だったもののプロパガンダの成功例であり、アメリカの戦争努力に対する戦略的な致命的打撃となった。通常戦のマインドセットに固執するアメリカの指導部と異なり、北ヴェトナムの指導者は、テレビ時代における戦争の遂行は戦場での成功のみならず、プロパガンダによって左右されることを理解していた。これは民主主義国家との戦いに、とりわけあてはまる。なぜなら、民主主義国家の市民は政策決定者を雇い、解雇することができるからである。

アメリカは現地での戦術的戦闘に勝利したが、北ヴェトナムはアメリカ本国での戦線において戦略的勝利を収めた。当初から北ヴェトナム政府は、地球の反対側にあるアメリカに対して戦略的影響力を行使する秘密のキャンペーンを展開していた。彼らのロジックは非の打ちどころのない完璧なものだった。すなわち「戦闘でアメリカ軍を撃破できなければ、軍隊を撤退させるよう彼らの上司とアメリカ国民を説得すればよい」というものだ。

ハノイはサイゴンにあるアメリカの報道記者室を攪乱するため、秘密工作員を送り込み、偽情報を拡散する「信頼ある情報源」として活動させた。この中からメジャーなジャーナリストになった者もいた。ファム・スアン・アンはロイター通信や『タイム』誌のレポーターで、『ニューヨーク・タイムズ』紙といった大手報道機関への匿名の情報提供者でもあった。戦後、彼は北ヴェトナム陸軍の大佐であったことが判明した。

ハノイはまた、映画スターのジェーン・フォンダや元司法長官のラムゼー・クラークといった影響力を持つアメリカ人に働きかけた。フォンダは紅色のヴェトナム衣装をまとい記者会見に登場した。彼女は、戦争でのアメリカの行動を恥ずかしく思い、戦闘の終結に向けて努力するつもりだと語った。別の写真には、彼女がハノイで北ヴェトナム兵士と気取ったポーズを取り、微笑みながら、対空砲の砲手座席に座っている姿が写し出されていた。その対空砲は、アメリカの航空機を撃墜するためのものだ。アメリカ兵たちは彼女を「ハノイのジェーン」と呼んで軽蔑し、キャピトル・ヒルのある議員は彼女を叛逆罪で告訴した。しかし、それは時を失していた。北ヴェトナムの説得戦略はすでに効果をあげていたからである。

アメリカ国民は戦争を疑問視し始めていた。ネガティブなメディア報道は、国中に広がる反戦運動に火をつけた。このように、テト攻勢はヴェトナム戦争に対するアメリカの関与の方向を決定づける大統領選挙と時期が重なるように調整されていた。ハノイは本国のアメリカ市民を動かし、アメリカ軍は戦場を動かした。「それが我々の戦略に不可欠だった」と、北ヴェトナム陸軍の元大佐ブイ・ティンは語った。[*7] 北ヴェトナムの政治局はアメリカの国内政治に精通しており、政治局員らは、アメリカ国内の反戦運動の状況を追うため、ラジオで毎日朝九時のワールド・ニュースを聴くのが習慣だった。その間、ワシントンの指導者たちは職務怠慢と批判されるほど迷走していた。[*8] アメリカにとって、ヴェトナム戦争はヴェトナムで負けたのではない——本国で負けたのだ。

このようにして、ダビデはゴリアテを倒した。ヴェトナムの場合、情報が火力よりも決定打となり得ることが証明され、北ヴェトナムはアメリカの戦争目的を拒絶しながら、自らの目的を達成した。これが勝利である。北ヴェトナムは巨大な軍や優勢なテクノロジーを持つ必要はなかった。その代わり、戦争を「膠着状態にはまり込んでいる」と表現するため、メディアのようなキネティックではない手段を用いた。それはアメリカの決意を弱らせ、ついに撤退まで追い込んだのである。情報を兵器に変えることは効果的である。なぜなら、紛争の行方をコントロールし、なぜ戦い、死なねばならないのか（あるいは、戦うべきではなく、死ぬべきではないのか）を国民に問いかけるからである。

ヴェトナム戦争の終わった後、アメリカ軍の大佐が北ヴェトナムの大佐の方を振り向いて「ご存じのように、戦場では、あなたがたは一度も私たちに勝てなかった」[*9]と語った。北ヴェトナムの大佐は少し考えてから、「そうかもしれない」と答えた。「しかし、それはたいして重要なことではない」。

北ヴェトナムは情報を兵器に変えて勝利した最初の国ではない。ベンジャミン・フランクリンはアメリカ革命期の熟達したプロパガンディストだった。[*10]イギリス民衆の中にいる勇敢な革命家からの支持を取り付けるため、フランクリンは、有力紙の『ボストン・インデペンデント・クロニクル』紙の偽造版を発行し、それにフェイクニュースを流した。記事はすべて自分で書き、イギリスのタブロイド紙の編集者にこっそり手渡し、彼らは受け取った記事を転載した。ある記事は、戦時にイギリスからの強い要請を受けてインディアンが行った残虐行為を描いていた。具体的には、「塩漬けにされ、乾燥され、たがで結わえられ、インディアンの祝勝の印のついた、人間の頭皮の八つの小包」が送り届けられた様子を描いていた。フランクリンの記事には、箱の中に数百のアメリカ人の頭皮が入っており、その中には「一九三個のさまざまな年齢の少年の頭皮」「大小二一一個の少女の頭皮」「さまざまなサイズの二九の赤子の頭皮と……その赤子を母親の腹部を切り裂いて取り出した小さな黒ナイフ」が含まれていた。フランクリンの「頭皮はぎレター」は強烈なインパクトをもたらした。でっち上げの作り話はイギリス、アムステルダムや植民地中で焼直しされた。読者はイギリス政府の所業に驚愕し、植民地側を勝利に導く条件を作り出すことに一役買った。

T・E・ロレンスは「印刷媒体は、現代の指揮官が持つ兵器庫の中で最も強力な兵器である」[*11]と確信していた。ロレンスは新聞時代に行動し、北ヴェトナム人はテレビ時代に戦い、我々は今、情報時代に生きていると言われる。では、将来はどうか？　賢い人なら難民、情報、選挙サイクル、マネー、法律などほとんど何でも兵器に変えてしまう。戦争ではパワーは形を変えやすく、勝利は強者にではなく賢者に属する。「非正規戦（irregular war）は銃剣突撃より、はるかに知性を必要とする」[*12]という言葉は、ロレンスが好んで用いたフレーズの一つだ。北ヴェトナム軍の総司令官であったヴォー・グエン・ザップ将軍はロレンス〔の著作〕を耽読していたが、ここで彼が勝利の秘訣をどのように説明しているかを紹介しよう。

> アメリカの兵士たちは勇敢だった。しかし、勇気だけでは十分ではない。ダビデは勇敢さだけではゴリアテを倒せなかった。ダビデはゴリアテを見上げながら、もしゴリアテと同じように剣で戦ったら、ゴリアテは自分を殺せると判断した。しかし、もし自分が石を拾いスリング〔輪にしたひもの先端に石を入れて振り回し、石を遠くへ投げる武器〕に入れて飛ばせば、ゴリアテの頭部を打ち、ゴリアテを倒し、殺せるだろう。ダビデはゴリアテとの戦いに際し、知力を使った。だから、アメリカと戦わねばならなかったとき、我々ヴェトナム人は同じことをしたのだ。[*13]

自分自身の戦争兵器を選択せよ

勝利は強者にではなく、智者に属する。通常戦の戦士たちの頭の中には、火力《ファイアパワー》と殲滅《アニヒレーション》しかない。

勝利はどちらが最後まで立っていられるかのゼロサム計算で決まる。通常戦で勝利することも理論上はあり得る。しかし、それは流血と苦悩を伴い、ますます稀なケースとなっている。勝利へのより巧妙な方法は、敵に勝利への条件を与えないこと、あるいは、一七八一年〔アメリカ独立戦争を終結させたヨークタウンの戦いが起きた年〕にジョージ・ワシントンが血気盛んな大陸軍を率いて成し遂げたように、ひたすら生き延びるだけでもよい。ヘンリー・キッシンジャーは「ゲリラは負けなければ勝利であり、正規軍は勝てなければ敗北である」*14と、ヴェトナム戦争期に語った。

弱者が強者を確実に敗北に追い込むことを可能にした賢明な戦略家は実在する。時間を兵器に変えるのも一つのやり方である。実際に、それは機能する。これは古代ローマのファビウス将軍が第二次ポエニ戦争（紀元前二一八年―二〇一年）で優勢なハンニバルの軍勢に対して用い、中世には「ファビウスの戦略」として知られた。アメリカ革命期、ジョージ・ワシントンはこの戦略をイギリス軍に対して用いた。ロシア人は一八一二年、ナポレオンの大規模な侵攻をこの戦略で撃退した。これは軍事史に残る最大の番狂わせだった。T・E・ロレンスはアラブ人がオスマン帝国を打倒することを手助けする際にこの戦略を応用し、毛沢東は国民党政府軍、その後日本、再び国民党政府軍といったように、武器、兵力、機動力の面でいずれも圧倒していた相手に対して――彼が勝利を収めるまで――この戦略を使った。今日ではタリバーン、アルカーイダ、そしてほとんど誰もがこの戦略を使っている。奇妙なことだが、通常戦に備えた軍隊は、この戦略を研究することは滅多にない。

ここに、この戦略がどのように機能するかを列挙する。次のような前提条件が存在すれば、弱者は強者を負かすことができる。

◇もし強者が次のような条件である場合

●通常戦の戦略と戦術を用いて戦う巨大軍隊
●現地住民のほとんどが嫌悪している外国の侵略者
●地上に広く薄く展開している
●教訓から学ばず、適応がおそい
●「生存のための戦争」ではなく、「選択の戦争」を戦っている

◇もし弱者が次のような条件である場合

●「選択の戦争」ではなく、「生存のための戦争」を戦っている
●外部の脅威から国土を防衛している住民
●大義、イデオロギー、アイデンティティで団結している
●共感を寄せる住民とのつながりを持っている（積極的な味方である必要はない）
●血を流す覚悟ができている

◇弱者が次のようなことをすれば、弱者は強者を打ち負かすことができる。

●戦闘を回避し、生存に重きを置く
●住民から安全な避難場所、補給品、情報、戦闘員を提供するといった支援が得られる（この支援は好意によるものと、強制によるものがある）
●共通の大義、イデオロギー、アイデンティティで結ばれた現地住民をゲリラ部隊に動員できる
●ヒット・エンド・ラン戦術によるゲリラ戦を遂行し、現地調達した生活品で自給できる
●「強者に抵抗する弱者」という構図への過剰反応を利用して、現地と国際社会からの同情を獲得す

る

●プロパガンダ、破壊工作、暗殺、ゲリラ戦、テロリズムによって、相手がさほど強くないことを証明し、現地住民が強者に対して反旗を翻すよう仕向ける

●ゲリラが敵の血の最後の一滴まで絞り取れるよう、敵を国の内奥深く誘い込む

●紛争を長引かせる：戦争が長引くほど、強者にとって兵力、資源、本国の政治的意志の面でのコストが増大する

●コストが高過ぎて強者が現地駐留を継続できない状況に追い込む。やがて、強者は自らの意思で立ち去る

この戦略は成功する。なぜなら、実行する側にとっては安上がりで、制圧する側にとっては高くつくからである。この戦略の遂行には大規模な軍隊を必要としない。軍すら必要ない。ゴリアテが正規軍化するほど、事態はますます強者にとって悪化する。十分な時間さえあれば、弱者は勝利を収めることができる。強者は占領の重みに押しつぶされ、自らの意思で立ち去るだろう。

「二分化された勝利」という神話

毎年、戦略大学で私の授業に出席するアメリカの学生たちは、ヴェトナム、イラク、アフガニスタンの戦争で誰が勝者であったのかをめぐり、激しい議論を繰り返している。これらの紛争は約五〇年という長い期間に起こったものなのに、いずれのケースも議論の流れは似たようなものとなる。学生は高級幹部で、いずれも高位の役職に就く者たちばかりであるが、このトピックに話が及ぶと階級など関係がなくなってしまう。「誰がイラクの勝利者であるかは分からない」と、ある陸軍大佐が語った。彼は三度の戦闘に参加したべ

テラン将校だ。「私が知っていることは、我々はいずれの戦闘にも勝利したことだ。戦闘では『負けていなかった』。おそらく我々は勝者ではなかった。しかし我々は確かに負けてもいなかった」。

「すべての戦闘に勝ったことなんて、どうでもいいことだ」と、国務省出身の外交官が言った。「我々は、いずれの戦争目的も達成しなかったのであり、それは私にとって負けを意味する。あなたは敵にも〔勝敗の〕決定権があることを忘れてしまっている」。

「たぶん、我々はイラクでの戦争に勝利しなかった」。戦闘経験豊富な海兵隊の大佐が語った。「しかし、我々は負けてもいない。我々は戦争を放棄したのであり、それは敗北を意味しない」。

　何人かが頷いて、同意を示した。ある一人を除いて。そのイラク軍の大佐は頭を振っていた。おそらく、我々がこうやって議論している間にも、ISISがイラク国内を席巻していることを知ってのことだろう。

　今でもVFW〔アメリカの退役軍人クラブ。Veterans of Foreign Warsの頭字語〕のバーで議論に加わりたければ、その手っ取り早い方法はヴェトナム戦争について語ることだ。ヴェトナムで戦ったすべての退役軍人——その多くが苦難を体験した——の脳裏に焼き付いていることは、この紛争はいまだに自己批判とそれへの反駁といった激しい喧騒を繰り返しているということだ。動かぬ証拠が歴然として存在しているにもかかわらず、アメリカが敗北したことを認めようとする者はほとんどいない。戦友が戦死したこと、そして国家が掲げた目的を達成できなかった事実を受け容れることは、彼らにとって実につらいことだ。

　ダビデが勝利するたびに、ゴリアテの発する言い訳はいつも同じだ。それはヴェトナム、イラク、アフガニスタンでも変わらない。それは「我々は勝てなかった。しかし、負けもしなかった」という言い逃れだ。ヴェトナム駐留アメリカ軍の司令官であったウィリアム・ウエストモーランド将軍は同世代人に向けて、ヴェトナム戦争を次のように総括した。「軍事的には、我々はヴェトナムで成功した。ヴェトナムの地で戦ったいずれの戦闘においても、我々は勝利した」と。アメリカ軍は今日、イラクとアフガニスタンについても同じことを言っている。

「軍事的に勝利し、戦争には負ける」という二分化された勝利（bifurcated victory）は神話である。これは「先生、手術は成功しましたが、患者さんは死にました」という古いジョークに似ている。勝利と敗北は、政治的観点から捉えてはじめて意味を持つ。すなわち、軍事的勝利を政治的勝利に転換することに失敗した場合、それは敗北を意味するということだ。大きな軍隊〔アメリカ〕がヴェトナム、イラク、アフガニスタンで敗北した要因がここにある。

戦略の「戦術化」

戦略の「戦術化」は、現代戦において欧米諸国が悪戦苦闘しているもう一つの理由である。孫子は「戦術なき戦略は勝利への迂遠な道である。戦略なき戦術は敗北前の喧騒である」と忠言したと言われている。[*15] この点について説明しよう。

戦争には戦術、作戦、戦略の三つのレベルがある。戦術は戦争の土台となるレベルで、兵士一人一人が関係する領域である。戦術とは、戦場における小部隊の機動や航空攻撃、海上における各艦艇の行動に関するものである。軍事史家は、戦闘に至った社会的背景ではなく、歴史的な戦闘そのものに焦点をあてた戦術レベルを取り上げることが多い。『硫黄島の砂』のジョン・ウェインから『プライベート・ライアン』のトム・ハンクスまで、ハリウッド映画は戦術レベルの偉業を讃えている。

次は作戦レベルについてである。作戦レベルでは、一つの戦域の中のいくつかの軍事作戦を統合することが必要となる。第二次世界大戦期の欧州戦域における、連合国のノルマンディー海岸への上陸とベルリンへの侵攻が好例である。軍事作戦の計画立案者は、パットン率いる第三軍の作戦とモントゴメリー率いる第二一軍集団の作戦など複数の作戦行動を調整し、無数にある戦術レベルの交戦結果を管理しなければならない。一般的に軍では、この技能を「作戦術《オペレーショナル・アート》」と呼んでいる。

頂点にあるのが戦略である。戦略レベルにおける戦争は、軍事的手段を超えて、国力を構成するあらゆる手段――経済、外交、社会、政治、情報、軍事――を包括し、国家の利益を達成するため総動員される。これがうまくいけば、国家は戦勝の理論に従って、目的達成のための青写真あるいは大戦略を策定できる。戦略レベルは、戦争が最も政治色を帯びる次元である。では、戦略レベルが有効に機能していることをどのように見分けるのだろうか？　それは軍事的勝利が政治的勝利に転換されるとき（その逆も当てはまる）の「軍事と政治の関係性」を見ることによって果たされる。

戦術レベルと作戦レベルの停滞は取り返しがきくけれども、戦略レベルでの失敗は戦争全体を崩壊に導く。それゆえ、戦争の勝利は戦略レベルにおいてのみ実現し、勝利を測る唯一正統な尺度はこれしかない。つまり「戦争は、実現に向けて設定した目標を達成できたか？」という尺度である。この問いの範囲を超えるいかなる問題も「勝利」とは関係ない。単に〔一方的に〕勝利を宣言し、紛争から逃げ出しても、誰も騙されない。とりわけ、歴史は欺けないのだ。

多くの人が今日――政府の最高位にいる者も含めて――戦術と戦略とを混同し、戦場における勝敗に没頭し、それと戦争の政治的目的との連結を考慮していない。戦術的優位は現代戦あるいは将来戦において、ヴェトナムやアフガニスタンでそうであったように、ほとんど何も達成できない。ドローンの精密攻撃は敵の指導者を殺害し、高価値目標を破壊するかもしれないが、それでも脅威は増すばかりである。一人のテロリストが殺害されるたびに、三倍の敵が現れる。現地部隊の兵士たちはこれを「モグラたたき」（Whack-A-Mole）戦略と冗談交じりに語る。ゲームセンターにあるモグラたたきゲームにちなんだ呼び名で、延々と繰り返される退屈な仕事を意味する日常会話の表現である。つまり、敵は「叩かれる」たびに、別の場所から再び現れるというのだ。この「モグラたたき」は、戦略的問題に対して戦術的アプローチで解決しようとするため失敗に終わる。戦術的勝敗だけで政治状況が変わることは滅多に起きないのだ。「二分化された勝利」の問題に対する一つの解決策は、戦略教育の改善である。大国の軍隊は戦略的思想家より戦術的思想家が多い。なぜなら、我々は軍人たちにそのように教育を施しているからである。ウエストポイントのような軍種のアカデミーから戦略大学に至るまで、アメリカは世界で最も優れた専門職業的軍事教育システムを擁している。ところが、このシステムはしばしば戦術と戦略を混在させてしまっている。多くの学生が戦略の授業で、ゲティスバーグの戦いを学ぶ。ゲティスバーグは戦術的な戦いであり、戦略レベルのものではない。[*16] 教育カリキュラムはカール・フォン・クラウゼヴィッツやアルフレッド・セイヤー・マハンといった一九世紀の戦争理論家に特化され過ぎている。彼らは戦略より戦術に価値を置く通常戦の父たちである。アントワーヌ＝アンリ・ジョミニは一九世紀に最も影響力のあった戦争理論家であったが、彼はこのアプローチを「大戦術《グランド・タクティクス》」まで高めた。こうした思想家たちにとって、ワーテルローのような戦闘が戦争に勝利をもたらすのであり、ヴェトナムのような戦争は理解に苦しむ。こうした理論家たちはとっくに有効期限が切れてしまっている。もはや誰も一八三〇年のように戦いはしないのだ。

戦略教育の質は、軍以外の学校ではさらに悪い。民間のほとんどの大学では、戦略研究はまったく教えられていない。それは重大なミスであり、呪術思考とでも呼び得る難解な学術的理論の典型となっている。むろん、例外もある。どこの大学や戦略大学にも、優れた思想家はいるし、優秀な教師がいるものだ。それは戦略研究の分野では、十分な理論を読破し、戦場経験を有して戦争の将来を見透せる「学者でもあり実践家でもある人」のことだ。

アメリカ軍における戦略教育は、随分後れて始まった。ウエストポイント（学部生に相当）のような軍事大学で戦略はほとんど教えられず、戦略大学（大学院生に相当）で戦略を教わるのでは遅すぎる。平均的な戦略大学の学生は、一五年ほどの勤務経歴を持つ高級幹部たちである。指導者は大佐としてではなく、将来に政策中枢を担う高級幹部候補生として戦略的に思考する術を学ばなければならない。しかし、高官になってからでは遅すぎる。戦術と戦略は二つの異なる思考を必要とし、全く正反対ですらある。一方は「複雑」（complicated）、もう片方は「複合的」（complex）である。ボーイング七四七と議会をイメージしてみよう。七四七は地球上でもっとも複雑な機械の一つである。膨大な量のパーツから構成されているが、十分な根気さえあれば、分解し、組み立て、再び飛ばすことができる。言い換えれば、解決可能ということ。議会はそうはいかない。五三五名の議員から成り、それぞれが独立的に行動し、その行動は予測できないことが多い。議会は難易度の高いパズルのように解くことができず、問題を複合化する。システム論では、複雑なシステムは解きほぐすことができるけれども、複合システムはそれができない。

　同じことは戦争についても言える――戦術は「複雑」で、戦略は「複合的」である。戦略教育の大部分は、一五年にわたって戦術の「複雑性」を考えてきた幹部に対し、戦略の「複合性」を考えさせることに費やされる。幹部のほとんどは工学（自然科学や数学を人間の役に立つ実用的な分野（建築、設計、土木、機械、製造など）に応用した学問）の学位を持ち、これは複雑な問題を解く方法を案出するための体系化された専門分野である。すべて軍の大学では、徹底した工学系中心のカリキュラムが組まれている。アナポリスでは、英文学専攻の学生も科学《サイエンス》の学士号を取得し、アートよりもサイエンスに関する履修時間の方が多い。そのような方法だと、若いリーダーたちが戦略思想家になることはできない。

　近年の「ハイブリッド戦争」と呼ばれるコンセプトは、戦術的思考と戦略的思考との断絶を橋渡ししようとする試みであり、これは通常戦と非通常戦の問題とも関連している。ハイブリッド戦のアイディアは、海兵隊大佐で退役後に戦争学者に転向したフランク・ホフマンが提唱したものだ。[*17] ハイブリッド戦は現代紛争を戦争の三つのレベル（戦略、作戦、戦術）すべてにおいて、通常戦と非通常戦が混合した戦いとして描く。例えば、ロシアは戦車など通常戦で使われるハードウェアと、リトル・グリーンメンといった非通常戦タイプの軍事資産を用いてクリミアを奪い取った。この有力なアイディアは、通常戦の戦士たちがポスト通常戦世界へと飛躍を遂げるための手助けになる。それは通常戦の戦士たちが、これまでの戦術的思考回路を維持したまま、今日の戦略的複合性を理解することを容易にする。このように、ハイブリッド戦の理論は重要であるけれども、それで十分だというわけではない。

欧米諸国は「戦略的にいかにして勝つか」を学びなおす必要がある。戦略はアートであり、戦術はサイエンスである。だからこそ、欧米の軍隊は戦争について創造的に考えることのできる人材を必要としているのである。このため、これからは新しいタイプの戦略家が必要とされている。

戦争アーティストの育成

二〇一六年のことだ。猛暑に包まれた六月のワシントンDCで、痩身《そうしん》の海兵隊員がステージ上を演壇に向かって歩いている。我々は暑さで焼かれていたが、男のこぎれいな上衣とネクタイからは、いったい彼が何者なのか見分けがつかないだろう。その男は全く汗をかいていないように見える。左の胸は勲章メダルで埋め尽くされ、左右の肩章には四つの星が輝いている。その男、ジョセフ・ダンフォード将軍は統合参謀本部議長で、アメリカ軍で最高位の軍人である。統合参謀本部議長はアメリカ国防大学の卒業式で祝辞を述べる立場にあるため、国防大学は「議長の大学」とも呼ばれている。[*18]

「みなさんもご承知のとおり、卒業式という所は長々と演説する場ではないと私も分かっている」と彼は語り、我々全員は安堵の笑みを浮かべた。

気温三二度の暑さと熱帯雨林のような湿度で蕩《とろ》けそうになりながら、我々五〇〇〇人は宮殿のようなテントの下に座っていた。軍人たちは正装に身を固め、文官たちはウールのスーツを着ている。私は床まで届く長さの式典用ガウンを身に着け、所属する学部の教授陣と一緒に座っている。このガウンはもっと涼しい気候向けのもので、ワシントンＤＣのように熱気の吹き溜まりみたいな場所には不向きだった。

卒業後にペンタゴンに配属される幹部に言及しながら、「君たちのうちの何人が統合参謀本部に来るのだろうか？」と、ダンフォードは冗談を言った。数人の手が挙がった。「君たちの車は駐車場ですでに出発準備ができているはずだ。知ってのとおり、君たちはここにいる〔国防大学からペンタゴンまで約一〇キロメートルの距離〕。我々は本日の一七時に君たちを歓迎する用意ができている」。

笑いは、かすかだった。ある将軍は私にこう言ったことがある。ペンタゴンでの仕事は、映画『ベン・ハー』の海戦シーンのようなものだ。「懸命に漕いで、生き延びろ」。

冗談は消え去り、ダンフォードは軍人職の変化について語り始めた。彼は軍人のみならず、我々全員に語りかけていることは明らかだった。今や国家安全保障は巨大な軍だけにとどまらない、それ以上のものを必要としている現れだ。軍の大学は今、連邦政府や諸外国からの高官を学生として迎え入れている。

「君たちのほとんどが知っているように、二〇一六年はヴェルダンの戦いから一〇〇年目にあたる。この戦いは五〇万人以上の兵士の命を奪った。ヴェルダンは、私の見立てでは、変化のためのきわめて格好の事例研究となる」と語り、この世界大戦で数千万人の命がいかに無駄に失われていったかについて語り、それは交戦国すべての意思決定者が新しい戦争形態に適応するのがあまりに遅すぎたためであると主張した。ビリー・ミッチェルやＪ・Ｆ・Ｃ・フラーといった戦間期の思想家は、こうした問題のいくつかを予測していたが、体制派に無視された。そして、ダンフォードは現代に目を向けた。

「我々はすでに——君たちには正直に言うが——我々はすでに後れを取っている」と語り、こう締めくくった。「我々は多くの点で、今日の全く変容してしまった戦争の性格への適応にすでに乗り遅れてしまっている」。

こうした判断は、アメリカのトップの将軍から発せられたものであるだけに、我々全員を震撼させずにはおかない。アメリカや他の西欧諸国は、現代戦に本気で取り組んでこなかった。現代戦を戦うのに十分な部隊も、訓練も、装備も欠いている。どの紛争地域でも、欧米の軍隊は最強であるはずなのに。その理由は、欧米諸国は戦争の新しい性格にいまだ適応していないためであり、ダンフォードによると「革新的方法で将来を考え抜いていない」からである。

卒業生に向けられたダンフォード将軍のスピーチの要点はこうだ。我々は過去にも同じ所にいた。軍は戦争についての考えを進化させるのに後れを取り、兵士を死に追いやった。よって我々は、事態を改善する道義的義務を有する。しかし歴史が我々に示しているのは、それを行う、あるいは行うことができる人材はほとんどいないということだ。

将来、我々は戦士を超えたもの——戦争のアーティストを必要とするだろう。戦争は工学を超えたジャズのようなものであり、我々はジャズのように思考することができる戦略家を必要としている。どうすれば戦争アーティストを育成できるか？　一般教養科目から始めるのがよい。いかに考えるかを学ぶことは、何を考えるべきかを知ることより重要である。軍の大学や補任部署はアートを奨励し、学生たちが同僚の中から戦略家を発掘できるような仕組みを作り上げる必要がある。戦略大学は戦略教育の中から一九世紀の戦略を取り除き、非西欧的な系譜を取り入れる必要がある。

戦略教育は若いうちから開始しなければならない。なぜ我々は、幹部の知的療法に戦略を取り入れるまで一五年間も待たねばならないのか？　その時には、戦術家たちがトップに登り詰めていて、戦略家の多くは不満を抱きながら軍を離れていくだろう。文官の戦争アーティストたちはもっと急な坂を駆け上がらなければならない。民間の大学で教えられている戦略教育はひどいもので、象牙の塔から出たことがなく、従軍経験など全くない人々によって教えられている。我々には天与の素質があるはずだが、それを磨く機会を持てないでいるのだ。

我々はいち早く戦略の天才を見つけ、軍部と非軍部の両方の人材に開かれた個別プログラムで育成する必要がある。軍の指導者だけが有能な戦争戦略家になれると決めつける理由はどこにもない。リンカーンとチャーチルは実に素晴らしかった。誰もが偉大な戦略家になれるわけではないが、有能で創造的な戦略家は何処からでも現れるものだ。

オースン・スコット・カードのSF小説『エンダーのゲーム』は、示唆に富む作品である。この本に登場する軍事戦略家は、幼少の頃の知能と創造力、そして道徳心が評価され、若くして〔将来の軍事指導者の候補者に〕選ばれる。本の内容を知る読者にとっては当然のことながら、若年の戦略家が想定している戦争は完全なる通常戦タイプである。SF小説はしばしば、現在を映し出す鏡である。とはいえ、萌芽期にある戦略家をいち早く見出す学究的環境のイメージは魅力的だ。いかなる技能と人格的特徴を我々は重んじるべきか？　どんなカリキュラムを準備すべきか？　どんな指導法を生徒たちは必要とするのだろうか？　いかなる経験を積ませるべきか？　これらは我々が問い続けなければならない問題であり、〔その答えを見出すことで〕我々は新しい戦争様式を革新してくれる戦略家の候補者を見つけ出し、採用することができる。

「すべて準備は整った。我々の心がそうであれば」[19]とは、シェークスピアの『ヘンリー五世』の中で、アジャンクールの戦い〔英仏百年戦争中の一四一五年に起き、イングランドが圧勝〕を前に王が宣言した言葉である。イギリスは勝利した。機敏な戦略マインドは、スマート爆弾や目を見張るようなテクノロジー、あるいは数的優勢よりも重要である。そうした兵器やテクノロジーは、その背景に優れた戦略がなければ、戦争に勝利することはできない。もし我々が戦争のアーティストを育成できれば、将来に勝利を収めることができる。戦争を研究する目的は戦争自体を減らすこと、そして他に選択肢がない場合、できるだけ効率的に戦うことである。それが国民の命と国家を救うことを意味するならば、重要なことである。

将来戦に勝利する

二〇〇六年七月のある朝、二台のハンヴィーがレバノンと国境を接する北部地域をパトロールしていた。国境の反対側にはヒズボラが潜んでいる。ヒズボラは恐るべきテロリスト集団であり、イスラエルの抹殺を目論むイラン政府代理の民兵組織である。ベイルートの人々がどう考えていようと、ヒズボラは南部レバノンを支配している。

パトロールはいつもと変わりなく開始された。車両は国境地帯の丘や谷間に厳重に張り巡らせたフェンスに沿って走行した。聞こえてくるのは鳥のさえずり声だけだった。そのとき、空を横切ってカチューシャ・ロケットが炸裂した。レバノン領内から発射されたものだった。

ヒズボラの仕業だ、とイスラエル兵は思った。ロケット弾はそう遠くない集落に落ち、その衝撃で地面は揺れ動いた。

「前進」。分隊長は叫んだ。「行くぞ!」

生存者を救出するため、待ち伏せされていることも知らず、二台のハンヴィーは集落へ急行した。死の罠に誘い込むように、ロケット弾はわずかにそれて着弾した。激しい銃撃戦が続いた。硝煙が晴れると、三人のイスラエル兵が死亡し、五人が救出活動の失敗で命を落としていた。そして二人がヒズボラに捕虜として捕らえられた。

数時間後、イスラエル首相エフード・オルメルトは軍にレバノンのヒズボラ攻撃を命じた。ベイルートはまったくの傍観者だった。数日後、オルメルト首相はイスラエルの国会にあたるクネセトで、ヒズボラへの敵意を露わに演説した。この数年間、ヒズボラはレバノンからイスラエル領内に攻撃を繰り返し、イスラエル人が亡くなっていた。レバノン政府はこうした状況に関心も責任も持ってこなかった。「もうこれ以上、許されない！」と、オルメルト首相は叫んだ。首相は戦争が迅速かつ簡単に片付くと約束した。テロリスト集団は、中東で最も強力でありテクノロジー面で最先端のイスラエル国防軍の敵ではないからだ。戦争は次の四項目を達成するだろうと首相は語った。第一に、拉致された二人の兵士を取り戻すこと、第二に、戦闘を完全に終わらせること、第三に、ヒズボラを南部レバノンから力ずくで追放すること、そして最後に、レバノン軍がヒズボラを排除し続けることを確実にすること、であった。オルメルトは「我々は勝利する」という言葉で演説を締めくくった。

ヒズボラ指導者のハサン・ナスルッラーフは、この演説を聞いて舞い上がって喜んだにちがいない。イスラエル軍はヒズボラに勝る圧倒的戦闘力を誇っているが、それが何だというのだ。オルメルト首相はたった今、非現実的な四つの戦争目的を宣言した。しかも、のっぴきならないことに、彼は国際テレビチャネルで宣言したのだ。オルメルトにとって、もはや後戻りできなかった。もしヒズボラがイスラエルの掲げた勝利の条件の一つでも阻止できれば、イスラエルは勝利を宣言できないことになる。戦争においては、人生と同様、信用を維持するためにも、言ったことを必ず成し遂げねばならないのだ。

三四日間にわたって、イスラエルは通常戦を戦い、南部レバノン地域が砂と化すまで砲撃を加えた。ベイルート全域が瓦礫と化し、国際空港も爆撃を受けた。結局、七〇の橋梁、九四の道路、三つの空港、四つの港湾、九カ所の発電所が破壊された。国全体が猛攻を受け疲弊した。戦争が終結するまでに、イスラエル側の死者の一〇倍以上のレバノン人が殺され、イスラエルは南部レバノンを支配下に置いた。

だが、イスラエルは戦争に敗れた。現代戦では今や馴染み深いフレーズとなったが、自分たちよりも弱い敵に対し、「イスラエルはあらゆる戦闘に勝利したが、戦争には負けた」のである。ヒズボラは勝利した。イスラエルを征服することによってではなく、イスラエルが掲げた勝利の条件を拒否することによって。オルメルトは戦略的に判断を誤った。彼は二人の兵士を奪い返すと約束してしまった。二人の人間を隠し通せない者などいるだろうか。ヒズボラが捕縛者を確保し続ける限り、イスラエルは勝利を宣言することができないのだ。最終的にイスラエルは拉致された兵士の死体を引き取ったが、それは二年後のことだった。

イスラエルは敗北した。軍事力では成し遂げられない勝利の条件を掲げ、勝利の条件を達成するため軍事作戦を遂行したからだ。さらに悪いことに、オルメルトは勝利の条件を公に宣言し、事態が悪化した場合の「言い逃れのできる論拠」を失ってしまった。ヒズボラにとって勝利は簡単だった。イスラエルが失敗するにまかせておけばよかったからだ。

イスラエル - ヒズボラ紛争は、戦争の新しいルールを見事に表現している。これが旧態依然たる通常戦であったなら、イスラエルが勝利していただろう。イスラエルは多くの領土を占拠し、多くの人を殺戮し、多くの重要インフラを破壊し、敵領土内に国旗を掲げたからである。しかし、イスラエルは勝利できなかった。なぜなら通常戦は死に絶え、イスラエルの優勢な火力や戦闘テクノロジーを無意味にしてしまっていたからである（ルール一、二、五）。「戦争と平和」という区分概念は南部レバノンにも、イスラエル国境の別の場所にも当てはまらない（ルール三）。一般市民が標的とされ、その死者数は戦闘員の犠牲者数を上回った（ルール四）。戦闘は、レバノンという〔交戦主体とは〕別の国内で生起し、当のレバノン軍はおかしなことだが職務離脱者が続出した。紛争がイスラエルと非国家主体との間で行われていたからである（ルール七）。

最終的に、イスラエルはイランの「影の戦争《シャドーウォー》」に敗れた（ルール九）。ヒズボラとはテヘランの完全な傀儡ではなく、かなりの自律性を有しているとはいえ、イランの代理的な民兵組織である。イスラエルの戦略的ミスは、敵の勝利を決定的なものとした（ルール一〇）。その後、ヒズボラはシリアに移動した。そこは非国家主体と傭兵がうごめき合う混沌とした戦場である（ルール六、八）。現在のシリアは、欧米の未来学者が描く無価値なヴィジョンとは対照的に、私たちに戦争の未来を見せてくれる。

イスラエルは戦争の新しいルールを理解できず、敗北した。しかし、イスラエルは過去の教訓から学ぶ軍隊のモデルでもある。〔レバノンでの〕戦争の後、イスラエルは戦略的な自己分析に取り組んだ。元判事エリヤフ・ウィノグラッドを長とする特別委員会は、失敗に終わった軍事作戦の原因を調査するため設立された。イスラエル国防軍や社会全般から非難が沸き起こった。そうした内省を経て、変化する戦争の本質を捉えた新たな戦略が練り出された。およそ一〇年の時を経て、イスラエル国防軍は「影の戦争」の要素を盛り込んだ戦略を明らかにした。それは「戦間期の作戦」[*1]（Campaign between Wars）と呼ばれた。イスラエルは通常戦から抜け出しつつあり、ロシアや中国と同様、未来に踏み込みつつある。欧米もこの足取りを追うべきだ。

将来の戦争

欧米は戦争の未来に適応できなければ、敗北するだろう。これは避けられないことだ。欧米諸国はすでに、ロシアや中国といった年々前進を遂げ大胆に行動する脅威に対し、周辺地域で敗北を喫している。最後に、いずれかの国が我々をテストし、勝利を収めるだろう。

欧米は「戦略の退化」により、戦争に勝利する方法を忘れてしまっている。アメリカがどれだけ巨額の資金をF‐35のような通常兵器に投資しているかを考えると、私たちの国の多くの人々がいまだに、将来の国家間戦争が通常戦で戦われると信じていることがわかる。一方、ロシアや中国は今も通常兵器を買ってはいるけれども、ウクライナや南シナ海を見ればわかるように、それらを通常戦とは異なる方法で使用している。ロシアは二〇一七年に軍事予算を二〇パーセントも削減した。[*2]だがそれは、世界的野望を制限しようとする兆しではない。ロシアの指導者たちは、戦争がもはや殺傷率の問題を乗り越えてしまっていることに気づいている。

通常戦流の思考は、我々を苦しめている。シリアからアカプルコに至るまで、誰もそんな戦争を戦っていない。古びた戦争のルールは、どこでも使われていない。なぜなら戦争そのものが変わってしまったからであり、欧米はそこから取り残されてしまっている。〔それでも〕戦争はやってくる。紛争の仕掛け線はどこにでもある。都市を壊滅させる闇市場の核爆弾、ロシアによる不法占拠とＮＡＴＯの武力対処、カシミールをめぐるインドとパキスタンとの血みどろの戦い、北朝鮮によるソウル砲撃、欧州の都市におけるイスラム系テロリストによる反政府活動との戦い、中東諸国の核保有、ライバルの超大国となることを阻止するための中国との戦いなどである。

これらの脅威はどれも深刻に見えるが、一時的なトピックであり、最悪というわけではない。私たちの生涯中に発生する武力紛争の件数が増大していることからも明らかなように、「慢性的無秩序」のようなシステム的脅威の悪化は、二一世紀のグローバルな安全保障を動揺させるだろう。戦争を純粋に意志と意志との軍事的衝突と見なしている伝統主義者は、いかに巨大な軍隊であろうと戦争の政治的本質を理解していないため（敵は理解している）、挫折を運命づけられている。戦争に勝利する方法は数多く存在し、そのすべてが大規模な軍隊を必要とするわけではないのだ。

戦い方が変化すれば、国力の新しい道具を作り直さなければならない。それは思考することから始まる。第一のステップは、「我々が戦争について知っていると思っていること」を捨て去ることだ。我々の知識はすでに時代遅れだ。第二のステップは、来るべき時代の兵法（art of war）を理解することだ。そうすれば、我々はそれ（兵法）に負かされるのではなく、それをマスターできるかもしれない。

将来、戦争はますます影の領域に入り込む。情報時代にあって、匿名性は選択兵器の一つだ。戦略的転覆をなし得れば、戦場での勝利ではなく、戦争に勝利できる。通常戦の軍事力は、「関与《インフルエンス》を否認できるもっともらしい根拠」を提供する仮面をかぶった軍隊に取って代わられ、欺騙や影響力などノンキネティックな兵器が決定的となるだろう。「影の戦争《シャドーウォー》」は最終決着のない戦争を欲する者たちを惹きつける。これが「影の戦争《シャドーウォー》」が増殖する理由だ。

将来戦は始まりもなければ、終わりもない。代わりにそれは、引きこもり、くすぶり続け、時として爆発する。「戦争でも平和でもない」(neither war, nor peace) 状態や世界中の「永遠の戦い《フォーエバー・ウォー》」の発生数の増大に見られるように、この趨勢はすでに現れている。世界銀行の『世界開発報告二〇一一』は、世界中のあらゆる平和努力にもかかわらず、絶え間ない暴力は増大する一方であると報告している。社会科学の研究成果はこれを裏付けており、それによると交渉による和平合意の半数が五年以内に破綻していることが明らかになっている。「戦争終結」という用語は、すでに矛盾した表現となっている。この趨勢は今後も強まると予測した方がよい。

傭兵が再び戦場を駆け回り、利潤に動機づけられた戦争が繁殖する。国際法は傭兵を禁止できず、傭兵への軍役需要は毎年増大する。特殊部隊チームや攻撃ヘリコプターなど、かつては政府に固有のものと考えられてきた手段は、今や市場を通じて利用可能となる。これは現在の最も危険な趨勢の一つであるが、それはほとんどの観察者の目には見えていない。それは意図的なものだ。プライベート・ウォーは軍事史では定番であり、ここ最近の数世紀がむしろ例外的な時期であった。

マネーで火力を買うことができれば、大富豪は新たなスーパーパワーとなり、あらゆることを変えてしまうだろう。国家が退くにつれて、権威の空白は多国籍企業や巨大軍閥、億万長者といった新たなタイプの世界的パワーによって埋められる。今やこれらのパワーは私兵を擁しており、「国家の関与しない戦争」

が現実となっている。この趨勢は戦争を生み出す一方で、それを規制できない武力を求める自由市場によってますます強まるだろう。今日の軍隊はプライベート・ウォーの戦い方をすっかり忘れてしまい、我々はその矢面に立たされている。

通常戦の戦士たちにとって、これは全くの無秩序であり、パニックをもたらす。世界は燃え続け、それを消し去る方法は見つからない。しかし、新しい戦士たちは違ったところを見ている。国家は概念として衰退しつつあり、実際に戦っている他のアクターたちに取って代わられている。そのアクターたちが戦っている様態は無秩序ではない――それが戦争の未来なのだ。パニックに陥ることなく、この未来に習熟する必要がある。

良い知らせがある。我々は新しいルールを理解すれば、「慢性的無秩序」の時代において勝利を収めることができるということだ。それは通常戦力からポスト通常戦力へと軍隊を変容させること、そして我々の戦略教育を刷新することから始まる。我々はマシンではなく、人材に投資すべきである。それは知略こそが物理的武力に勝り、テクノロジーがもはや戦場における勝利に決定的な役割を果たさないからである。また我々は、プライベート・フォースのような新しい形態の紛争に対応するため――私が戦争アーティストと呼んでいる――戦略家を新たに養成する必要がある。

勝利の半分は「それが何であるか」を知ることであり、そのためには大戦略を必要とする。「慢性的無秩序」の時代にあって、我々の大戦略はある問題が危機に陥ることを防止し、そして危機が紛争に発展することを阻止するものであらねばならない。無秩序を回復する試みは、シシフォスの仕事〔いつ終わるとも知れない永遠に繰り返される仕事の意〕である。というのも、無秩序とは世界の自然状態だからだ――繰り返して言うが、〔無秩序が〕異常であり続けたのは、最近のほんの数世紀にすぎない。絶えざる無秩序への対処は、ある病気の治療法を見つける試みというよりも、慢性的な疼痛《とうつう》管理の試みに似ている。そして誰もウェストファリアを懐かしみ、嘆き悲しむべきではない。歴史上最も凄惨を極めた戦争――世界大戦――はウェストファリア体制の下で起きたのだから。

戦争は地下に潜伏しつつあり、欧米は独自の「影の戦争《シャドーウォー》」様式を作り出して、その流れに追随しなくてはならない。そうした状況での戦いに適した特殊作戦部隊は拡大されるべきであり、残りの軍はより「特殊」になる必要がある。欧米諸国は代理勢力や傭兵をうまく使いこなせるようにならなければならない。しかし、真の選択兵器は外人部隊である。外人部隊は特殊作戦部隊のパンチ力と正規軍の持久力を兼ね備え、代理勢力や傭兵に絡む問題に煩わされることもない。

将来、戦争の勝利は物理的な戦場ではなく、情報空間において決せられる。欧米にはハリウッド、マディソン街、そしてロンドンなどに錚々《そうそう》たる才能がありながら、現代戦で情報優越を喪失してきた。戦略的な破壊工作を活用することへの欧米の躊躇は、敵を利するだけだ。『孫子』と『兵法三十六計』は、この躊躇を克服するための格好の起点である。戦争アーティストには、そこから始めさせよう。欧米は「新しい戦争のルール」を奉じて戦えば、勝利することができる。そうしてはじめて、我々は安全になる。

目の前にある選択

「これまで、国のために命を落として戦争に勝利した奴はいない。君たちは、他の哀れで愚かな奴らに国のために命を投げ出させて戦争に勝利したのだ」。パットン将軍はこの言葉を七〇年前に語ったのだが、その言葉は正しかった。パットンの軍は史上最大の水陸両用の強襲攻撃を開始しようとしていた。Dデイである。その「最も長い一日」のうちに、一六万人の連合軍の部隊がフランスのノルマンディーの海岸堡を奪取した。その日だけで一万人以上が戦死し、潜在的に軍事的破局の可能性もあったのだが、兵士一人一人の勇敢な行為が勝利をもたらした。そこから連合軍はベルリンへの長い行軍を開始し、ナチ帝国を終焉させた。

パットンの言葉は、今となってみれば正しくない。

今日、戦士たちは自分の国のために命を投げ出さない。彼らは宗教のため、エスニック集団のため、氏族のため、マネーのため、そして戦争それ自体のために命を落とす。アフガニスタン人やソマリア人などごく少数の者たちは、自分たちが国のために戦っていると語っている。しかし、問題の「国」はメタファーであり、近代国家ではない。実際、こうした状況で機能上の国家というものが存在するとすれば、おそらく彼らは機能上の国家と戦うのだろう。パットンが今も存命なら、両手で頭を抱え込んでいただろう。

国家は戦い方を進化させる必要がある。しかし、それは可能なのだろうか？　歴史は我々にそうした変化が難しいことを教えてくれる。ビリー・ミッチェルは、将来の戦争は戦艦ではなく、航空機と航空母艦が主役となるにちがいないと大胆に主張したかどで、一九二五年に軍法会議にかけられた。ミッチェルはパールハーバーが現実に起こる一六年前に、それを予測した。彼の上司たちはミッチェルに有罪を宣告し、彼を嘲笑した。なぜなら、そうすることが彼に耳を傾けることより簡単だったからであるが、その結果、一九四一年一二月七日に「奇襲」を受けることになったのである。

戦略的教義を変えることは難しい。なぜなら、それにかかわるすべてが国家の生存にかかわることだからである。万が一対応を誤れば、国家は消滅する。それゆえ戦略的指導者は新しいアプローチを実験することに慎重なのだ。それがおそらく、軍隊が戦術的プレーブックを「ドクトリン」と呼ぶ理由なのかもしれない。しかし、そのような思い入れは、人々を死に追いやる。疑いなく、国家が戦争のやり方を変える前に、流血——おびただしい量の——が必要とされる。しかも、多くの血を流しても変えられないこともある。

第一次世界大戦は、このことを思い出させてくれる好例だ。どの戦略家たちも、過去の栄光の日々——

ナポレオン時代の戦争――にとらわれていた。ところが、第一次世界大戦が勃発するまでに、戦い方はナポレオン時代の戦闘様式をはるかに超えてしまっており、指導者たちの戦略的イマジネーションの欠如によって、数百万人が無駄死にすることとなった。あるいは、指導者たちは既定のルールに従っただけなのかもしれない。政治家は将軍たちに勝利を命じ、将軍たちは大勢の兵士たちに要塞化された塹壕陣地への突撃を命じた。結果は機関銃による大量殺戮だった。それでも将軍たちが翌朝、同じ命令を下すことをやめさせることはできなかった。ソンムの戦いでは、イギリスはたった一日で六万人の損害を出した。その数はヴェトナム戦争におけるアメリカ兵の戦死者の総数を上回っていた。ソンムの戦いは一二〇万人の命を奪い、何も達成できなかった「肉挽き器」だった。

歴史は「ソンムの戦い」に満ち溢れている。それには変化に抵抗する軍隊の本質があるからだ。多くの将軍たちは戦争の理解、すなわち戦争をいかに遂行し、いかに勝利するかをめぐり、柔軟性を欠いている。こうしたマインドの硬直性は、戦争を遂行するには必要な要素であるけれども、戦争について思考し、計画立案することには向かない。教条的アプローチは、恐ろしい結末をもたらす。第一次世界大戦は約四〇〇〇万人の死傷者を出したが、それは何のためだったのか？〔第一次世界大戦は〕連合軍にとって「ピュロス王の勝利」〔エピルスのピュロス王が多大な犠牲を払ってローマ軍に勝った戦例から、犠牲が多くて引き合わない勝利の意〕だったが、それは第二次世界大戦を引き起こす要因となった。ミッチェルは正しかった。国家はたとえそれを望んでいなくとも、新たな戦い方を学ばねばならないのだ。

軍事史から学ぶものがあるとすれば、それは「戦争の戦い方は、兵士たちがそれを実践する前に進化を遂げている」ということだ。我々の生きる時代の戦争はすでに変化している。しかし、ほとんどの国では変わっていない。それは軍、政治指導者、インテリジェンス組織、国家安全保障の専門家、メディア、学術機関、シンクタンク、そして武力紛争に敏感な市民社会のメンバーも同じだ。欧米の戦争様式はパットンの時代以来、ほとんど進化していない。こうした硬直性は、ちょうどソンムの戦いのように、我々に不必要な出血を強いるだけだ。

我々は選択する時を迎えている。それは我々が直面する問題にようやく気付くまで、戦闘で大量の血を流し続けるのか、それとも今、変化を選び取るのかという選択である。誰も前者を選ぶはずはないだろうが、後者を選択することもまた難しい。今後求められているのは、既存の価値観を打破する思考と――通常戦の戦士たちは拒否するだろうが――現場の部隊なら理解してくれるはずの大胆な取組みである。

それは容易なことではない。しかし、いずれ兵士たちから訴えが起こるだろうが、このままだと戦いに価値を見出すことはできない。

謝辞

本書は数年間にわたる旅の成果であり、道中共に歩んでくれた旅の仲間たち全員に感謝している。まずは、私の妻ジェシカである。妻は戦争を知らないどころか、ウエストポイント〔アメリカの陸軍士官学校〕出身で、三度の戦闘任務経験をもつ軍事情報将校であり、今もＩＳＩＳを追跡している。彼女は戦争の外縁部を目撃しており、戦争がどこに向かっているかを承知している。

ウィリアム・オルソンは私の友人であり、私のメンター（彼は「アドバイザー」と呼ばれることを好んでいるが）だ。彼はカッサンドラの呪文を受け、ブロブに食べられてしまった。オルソンの法則は、ワシントンＤＣで当惑する人々――それは私たち全員である――の行動原理となり、私もその中の一部を本書で扱っている。私の友人ティム・シャランは、私の心を東洋の戦略思想にまで広げてくれたが、彼は最も過激なウエストポイント出身者だ。私が知る中で、自分の認識票の宗教の欄に「道教」と印字していたのは彼だけだ。マイク・ベルにも感謝している。彼はアメリカが忘れ去ってしまった非通常戦の歴史を解き明かしてくれた。それは、第二次世界大戦までのアメリカ流の戦争様式において支配的な特徴だった。

国際安全保障問題大学（ＣＩＳＡ）および国防大学（ＮＤＵ）には、御礼を伝えたい多くの友がいる。私はプロフェッショナルな軍事教育では妥協しない信者である。私は大学の研究施設と学生たちから多くの知恵を授かった。ＣＩＳＡは戦争大学の新たなモデルであり、戦略教育では世界一であると思う。とはいえ、他の機関で働く友人たちからは、私には少し偏りがあるのではないかとの指摘を受けている。

私はとりわけ、ロブ・ジョンソン、ピーター・ウィルソン、そして「オックスフォード大学戦争の特徴の変化センター（Oxford's Changing Character of War Centre）」の同僚たちから恩恵を受けた。彼らは、戦争の未来に関する私の考え方に影響を与えたと言うだけでは語り尽くせないほどの貢献をしてくれた。こうしたプログラムは誰かの手で継承され、広められるべきである。

「エアパワー政策セミナー」にも感謝している。コネチカット通りの本部での学問的精神にあふれるシンポジウムでは、何年にもわたり多くの思想が育まれてきた。ジョージタウン大学外交政策大学院の同僚たちにも感謝している。彼らは鋭い意見を寄せて、本書のアイディアを鮮明にしてくれた。

デイヴィッド・ハイフィル、ピーター・マクギガン、ブレット・ウィッター、そして謎めいた原稿整理編集者にも感謝している。彼らは専門家たちでさえ見逃してしまいそうな難しい質問をしてくれた。また、彼らの指導と編集は、本書の改善に大いに役立った。

最後に、本書で述べた見解はすべて私個人のものであり、アメリカ合衆国国防省またはアメリカ合衆国政府の立場を反映したものではない。

編集後記

本書はショーン・マクフェイト（Sean McFate）の*The New Rules of War: Victory in the Age of Durable Disorder*（William Morrow, 2019）の全訳である。

本書のテーマ

言うまでもなく、アメリカは最高の兵器、組織、訓練、テクノロジー、人材を有し、そして毎年数千億ドル規模の予算を投入できる世界最強の軍事力を保有してきた。しかし著者が指摘するように、第二次世界大戦での偉大な勝利の後、アメリカは負け続きだ。朝鮮戦争は膠着状態となり、ヴェトナムは共産主義者の手に落ちた。レバノンとソマリアからは作戦半ばにして撤退し、イラクやアフガニスタンでの戦争は今となっては国民から失敗と見なされている。アメリカ軍が去った後のイラクはＩＳＩＳに荒らされ、首都バグダッドにはイランの触手が伸びている。いったんは打倒されたはずのタリバーンは目下、アフガニスタン国土の大部分を支配下に置いている。

なぜアメリカは戦争に勝利できなくなったのか。この問いに答えることが本書のテーマである。

多くのアメリカ人は、第二次世界大戦を歴史上最も偉大かつ成功した勝利の戦いとして記憶している。しかし、第二次世界大戦以後、ウェストファリア体制の下で数世紀にわたって形成されてきた国家間戦争の形態は劇的に変容した。それはアメリカを世界最強国に押し上げた戦争様式である通常戦（conventional war）がもはや通用しない世界である。欧米諸国が第二次世界大戦への郷愁から抜け出せないでいる間に、他の敵対勢力は戦争のルールそのものを完全に変えてしまったようだ。それはアメリカと真正面から勝負しても勝ち目がないと彼らが悟っているからに他ならない。

将来も過去と同じような戦争が戦われるとは誰も言えない。しかし、アメリカをはじめ欧米主要国は「通常戦」の備えに没頭している。欧米はルワンダやダルフールの大虐殺を阻止できず無力をさらけ出し、中国による南シナ海への勢力拡大やロシアのクリミア併合、中東での殺戮を抑制できずにいる。通常戦信奉者は「戦争をそうあって欲しいものと見なし、現実を見ようとしない」とマクフェイトは指摘する。「今日、我々の最も深刻な問題の一つは、我々が戦争とは何たるかを知らないことだ。もし戦争を理解できないのなら、そもそも戦争に勝利することはできない」（一七頁、傍点による強調は編集部）。伝統的なマインドセットから抜け出せない専門家たちは、将来と向き合うよりも過去を振り返り、より高度なテクノロジーを備えたロボット戦争や、ハイテク兵器による中国との壮大な空と海の戦いを想像している。将来の戦争は過去の戦争とはまったく異なり、今となっては通常戦のように戦う者はいないはずなのに……。

本書は古代ローマ時代のユダヤ戦争から、中世ヨーロッパの十字軍や宗教戦争、傭兵が活躍したイタリア・ルネッサンス期、三十年戦争から欧州列強による植民地時代、そして第二次世界大戦以降のヴェトナム、イラク、アフガニスタン戦争、そして近年のロシアによるクリミア、ウクライナでの影の戦争や中国の南シナ海での活動に至るまで、戦争（war）の本質は不変としながら戦い方（warfare）は常に変化を遂げてきた人類の戦争史全体を振り返っている。そして、従来型戦争と未来型戦争の違いを区分し、テクノロジーがすべてを解決するというテクノロジー信仰の危険性を説きつつ、次なる戦争に勝利するための処方箋を掘り下げて検討している。

マクフェイトは、勝利のためには戦争というものが何であるかを知ることからはじまると主張する。その戦争を知るために著者が提示するのが「戦争の新しい10のルール」であり、それは「欧米の戦略的退化を矯正する手助けになるだろう……これらのルールに従えば、勝利を得られる」（一八頁）と指摘する。21世紀における戦争の「現実」を直視し、未来の「戦争とは何たるか」を10のルールにまとめ、未来の戦争で勝利する秘訣が語られる。

本書で語られる10のルールは単なる抽象的な格言集とはなっていない。各ルールの説得力を高めているのは、膨大な歴史事例と数々のエピソードである。一方では、首都ワシントンで高価なハイテク兵器開発プログラムを熱心に説く政府高官のスピーチやCOIN戦略を礼賛する集会、軍トップによる国防大学卒業式でのスピーチなど、中央での華々しい議論が紹介される。他方、現地では集団虐殺を予防するため、アフリカのとある国の大統領邸宅で行われた秘密ブリーフィングの詳細が綴られている。また、南シナ海でのアメリカ海軍イージス艦による実際のオペレーション、厳冬に包まれたウクライナの最前線で日夜任務に就く狙撃兵の姿、往年のハリウッドスターたちがこぞってバカンスを過ごしたメキシコのアカプルコが今となっては麻薬カルテルが殺戮を繰り返す戦場となり果てた実態が明かされる。こうした現実をもとに、著者が教鞭をとる戦略大学では、軍の高級将校たちの間で白熱した議論が繰り返され、結論を見出せないまま誰もが頭を抱え込む姿が強烈に印象に残る。

こうした本国と現場のエピソードを交互に織り交ぜ、さらには古代から現代までの壮大な戦争の歴史が縦横無尽にちりばめられている。それはまるで、居ながらにして戦争現象をめぐる時空間移動を体験しているかのようだ。かかる本書の特徴が「戦争の新しい10のルール」をすぐれて説得力あるものとし、一般の読み物としても読者を飽きさせない理由の一つとなっている。

著者の経歴

ショーン・マクフェイト博士は外交政策、安全保障戦略の専門家で、アメリカの国防大学およびジョージタウン大学外交政策大学院の戦略学教授を務めている。また、アトランティック評議会、超党派政策センター、新アメリカ財団、ランド研究所などのシンクタンクのシニア・フェローでもある。軍歴としては、アメリカ陸軍第82空挺師団の将校としてスタンリー・マクリスタル将軍（本書に前言を寄稿）やデイヴィッド・ペトレイアス将軍のもとで勤務した。除隊後、ハーバード大学ケネディ行政大学院で公共政策学の修士号、ロンドン・スクール・オブ・エコノミクス・アンド・ポリティカル・サイエンスから国際関係学の博士号を取得しているが、こうしたアカデミックの世界への道を薦めてくれたのが当時、第82空挺師団の旅団長だったペトレイアス大佐だった経緯については本書の中にも登場する。

大学での研究の傍ら、アフリカの民間軍事会社のコントラクターとなり、現地軍閥勢力との取引、私設軍隊の創設、資源採掘企業の現地調査、東欧諸国との武器取引に従事。ルワンダで集団虐殺を未然に防ぐ活動にも携わった。その後ビジネス界に身を投じ、政治的リスクを評価するコンサルティング会社ＴＤインターナショナルの部長、民間軍事会社ダインコープ・インターナショナル社のプログラム・マネージャーを務めるとともに、ブーズ・アレン・ハミルトン社をはじめ複数の経営コンサルティング企業の共同経営者という顔をもつ。

このように著者のマクフェイトは正規軍将校として通常戦の戦いに精通しているだけでなく、退役後はコントラクターやコンサルタントとして主にアフリカで国家が崩壊し、現地の軍閥や武装勢力に国家が乗っ取られる実態を目の当たりにしている。こうした経歴を知れば、欧米諸国の軍隊が標榜する通常戦の戦略と、紛争地域で求められる戦略とのギャップを肌で実感していると想像もつく。かかるギャップを踏まえ、慢性的無秩序の実情を表す10の視角から「戦争の新しいルール」が描かれているのだ。

本書の他にも現代の安全保障に関する著作を発表しており、その中には傭兵や民間軍事会社を題材とした小説もある（本邦未訳）。代表作はトム・ロックを主人公とした三部作 *Shadow War*、*Deep Black*、

High Treason である。その中でも最新刊の *High Treason* は、大ベストセラー作家ジェイムズ・パタースン（売上げ部数でギネス世界記録を保持）をして「ショーン・マクフェイトはもしかすると次のトム・クランシーかもしれないし、彼の作品より優れていると思うのは私だけだろうか」と語らせたほどだ。

本書への評価：「新しい孫子」

本書はすでに六つの言語で翻訳され（本書〈邦訳版〉で七つ目の言語となる）、エコノミスト、タイムズ、イブニング・スタンダード各紙の二〇一九年ブック・オブ・ザ・イヤーに選ばれている。多方面から寄せられた数ある賛辞の中でも本書の性格を簡潔に言い当てているのは、アメリカ南方軍司令官を務め、NATO欧州連合軍最高司令官を最終経歴にもつジェームズ・スタヴリディス退役海軍大将のものだろう。歴史の経験と古代から連綿と継承される普遍的原理に基づき、現在の武力紛争の本質を明快に解きほぐしている本書を「明日の戦争がどう戦われるか、勝利はいかにして達成されるか」を知るための必読書とコメントしたうえで、本書を「新しい孫子」（a new Sun Tzu）だと絶賛する。

実際、マクフェイトは随所で孫子に言及しているが、例えば、孫子とクラウゼヴィッツという東西を代表する戦略思想家を対比し、次のように述べている。

クラウゼヴィッツは力で押す暴力と戦場の勝利がすべてであるが、孫子にとっては、それは大した価値はない。クラウゼヴィッツはカオスや「戦場の霧」を勝利への行く手を阻む障害物と見なす一方、孫子は混沌を創り出し、それを勝利への武器に変える。クラウゼヴィッツは狡猾な計略は弱者の武器だと信じているが、孫子は〔弱者と強者とにかかわらず〕武器の選択の一つと捉えている。クラウゼヴィッツはスパイを信用せず、インテリジェンス報告を信頼できないと考えているが、孫子はそれらを不可欠なものと見なしている。クラウゼヴィッツは「通常」戦争の父であるが、孫子は「非通常」戦争──最近は別の呼び方もある──の父である。クラウゼヴィッツは軍団の兵士で、孫子は忍者である。クラウゼヴィッツはライオンで、孫子は狐である（二一五頁）。

また、「戦術なき戦略は勝利への迂遠な道である。戦略なき戦術は敗北前の喧騒である」という孫子の言葉を引用し、一般に戦術と作戦レベルでの後退は取り返しがきくけれども、戦略レベルの失態は戦争全体を滅亡に導く。このことは勝利というものが戦略レベルでしか達成できない理由であり、戦勝の唯一正統な尺度はそこにある。つまり、開戦当初の目標を実現することができたかどうかが勝利の基準となるのだ、と主張する（二四二〜二四三頁）。

テクノロジー崇拝への戒めや現行戦略の是正を強く求めている本書が内外を問わず高い評価を受けている背景には、上述した著者の経歴から明らかなように、軍歴で積んだ経験をもとに、アカデミックな理論や歴史、政策を学び、ビジネスの世界で紛争地域の最前線を（時に命懸けで）駆け巡りながら、理論と現実、本国での常識と現場の実態とのギャップの双方を著者が知り抜いているからだろう。これを裏付けるように、本書はウエストポイント（アメリカ合衆国陸軍士官学校）で「指揮官が推薦する図書リスト」に指定され、士官の必読書としてアメリカ軍内部からの評価も高い。

なお、本書で語られる10のルールはそれぞれ完結した内容となっており、読者の関心の高いテーマから読み始めても十分に理解の得られる構成になっている。読者のみなさまが日頃から抱いている問題認識と照らし合わせながら、まずは本書をご一読いただきたい。

巻末には付録として「古代中国兵法三十六計」を掲載している。これは古来より伝承されてきた中国戦略思想の極意を「新しい孫子」たる著者が現代の紛争に当てはめた格言集となっている。

（編集部）

26	桑の木を指《ゆびさ》して槐《えんじゅ》を罵る	自分の本心と批判をそれとなく伝えよ
27	痴を装い本心を隠す	愚者を装って敵を油断させよ。敵に侮らせよ
28	屋に上げて梯子を外す	敵を罠に誘い込み、退路を断ち切れ
29	樹上に花を咲かす	狡知を活かして敵を欺け。相手に譲ると見せ掛けて判断を狂わせよ
30	客を反して主と為す	防勢的・受動的立場を逆手にとって攻勢的・能動的立場を取れ
31	美人の計（美女を利用して罠にかける）	誘惑して判断力を削げ
32	空城《くうじょう》の計（無防備な都市の城門をわざと開ける）	弱点を巧妙に装って、真の弱点を隠せ
33	反間の計（敵のスパイを利用し、敵陣営内に不和の種を蒔く）	裏経路を通じて虚報を広め、敵を欺け
34	苦肉の計（自分を傷つけて信用を勝ち取り、敵陣営に浸透する）	被害を装え。弱った振りをしながら力を蓄えよ
35	連環の計（敵の軍船を繋ぎ合わせる）	さまざまな計略を連結させ、敵を打倒せよ
36	逃ぐるを上策と為す	生き残りを優先し、将来の戦いに備えよ

〔訳者註〕
上記原典三十六計の訳語については、守屋洋『兵法三十六計』（三笠書房、2004年）を参考とし、英訳文に合わせて一部修正している。

10	笑いの裏《うち》に刀を隠す	敵に友人として近づき防御を弱め、敵の最大の弱点を攻撃せよ
11	李《すもも》、桃に代わって倒る	小さく損をし、大きな得を取れ
12	手に従いて羊を盗む	どんな小さなチャンスも利用せよ
13	草を打って蛇を驚かす	真の利益を賭けた交渉前に、相手を揺さぶれ
14	屍《しかばね》を借りて魂を還《かえ》す	再度の説得や新たな方法で、いちど葬られた提案を蘇らせよ
15	虎を調略して山から誘う	中立的位置を探れ。敵を強い立場から引き下ろした後、交渉せよ
16	捕らえんと欲すれば暫く放つ	敵の抵抗心を焚き付けるな
17	煉瓦《れんが》を投げて玉を引く	小さな利益を捨て大きな利益を取れ
18	賊を捕らえるにはまず王を捕らえよ	指導者を説得すれば、残りの者はみな従う
19	大釜の底から薪を抽《ぬ》く	敵の活力源を断て
20	水をかき混ぜて魚を獲る	相手の意表を衝く予期せぬ方法で混乱させ、その状況に乗じて優位に立て
21	金蟬《きんせん》、殻を脱す	苦境にあっては、密かに逃れよ
22	門を閉ざして賊を捉える	敵の退路を閉ざして包囲殲滅せよ
23	遠くと交わり近くを攻める	遠くの相手と同盟を組み近くの相手を攻め、戦略上の優位に立て
24	道を借りて虢《かく》を伐つ	〔二つの標的があるとき〕まず最初の敵に立ち向かうため、一方の相手から一時的に助けを借りよ
25	梁《はり》を盗み柱を換《か》う	妨害し能力を奪い、支柱を取り除いて敵を倒せ

付録：古代中国兵法三十六計

「すべての戦いは詭道である」。古代中国の将軍で戦争理論家であった孫子の不朽の言葉である。孫子は紀元前五世紀に『孫子』を書き、絶えず読み継がれてきた。作者不詳とされる『兵法三十六計』[*1]は、古代より代々の将軍たちに継承されてきた知恵の宝庫だ。次の表は、その概略を示している。通常戦の信奉者たちは、ここに記載された諸概念を受け入れないだろうが、未来の戦士たちはそうではない。今日、中国はこれらを巧みに利用している。戦争は永遠に続き、このような兵法の教えも時代を超えて存在する。

	原典の三十六計	現代版
1	天を欺いて海を渡る	公然と振る舞い本心を隠せ
2	魏を囲んで趙《ちょう》を救う	敵の脆弱な地域を攻撃せよ
3	借りた刀で人を殺せ	同盟国の強みを活かせ
4	逸《いつ》を以て労を待つ	忍耐力を発揮し、敵を疲弊させよ
5	火につけ込んで押込みを働く	敵がつまずいたら叩け
6	東に声して西を撃つ	右を攻撃すると見せ掛けて左を攻撃せよ
7	無の中に有を生ず	実体のないものを現実に変えよ
8	密かに陳倉《ちんそう》に渡る	真の望みを得るため、別の問題を心配する素振りを見せ、後でそれを捨てよ
9	岸を隔てて火を観《み》る	こちらが休止して観察する間、敵を別の敵と戦わせ、後で疲弊した残兵を撃て

将来戦に勝利する

＊1　"Deterring Terror: How Israel Confronts the Next Generation of Threats," English translation of the *Official Strategy of the Israel Defense Forces*, Harvard Kennedy School Belfer Center for Science and International Affairs, Special Report, August 2016, www.belfercenter.org/sites/default/files/legacy/files/IDFDoctrineTranslation.pdf.

＊2　Russia cut military spending 20%: David Brennan, "Why Is Russia Cutting Military Spending?," *Newsweek*, 8 June 2018, www.newsweek.com/why-russia-cutting-military-spending-908069.

付録　古代中国兵法三十六計

＊1　ここに掲げた内容は以下の文献に基づいている。Harro von Senger, *The Book of Stratagems: Tactics for Triumph and Survival*, ed. and trans. Myron B. Gubitz, (New York: Penguin Books, 1993), 369-70.

月の動員数と予備役の召集については、"Johnson Considers Calling Up Reserves," United Press International, printed in the *Madera Tribune* 23 February 1968, https://cdnc.ucr.edu/cgi-bin/cdnc?a=d&d=MT19680223.2.6; マクナマラについては、Robert S. McNamara, "The Fog of War: Eleven Lessons from the Life of Robert S. McNamara," interview by Errol Morris, edited and released by Sony Pictures Classics, 2004, interview transcript available online at ErrolMorris.com, accessed on 8 June 2018, www.errolmorris.com/film/fow_transcript.html.を参照。

＊4　"Walter Cronkite Dies," *CBS Evening News with Jeff Glor*, 17 July 2009, www.cbsnews.com/news/walter-cronkite-dies.

＊5　*Reporting Vietnam: Part One: American Journalism, 1959-1969*, ed. Milton J. Bates et al. (New York: The Library of America, 1998), 581-2.

＊6　Walter Cronkite, interview by Howard Kurtz, CNN, 28 December 2003, available online at ttp://transcripts.cnn.com/TRANSCRIPTS/0312/28/rs.00.html.

＊7　"How North Vietnam Won the War," *Asian Wall Street Journal*, 8 August 1995, p. 8.

＊8　Herbert R. McMaster and Jake Williams, *Dereliction of Duty: Lyndon Johnson, Robert McNamara, the Joint Chiefs of Staff, and the Lies that Led to Vietnam* (New York: HarperCollins, 1997).

＊9　Harry G. Summers, *On Strategy: A Critical Analysis of the Vietnam War* (New York: Presidio Press, 1995), 1.

＊10　Hugh T. Harrington, "Propaganda Warfare: Benjamin Franklin Fakes a Newspaper," *Journal of the American Revolution*, 10 November 2014, https://allthingsliberty.com/2014/11/propaganda-warfare-benjamin-franklin-fakes-a-newspaper.

＊11　Thomas Edward Lawrence, *Evolution of a Revolt*, originally published in *Army Quarterly* 1, no. 1 (October 1920), published in the United States by Praetorian Press in 2011.

＊12　Thomas Edward Lawrence, *Seven Pillars of Wisdom* (privately printed, 1926; reprint, New York: Penguin Books, 1962), 348.

＊13　アメリカがヴェトナム戦争に負けた理由に関するザップ将軍の見解については、Neil Sheehan, "David and Goliath in Vietnam," *New York Times*, 26 May 2017, www.nytimes.com/2017/05/26/opinion/sunday/david-and-goliath-in-vietnam.html.

＊14　Henry Kissinger, "The Vietnam　Negotiations," *Foreign Affairs* 48, no. 2 (January 1969) : 214.

＊15　この引用文は長い間、孫子の言葉だと見なされてきたが、これを彼の著書『孫子』の中に見つけることはできない。

＊16　ゲティスバーグの戦いは戦略的な帰趨を決した戦い〔北軍が戦局を逆転した転機〕であったが、それ単独で南北戦争の戦略的結果を決定づけたわけではなかった。産業化の程度、政治的指導力、兵力数、資源を消耗させた南軍の北方攻勢作戦など、数多くの要因が南軍に対する北軍の勝利をもたらしたのである。たとえ戦術的勝利が戦略的帰趨を生み出したとしても、戦術は戦略ではない。

＊17　Frank Hoffman, *Conflict in the 21st Century: The Rise of Hybrid Wars* (Arlington: Potomac Institute for Policy Studies, 2007).

＊18　ダンフォードの国防大学卒業式でのスピーチについては、Joseph Dunford, general, US Marine Corps, remarks at National Defense University graduation ceremony, Fort McNair, Washington, DC, 10 June 2016, available at www.jcs.mil/Media/Speeches/Article/797847/gen-dunfords-remarks-at-the-national-defense-university-graduation.

＊19　William Shakespeare, *Henry V*, act 4, scene 3.
実際の出来事によると、ヘンリー5世による聖クリスピンの演説は、アジャンクールの戦いを前にして兵力が劣勢だったイングランド軍を鼓舞するため、1415年10月25日に行われた。シェークスピアはそこで、良き戦士なら誰もが知っている「心は、我々がもっている最も強力な兵器である」ということを表明したと言える。

Knight, "Finally, We Know about the Moscow Bombings," *New York Review of Books* 22 November 2012; see also US Congress, House, Committee on Foreign Affairs, *Russia: Rebuilding the Iron Curtain, Hearing before the Committee on Foreign Affairs*, 110th Cong., 1st sess., 17 May 2007（testimony by David Satter, senior fellow, Hudson Institute）, https://web.archive.org/web/20110927065706/http://www.hudson.org/files/publications/SatterHouseTestimony2007.pdf.

＊9　Smedley Butler, major general, US Marine Corps, "On Interventionism," excerpt from a speech delivered in 1933, available online at https://fas.org/man/smedley.htm.

＊10　David W. Dent, ed.,*US-Latin American Policymaking: A Reference Handbook*（Westport, CT, London: Greenwood Publishing Group, 1995）, 81.

＊11　Central Intelligence Agency, *Operation PBSUCCESS: The United States and Guatemala, 1952-1954*, by Nicholas Cullather, declassified and released by the Historical Staff, Center for the Study of Intelligence, 1994, www.cia.gov/library/readingroom/docs/DOC_0000134974.pdf.

＊12　Central Intelligence Agency, *Report on Stage One PBSUCCESS*, 9 December 1953, declassified and released by the Historical Staff, Center for the Study of Intelligence, 1993, www.cia.gov/library/readingroom/docs/DOC_0000928348.pdf.

＊13　民間のインテリジェンス・コミュニティでは、偽の草の根組織（Fake grassroots groups）による活動を「アストロターフィング」（astroturfing）と呼び、〔影響力を発揮しやすい〕環境を作り出す活動の一部を担う。シンクタンクに関しては、エイブラハム・リンカーンが「どんな人でも買収できるものだ」と語ったことは有名であるが、多くのシンクタンクが買収を行い、公共政策機関としての活動とロビー活動との区別がつかなくなっている。例えば、Eric Lipton et al., "Foreign Powers Buy Influence at Think Tanks," *New York Times*, 6 September 2014, www.nytimes.com/2014/09/07/us/politics/foreign-powers-buy-influence-at-think-tanks.html.を参照。

＊14　Anthony H. Cordesman, "A Russian Military View of a World Destabilized by the US and the West（Full Report）," Center for Strategic and International Studies, 28 May 2014, https://csis-prod.s3.amazonaws.com/s3fs-public/legacy_files/files/publication/140529_Russia_Color_Revolution_Full.pdf.

＊15　粘着性パワーは基本的に経済的相互依存を表しているが、それを兵器として利用できる。Walter Russell Mead, "America's Sticky Power," *Foreign Policy*, 29 October 2009, http://foreignpolicy.com/2009/10/29/americas-sticky-power.

＊16　彼がロンドン・スクール・オブ・エコノミクス・アンド・ポリテックスの学生だったとき、ロンドンのリビア大使館のスタッフが博士論文の大半（全部？）を書いたと噂されている。Said Al-Islam Alqadhafi, "The Role of Civil Society in the Democratisation of Global Governance Institutions," from "'Soft Power' to Collective Decision-Making?"（thesis, London School of Economics and Politics, September 2007）.

＊17　Daniel Golden, "The Story Behind Jared Kushner's Curious Acceptance into Harvard," ProPublica, 18 November 2016, www.propublica.org/article/the-story-behind-jared-kushners-curious-acceptance-into-harvard.

ルール１０：「勝利」は交換可能である

＊1　帝政ロシアを無力化するクールマンの極秘計画については、Zbyněk Anthony Bohuslav Zeman, ed., *Germany and the Revolution in Russia, 1915-1918: Documents from the Archives of the German Foreign Ministry*（Oxford: Oxford University Press, 1958）, 193.

＊2　Michael Sullivan, "Recalling the Fear and Surprise of the Tet Offensive," *Morning Edition*, National Public Radio, 31 January 2008, www.npr.org/templates/story/story.php?storyId=18551391.

＊3　政府への信頼性の亀裂と1968年2月18日の犠牲者数については、Clark M. Clifford and Richard C. Holbrooke, *Counsel to the President: A Memoir*（New York: Random House, 1992）, 47-55, 479. 2

BBC News, 17 May 2011, www.bbc.com/news/world-africa-13431486; on Iraq War deaths, see the Iraq Body Count, accessed on 6 June 2018, www.iraqbodycount.org. Per this source, 117,102 Iraqi deaths occurred in Iraq from January 2003 to December 2011.

＊18　"IRC Study Shows Congo's Neglected Crisis Leaves 5.4 Million Dead," International Rescue Committee 22 January 2008, https://reliefweb.int/report/democratic-republic-congo/irc-study-shows-congos-neglected-crisis-leaves-54-million-dead; "Body Count: Casualty Figures after 10 Years of the 'War on Terror,'" Physicians for Social Responsibility, March 2015, www.psr.org/assets/pdfs/body-count.pdf.

＊19　Pierre Razoux, *The Iran-Iraq War*, trans. Nicholas Elliott (Cambridge, Massachusetts: Harvard University Press, 2015), 114.

＊20　Franco Sacchetti, *Il Trecentonovelle*, novella CLXXXI (Torino: Einaudi, 1970), 528-29. For more on this period, see William Caferro, *John Hawkwood: An English Mercenary in Fourteenth-Century Italy* (Baltimore: JHU Press, 2006).

＊21　Sidney B. Fay, "The Beginnings of the Standing Army in Prussia," *American Historical Review* 22, no. 4 (1917) : 767.

＊22　冷戦期、核戦争へのエスカレートを引き起こしかねなかった超大国間の危機的緊張には次のものがあった。朝鮮戦争（1950-1953年）、キューバ・ミサイル危機（1962年）、ヨム・キプール戦争（1973年10月）、北米防空司令部（NORAD）のコンピュータ誤作動（1979年）、「ペトロフによる救済」事件（1983年）、NATOのエイブル・アーチャー演習（1983年）。

ルール９：「影の戦争」が優勢になる

＊１　Shaun Walker, "Putin Admits Russian Military Presence in Ukraine for First Time," *The Guardian*, 17 December 2015, https://www.theguardian.com/world/2015/dec/17/vladimir-putin-admits-russian-military-presence-ukraine.

＊２　Kevin G. Hall, "Russian GRU Officer Tied to 2014 Downing of Passenger Plane in Ukraine," McClatchy DC News, 25 May 2018, www.mcclatchydc.com/news/nation-world/world/article211836174.html#cardLink=row1_card2.

＊３　Defense Intelligence Agency, *Russia Military Power: Building a Military to Support Great Power Aspirations* (2017), p. 38, www.dia.mil/Portals/27/Documents/News/Military%20Power%20Publications/Russia%20Military%20Power%20Report%202017.pdf.

＊４　"Russian Twitter Trolls Meddled in Brexit Vote: Did They Swing It?" *The Economist*, 27 November 2017, www.economist.com/news/britain/21731669-evidence-so-far-suggests-only-small-campaign-new-findings-are-emerging-all.

＊５　*Background to "Assessing Russian Activities and Intentions in Recent US Elections": The Analytic Process and Cyber Incident Attribution* (Washington: Office of the Director of National Intelligence, US Intelligence Community Assessment, declassified version, 6 January 2017), www.dni.gov/files/documents/ICA_2017_01.pdf.

＊６　*United States of America vs Internet Research Agency LLC, et al.*, no 1:18-cr-00032-DLF (DC, US District Court, District of Columbia, 16 February 2018), www.justice. gov/file/1035477/download. *People v Moody*, No 4582-84, slip op at 3 (NY, Supreme Court, New York County, 27 June 1986).

＊７　USSメイン号は1898年ハバナ港で爆発し、燃え上がったアメリカの世論はスペインを非難した。イエロージャーナリズム〔煽情的ジャーナリズム〕により誇大宣伝が飛び交う中、アメリカは「メイン号を忘れるな」と叫びながらスペインとの戦争に突き進んでいった。実際、メイン号は内部爆発が原因で沈没したのであり、マドリードの仕業ではなかった。

＊８　John Dunlop, *The Moscow Bombings of September 1999: Examinations of Russian Terrorist Attacks at the Onset of Vladimir Putin's rule*, vol. 110 (Columbia University Press, 2014) ; Amy hollywoodreporter.com/news/acapulco-was-all-rage-elizabeth-687402.

＊2　Jessica Dillinger, "The Most Dangerous Cities in the World," WorldAtlas.com, 25 April 2018, www.worldatlas.com/articles/most-dangerous-cities-in-the-world.html.

＊3　Joshua Partlow, "Acapulco Is Now Mexico's Murder Capital," *Washington Post*, 24 August 2017, www.washingtonpost.com/graphics/2017/world/how-acapulco-became-mexicos-murder-capital.

＊4　Patrick Radden Keefe, "Cocaine Incorporated," *New York Times Magazine*, 15 June 2012, www.nytimes.com/2012/06/17/magazine/how-a-mexican-drug-cartel-makes-its-billions.html.

＊5　Michael Ware, "Los Zetas Called Mexico's Most Dangerous Drug Cartel," CNN, 6 August 2009, http://edition.cnn.com/2009/WORLD/americas/08/06/mexico.drug.cartels/index.html.

＊6　David Agren, "Mexico after El Chapo: New Generation Fights for Control of the Cartel," *The Guardian*, 5 May 2017, www.theguardian.com/world/2017/may/05/el-chapo-sinaloa-drug-cartel-mexico.

＊7　メキシコ警察と軍の腐敗については、Jeremy Kryt, "Why the Military Will Never Beat Mexico's Cartels," *Daily Beast*, 2 April 2016, www.thedailybeast.com/why-the-military-will-never-beat-mexicos-cartels.

＊8　"Mexican Citizens Take the Drug War into Their Own Hands," *The World*, Public Radio International, produced by Christopher Woolf and Joyce Hackel, 16 January 2014, www.pri.org/stories/2014-01-16/mexican-citizens-frustrated-their-government-take-arms-against-drug-cartel.

＊9　William R. Kelly, *The Future of Crime and Punishment: Smart Policies for Reducing Crime and Saving Money* (Lanham, MD: Rowman & Littlefield, 2016), 50.

＊10　ここでは「麻薬戦争」にいかに勝利するかではなく、現代の戦争が通常戦信奉者にとって彼らが思い描く戦争といかに違って見えるかについて論じている。麻薬戦争に勝利するには薬物に対する需要と供給を減らす戦略が必要であり、そのためには火力の優越以上のことが求められる。

＊11　The International Institute for Strategic Studies (IISS), *Armed Conflict Survey 2017*. (London: Routledge/International Institute for Strategic Studies, 2017), 5.

＊12　Kelly, *Future of Crime and Punishment*, 164.

＊13　犯罪組織との戦闘は「戦争ではない」という主張については、Thomas G. Mahnken, "Strategic Theory," in *Strategy in the Contemporary World: An Introduction to Strategic Studies*, 5th ed. (Oxford: Oxford University Press, 2011), 62.

＊14　Travis Pantin, "Milton Friedman Answers Phil Donahue's Charges," *New York Sun*, 12 November 2007, www.nysun.com/business/milton-friedman-answers-phil-donahues-charges/66258.

＊15　もしこのラベルがなければ、戦争における正当な暴力と大量殺戮との間の境界線は曖昧になる。本書では組織的暴力をめぐる倫理的問題については直接取り上げていない。むしろ戦争をするべきか否かではなく、いかにして戦争に効率的に勝利するかに焦点をあてる。戦略の失敗は血で賄われるのが現実であり、戦争への理解が深まれば人命の損失の低下にもつながるだろう。

＊16　現代戦における民間人の高い死傷率については、Kendra Dupuy et al., *Trends in Armed Conflict, 1046-2015* (Oslo: Peace Research Institute Oslo, August 2016), www.prio.org/utility/DownloadFile.ashx?id=15&type=publicationfile. その他の研究として、"COW War Data, 1817-2007 (v4.0)," The Correlates of War Project, 8 December 2011, www.correlatesofwar.org/data-sets; Meredith Reid Sarkees and Frank Wayman *Resort to War: 1816-2007* (Washington DC: CQ Press, 2010); Uppsala Conflict Data Program (UCDP) /Peace Research Institute Oslo (PRIO) Armed Conflict Dataset, 31 December 2016, www.ucdp.uu.se/gpdatabase/search.php; Nils Petter Gleditsch et al., "Armed Conflict 1946-2001: A New Dataset," *Journal of Peace Research* 39, no. 5 (2002): 615-37; Adam Roberts, "Lives and Statistics: Are 90 percent of War Victims Civilians?" *Survival* 52, no. 3 (2010): 115-36を参照。

＊17　80万人のジェノサイドによる死亡者数については、"Rwanda: How the Genocide Happened,"

handle/10546/592643/bp210-economy-one-percent-tax-havens-180116-en.pdf;jsessionidÄF4C1C3DFBF17624D6DB7F9305F0D36?sequenceG.

＊9　Duncan Green, "The World's Top 100 Economies: 31 Countries; 69 Corporations," *People, Spaces, Deliberation* blog（The World Bank）, 20 September 2016, https://blogs.worldbank.org/publicsphere/world-s-top-100-economies-31-countries-69-corporations.

＊10　Clayton L. Thyne and Jonathan M. Powell, "Coup d'État or Coup d'Autocracy? How Coups Impact Democratization, 1950-2008," *Foreign Policy Analysis* 12, no. 2（2016）: 192-213.

＊11　Ghislain C. Kabwit, "Zaire: The Roots of the Continuing Crisis," *The Journal of Modern African Studies* 17, no. 3（1979）: 381-407.

＊12　社会科学で「エージェンシー」とは、人々および人々が行う物事を指す。例えば、指導者は組織全体あるいは国家にまで影響を及ぼす決定をする。しかし、社会科学者たちは人間のことを「人々」（people）と呼ぶことを好まない。彼らは「個人」（individual）と言うかわりに、退屈な「エージェント」という語を使用し、個人の影響力を〔依頼主との〕代理関係と呼ぶ。代理関係は人々が何事かをコントロールするパワーを意味する。反対に、「構造」は、法、制度、官僚機構、規範など、人間の行動を抑制・支配する社会的構造を指す。つまり、社会科学者たちが構造と呼んでいるものは、他の人が「体制」や「システム」と呼んでいるものだ。社会科学者たちは人間の事象で構造とエージェンシーのどちらが、どんな時に重要なのかという問題を永遠に議論している。社会科学者とは実に奇妙な人々（people）――ではなくて、エージェントなのだ。

＊13　Jeff Schogol, "15 Years after the US Overthrew Saddam Hussein, Iraq Is Still at War with Itself," *Task and Purpose*, 19 March 2018, https://taskandpurpose.com/iraq-to-the-future.

＊14　"Big Brother," *Yes, Minister*, season 1, episode 4, directed by Sydney Lotterby（London: British Broadcasting Corporation, 1980）.

＊15　Michael Cockerell, *Live from Number 10: The Inside Story of Prime Ministers and Television*（London: Faber and Faber, 1988）, 288.

＊16　Theodore Roosevelt, "Appendix B: The Control of Corporations and 'The New Freedom,'"in *Theodore Roosevelt: An Autobiography*（New York: Macmillan, 1913）, published online by Bartleby（1999）, www.bartleby.com/55/15b.html.

＊17　Dwight D. Eisenhower, "Farewell Radio and Television Address to the American People," The White House, United States Government, 17 January 1961, www.eisenhower.archives.gov/all_about_ike/speeches/farewell_address.pdf.

＊18　The Eisenhower School for National Security and Resource Strategy, located at Fort Lesley J. McNair, Washington DC.

＊19　Mike Lofgren, "Essay: Anatomy of the Deep State," Bill Moyers.com, 21 February 2014, http://billmoyers.com/2014/02/21/anatomy-of-the-deep-state.

＊20　Michael J. Glennon, "National Security and Double Government," *Harvard National Security Journal* 5, no. 1（10 January 2014）, available at Social Science Research Network online, https://papers.ssrn.com/sol3/papers.cfm?abstract_id=2376272&rec=1&srcabs=2323021&alg=1&pos=6.

＊21　Donald Trump, "Remarks on the Strategy in Afghanistan and South Asia," The White House, United States Government, delivered at Fort Myer, Arlington, Virginia, 21 August 2017, www.whitehouse.gov/the-press-office/2017/08/21/remarks-president-trump-strategy-afghanistan-and-south-asia.

＊22　Roosevelt, "Appendix B."

＊23　Eisenhower, "Farewell Radio and Television Address."

ルール8：「国家の関与しない戦争」の時代がやってくる

＊1　David Ehrenstein, "When Acapulco Was All the Rage: Elizabeth Taylor, Ronald Reagan and Other A-Listers in Mexico," *The Hollywood Reporter*, 15 March 2014, https://www.

ルール7：「新しいタイプの世界パワー」が支配する

＊1　世界最大のメガ教会については、"Global Megachurches—World's Largest Churches," compiled and maintained by Warren Bird, Leadership Network, accessed 7 June 2018, http://leadnet.org/world.

＊2　"Mega Churches Mean Big Business," CNN, 22 January 2018, http://edition.cnn.com/2010/WORLD/americas/01/21/religion.mega.church.christian/index.html.

＊3　Anugrah Kumar, "Joel Osteen's Lakewood Church Has Annual Budget of $90 Million: Here's How That Money Is Spent," *Christian Post*, 3 June 2018, www.christianpost.com/news/joel-osteen-lakewood-church-annual-budget-90-million-money-spent-224604.

＊4　現代の十字軍とのインタビューについては、Henry Tuck et al., "Shooting in the Right Direction: Anti-ISIS Foreign Fighters in Syria and Iraq," Horizons Series, no. 1, Institute of Strategic Dialogue, August 2016, www.isdglobal.org/wp-content/uploads/2016/08/ISD-Report-Shooting-in-the-right-direction-Anti-ISIS-Fighters.pdf; Terry Moran, "Why This American 'Soldier of Christ' Is Fighting ISIS in Iraq," ABC News, 24 February 2015, https://abcnews.go.com/International/american-soldier-christ-fighting-isis-iraq/story?id=29171878; "Meet the 'Foreign Legion' of the Anti-ISIS Christian Militia," Arutz Sheva, 18 February 2015, www.israelnationalnews.com/News/News.aspx/191492.

＊5　Harvey Morris, "Activists Turn to Blackwater for Darfur Help," *Financial Times*, 18 June 2008, https://www.ft.com/content/4699eda6-3d65-11dd-bbb5-0000779fd2ac.

＊6　J. J. Messner et al., "Fragile States Index 2017—Annual Report," Fund for Peace, 14 May 2017, http://fundforpeace.org/fsi/2017/05/14/fragile-states-index-2017-annual-report. その他の脆弱国家のランキング事例については、Daniel Kaufmann and Aart Kraay, "Worldwide Governance Indicators Project," World Bank, accessed 13 June 2018, http://info.worldbank.org/governance/wgi/#home; Arch Puddington and Tyler Roylance, "Populists and Autocrats: The Dual Threat to Global Democracy," *Freedom in the World Report* 17, Freedom House, https://freedomhouse.org/report/freedom-world/freedom-world-2017; *Human Development Report 2016*, United Nations Development Programme, http://hdr.undp.org/en/composite/HDI; "States of Fragility Reports," The Organization of Economic Co-operation and Development (OECD), last updated 2016, www.oecd.org/dac/conflict-fragility-resilience/listofstateoffragilityreports.htm; "Corruption Perception Index," Transparency International, 21 February 2018, www.transparency.org/research/cpi/overview.を参照。脆弱国家に関する学術的研究については、Robert I. Rotberg, "Failed States, Collapsed States, Weak States: Causes and Indicators," in *State Failure and State Weakness in a Time of Terror* (Cambridge, MA: Brookings Institution Press, 2003), 1-25; Ashraf Ghani and Clare Lockhart, *Fixing Failed States: a Framework for Rebuilding a Fractured World* (New York: Oxford University Press, 2009); Jean-Germain Gros, "Towards a Taxonomy of Failed States in the New World Order: Decaying Somalia, Liberia, Rwanda and Haiti," *Third World Quarterly* 17, no. 3 (1996): 455-72を参照。

＊7　脆弱国家を含むすべての国家ランキングについては、J. J. Messner et al., *Fragile States Index 2017—Annual Report* (Washington, DC: Fund for Peace, 14 May 2017), http://fundforpeace.org/fsi/2017/05/14/fragile-states-index-2017-annual-report.

＊8　Anthony Shorrocks, Jim Davies and Rodrigo Lluberas, *Global Wealth Report 2017* (Zurich, Switzerland: Credit Suisse Research Institute, 2017), http://publications. credit-suisse.com/index.cfm/publikationen-shop/research-institute/global-wealth-report-2017-en/. Deborah Hardoon, Sophia Ayele and Ricardo Fuentes-Nieva, *An Economy for the 1%: How Privilege and Power in the Economy Drive Extreme Inequality and How This Can Be Stopped*, Oxfam Briefing Paper 210 (Oxford, UK: Oxfam, 2016), https://oxfamilibrary.openrepository.com/bitstream/

www.cbsnews.com/news/rumsfeld-it-would-be-a-short-war.

*11　契約業者と軍人の犠牲者の比率については、Steven L. Schooner and Collin Swan, "Contractors and the Ultimate Sacrifice," The George Washington University Law School, working paper no. 512 (September 2010) ; Christian Miller, "Civilian Contractor Toll in Iraq and Afghanistan Ignored By Defense Dept," ProPublica, 9 October 2009.

*12　契約業者のPTSDと犠牲者数については、Molly Dunigan et al., *Out of the Shadows: The Health and Well-Being of Private Contractors Working in Conflict Environments* (Santa Monica, CA: RAND Corporation, 2013) ; *Contingency Contracting: DOD, State, and U.S.AID Continue to Face Challenges in Tracking Contractor Personnel and Contracts in Iraq and Afghanistan*, GAO-10-1 (Washington: US Government Accountability Office, 2009), www.gao.gov/new.items/d101.pdf; Justin Elliott, "Hundreds of Afghanistan Contractor Deaths Go Unreported," *Salon*, 15 July 2010. "Statistics on the Private Security Industry," *Private Security Monitor*, University of Denver, accessed 13 June 2018, http://psm.du.edu/articles_reports_statistics/data_and_statistics.html.

*13　US Congress, Congressional Budget Office, *Contractors' Support of U.S. Operations in Iraq*, 110th Cong., 2nd sess., August 2008, p. 17.

*14　シエラレオネでは国連よりも民間軍事会社の方が成果を挙げた点については、Herbert Howe, "Private Security Forces and African Stability: The Case of Executive Outcomes," *Journal of Modern African Studies* 36, no. 2 (June 1998) ; S. Mallaby, "New Role for Mercenaries," *Los Angeles Times*, 3 August, 2001; S. Mallaby, "Paid to Make Peace, Mercenaries Are No Altruists, but They Can Do Good," *Washington Post*, 4 June 2001.

*15　Moshe Schwartz and Jennifer Church, *Department of Defense's Use of Contractors to Support Military Operations: Background, Analysis, and Issues for Congress* (Washington: US Library of Congress, Congressional Research Service, 2013), 2; 2012年度のイギリスの国防予算については、"UK Government Spending in 1998," UK Public Spending, accessed 6 June 2018, available online at www.ukpublicspending.co.uk/budget_current.php?title=uk_defense_budget&year=2012&fy=2012&expand=30.を参照。

*16　US Congress, Senate, *Transparency and Accountability in Military and Security Contracting Act of 2007*, bill introduced by Senator Barak Obama, 11th Cong., 1st sess., 16 February 2007, www.gpo.gov/fdsys/pkg/BILLS-110s674is/pdf/BILLS-110s674is.pdf.

*17　Thomas Gibbons-Neff, "How a 4-Hour Battle Between Russian Mercenaries and US Commandoes Unfolded in Syria," *New York Times*, 24 May 2018, www.nytimes.com/2018/05/24/world/middleeast/american-commandos-russian-mercenaries-syria.html; "U.S. Forces Deploy to Conoco Gas Plant in Anticipation of Iranian Advance," *Alsouria Net*, 18 February 2018, reprinted at *The Syrian Observer* on 16 February 2018, http://syrianobserver.com/EN/News/33850/U_S_Forces_Deploy_Conoco_Gas_Plant_Anticipation_Iranian_Advance.

*18　国連の平和維持活動を外注するためには、国連は組織契約に際して事前承認を与えるために民間組織が遵守すべき資格承認と登録制度を整備しなければならないだろう。この制度には民間組織の活動を規制する明確な基準と方針に加え、活動状況の監督と成果を確保するメカニズムを必要とする。この制度は最低限、次の要素を含むものとすべきだ。登録基準、活動の倫理規定、契約者の審査基準、透明性と活動実績報告のメカニズム、活動が許される受入国（例えば、国連安全保障理事会が承認する受入国）、訓練・安全基準、契約基準、会計監査報告書のようなコンプライアンス実施メカニズムなど。緊急時には、民間軍事会社の速やかな展開を可能にする契約方法を準備しておく必要がある。〔政府部門と異なり〕迅速に対応できる民間部門の利点を損なったり、官僚組織の硬直性に陥ったりすることは許されないだろう。

*19　Thomas E. Holland, *Elements of Jurisprudence*, 9th ed. (Oxford: Oxford University Press, 1900), 369.

War, US Concludes," *New York Times*, 12 June 2015, www.nytimes.com/2015/06/13/world/middleeast/isis-is-winning-message-war-us-concludes.html.

ルール6：「傭兵」が復活する

＊1　ハディーサの虐殺については、"'Simple Failures' and 'Disastrous Results'—Excerpts from Army Maj. Gen. Eldon A. Bargewell's Report: The Response to the Haditha incident," *Washington Post*, 21 April 2007, www.washingtonpost.com/wp-dyn/content/article/2007/04/20/AR2007042002309.html.

＊2　Niccolò Machiavelli, *The Prince and Other Works* (New York: Hendricks House, 1964), 131.

＊3　マキアヴェリへの批判については、Quentin Skinner, *Machiavelli: A Very Short Introduction* (New York: Oxford Paperbacks, 2000), 36-37; Christopher Coker, *Barbarous Philosophers: Reflections on the Nature of War From Heraclitus to Heisenberg* (New York: Columbia University Press, 2010), 139-51; James Jay Carafano, *Private Sector, Public Wars: Contractors in Combat—Afghanistan, Iraq, and Future Conflicts* (Westport, CT: Praeger Security International, 2008), 19; Sarah Percy, *Mercenaries: The History of a Norm in International Relations* (New York: Oxford University Press, 2007).

＊4　聖書に登場する傭兵については、Herbert G. May, Bruce M. Metzger, eds., *The New Oxford Annotated Bible with the Apocrypha: Revised Standard Version, Containing the Second Edition of the New Testament and an Expanded Edition of the Apocrypha* (New York: Oxford University Press, 1977), Jeremiah 46:20-21; 2 Samuel 10:6; 1 Chronicles 19:7; 2 Kings 11:4; 2 Chronicles 25:6; 2 Kings 7:6-7; 2 Samuel 10:6; 1 Chronicles 19:6-7; 2 Chronicles 25:5-6;). See also *The Ryrie Study Bible*, New International Version, (Chicago: Moody Publishers, 1994).

＊5　Caesarius of Heisterbach, *Dialogue on Miracles V*, Chapter XXI, "Of the Heresy of the Albigenses" (c.1223), edited by Paul Halsall, Fordham University Center for Medieval Studies. https://sourcebooks.fordham.edu/source/caesarius-heresies.asp.

＊6　国家の軍隊と民間契約会社の兵士との比率については、Heider M. Peters et al., *Department of Defense Contractor and Troop Levels in Iraq and Afghanistan: 2007-2017*, R44116 (Washington: US Library of Congress, Congressional Research Service, 28 April 2017), 4, https://fas.org/sgp/crs/natsec/R44116.pdf; *Past Contractor Support of U.S. Operations in USCENTCOM AOR, Iraq, and Afghanistan: Quarterly Contractor Census Reports 2008-2018* (Washington: Office of the Assistant Secretary of Defense for Logistics and Materiel Readiness, April 2018), 4, https://www.acq.osd.mil/log/PS/CENTCOM_reports.html.

＊7　Peters et al., *Department of Defense Contractor and Troop Levels*.

＊8　Erik D. Prince, "The MacArthur Model for Afghanistan," *Wall Street Journal*, 31 May 2017, www.wsj.com/articles/the-macarthur-model-for-afghanistan-1496269058; 独力で経費を賄うプリンスの計画については、Aram Roston, "Private War: Erik Prince Has His Eye on Afghanistan's Rare Metals," *BuzzFeed News*, 7 December 2017, www.buzzfeed.com/aramroston/private-war-erik-prince-has-his-eye-on-afghanistans-rare.を参照。

＊9　イラクでコストのかからない戦争が可能だとする専門家の見解については、Victor Navasky and Christopher Cerf, "Who Said the War Would Pay for Itself? They Did!" *The Nation*, 13 March 2008, www.thenation.com/article/who-said-war-would-pay-itself-they-did.を参照。イラク戦争の実際のコストについては、Neta C. Crawford, "US Budgetary Costs of Wars through 2016: $4.79 Trillion and Counting: Summary of Costs of the US Wars in Iraq, Syria, Afghanistan and Pakistan and Homeland Security," Costs of War, September 2016, http://watson.brown.edu/costsofwar/files/cow/imce/papers/2016/Costs%20of%20War%20through%202016%20FINAL%20final%20v2.pdf.

＊10　John Esterbrook, "Rumsfeld: It Would Be A Short War," CBS News, 15 November 2002, *and Stripes*, 12 November 2007, www.stripes.com/news/europe/americans-struggle-to-meet-the-french-foreign-legion-s-high-bar-1.497591.

＊14　US Citizenship and Immigration Services, *Naturalization Through Military Service: Fact Sheet*, accessed 8 June 2018, www.uscis.gov/news/fact-sheets/naturalization-through-military-service-fact-sheet.

＊15　W. J. Hennigan et al., "In Syria, Militias Armed by the Pentagon Fight Those Armed by the CIA," *Los Angeles Times*, 27 March 2016, www.latimes.com/world/middleeast/la-fg-cia-pentagon-isis-20160327-story.html.

＊16　Nabih Bulos, "US-Trained Division 30 Rebels 'Betray US and Hand Weapons Over to al-Qaeda's Affiliate in Syria," *The Telegraph*, 22 September 2015, www.telegraph.co.uk/news/worldnews/middleeast/syria/11882195/US-trained-Division-30-rebels-betrayed-US-and-hand-weapons-over-to-al-Qaedas-affiliate-in-Syria.html.

＊17　"Syria Crisis: 'Only Four or Five' US-Trained Syrian Rebels Are Still Fighting," BBC News, 17 September 2015, www.bbc.com/news/world-middle-east-34278233.

＊18　民間軍事会社が生み出す諸問題は、次章「ルール6：「傭兵」が復活する」で取り上げる。イラクとアフガニスタンでの戦争における民間軍事会社の数については、Heider M. Peters et al., *Department of Defense Contractor and Troop Levels in Iraq and Afghanistan: 2007-2017*, US Library of Congress, Congressional Research Service, R44116, 28 April 2017, p. 4, https://fas.org/sgp/crs/natsec/R44116.pdf; Office of the Assistant Secretary of Defense for Logistics and Materiel Readiness, *Past Contractor Support of U.S. Operations in USCENTCOM AOR, Iraq, and Afghanistan: Quarterly Contractor Census Reports, 2008-2018*, April 2018, p. 4, www.acq.osd.mil/log/PS/CENTCOM_reports.html.を参照。

＊19　Special Inspector General for Iraq Reconstruction, *Learning from Iraq: A Final Report*, March 2013, www.globalsecurity.org/military/library/report/2013/sigir-learning-from-iraq.pdf; US Congress, Senate, Committee on Armed Services, Subcommittee on Readiness and Management Support, *The Final Report of the Commission on Wartime Contracting in Iraq and Afghanistan: Hearing before the Subcommittee on Readiness and Management Support*, 112th Cong., 1st sess., 19 October 2011, www.gpo.gov/fdsys/pkg/CHRG-112shrg72564/pdf/CHRG-112shrg72564.pdf.

ルール５：「最高の兵器」は銃弾を撃たない

＊1　Central Intelligence Agency, *Planning, Preparation, Operation and Evaluation of Warsaw Pact Exercises*, 1981, approved for release by the Historical Collection Division, 18 June 2012, https://www.cia.gov/library/readingroom/docs/1981-01-01.pdf.

＊2　Thomas de Maiziere, "965.000 Flüchtlinge bis Ende November in Deutschland," Welt, 7 December 2015, www.welt.de/politik/deutschland/article149700433/965-000-Fluechtlinge-bis-Ende-November-in-Deutschland.html; Holly Yan, "Are Countries Obligated to Take In Refugees? In Some Cases, Yes," CNN, 29 December 2015, http://edition.cnn.com/2015/09/08/world/refugee-obligation/index.html.

＊3　US Congress, Senate, Committee on Armed Services, *Hearing to receive testimony on United States European Command*, Committee on Armed Services, 114th Cong., 2nd sess., 1 March 2016, www.armed-services.senate.gov/imo/media/doc/16-20_03-01-16.pdf.

＊4　アメリカの国家安全保障エスタブリッシュメントも、その意義について十分に消化しているとは言えないまでも、この事実を認めている。George W. Bush, "The National Security Strategy of the United States of America," The White House, United States Government, 2002, p. 1を参照。

＊5　Karen DeYoung et al., "U.S. to Fund Pro-American Publicity in Iraqi Media," *Washington Post*, 3 October 2008, www.washingtonpost.com/wp-dyn/content/article/2008/10/02/AR2008100204223.html; Mark Mazzetti and Michael R. Gordon, "ISIS Is Winning the Social Media

*11　Adolf Hitler, *Mein Kampf*, trans. James Murphy, available online at Project Gutenberg Australia, last updated September 2002, http://gutenberg.net.au/ebooks02/0200601.txt.

*12　Major General Liu Jiaxin, "General's Views: Legal Warfare—Modern Warfare's Second Battlefield," Guangming Ribao, 3 November 2004. 当時、劉は中国人民解放軍総政治部・西安政治学院の学院長だった。

*13　Orde F. Kittrie, *Lawfare: Law as a Weapon of War* (New York: Oxford University Press, 2016), 168.

*14　Peter W. Singer and August Cole, *Ghost Fleet: A Novel of the Next World War* (New York: Houghton Mifflin Harcourt, 2015). また、http://www.marines.mil/News/Messages/Messages-Display/Article/1184470/revision-of-the-commandants-professional-reading-list.を参照。

*15　戦争に至らない「戦争行為」については、Joshua Keating, "Why Are Nations Rushing to Call Everything an 'Act of War'?," *New York Times Magazine*, 12 December 2017, www.nytimes.com/2017/12/12/magazine/why-are-nations-rushing-to-call-everything-an-act-of-war.html.

*16　Hal Brands. *What Good Is Grand Strategy?: Power and Purpose in American Statecraft From Harry S. Truman to George W. Bush* (New York, NY: Cornell University Press, 2014).

ルール４：「民衆の心」は重要ではない

*１　当時、その他の救世主には、エゼキアスの息子のユダ、ヘロデ王の奴隷のシモン、羊飼いのアンスロンゲス、ガリラヤのユダの末裔のメナヘム、ギスカラのヨハネ、シモン・バル・ギオナがいた。紀元前4年のヘロデ王の死をきっかけに、救世主を求める大衆反乱が自然発生的に起こった。

*２　ローマ軍のエルサレム包囲については、Flavius Josephus, *The Jewish War*, trans. G. A. Williamson (New York: Penguin Books, 1970), 312-324; Max I. Dimont, *Jews, God, and History* (New York: Penguin Books), 101.

*３　エン・ゲディの虐殺については、Flavius Josephus, *The Jewish War*, trans. G. A. Williamson (New York: Penguin Books, 1970), 255.

*４　Flavius Josephus, *The Jewish War*, trans. G. A. Williamson (New York: Penguin Books, 1970), 385-90.

*５　William T. Sherman, "*War Is Hell!*": *William T. Sherman's Personal Narrative of His March Through Georgia* (Savannah: Beehive Press, 1974).

*６　T. E. ロレンスのゲリラ戦についての説明は、Thomas Edward Lawrence, *Evolution of a Revolt*, originally published in *Army Quarterly* 1, no. 1 (October 1920), published in the United States by Praetorian Press in 2011.

*７　Letter from John Adams to Hezekiah Niles on the American Revolution, 13 February 1818, http://nationalhumanitiescenter.org/ows/seminars/revolution/Adams-Niles.pdf.

*８　David Galula, *Counterinsurgency Warfare: Theory and Practice* (Westport, CT: Praeger Security International, 1964), 63.

*９　David Kilcullen, "Twenty-Eight Articles: Fundamentals of Company-Level Counterinsurgency," *Military Review* 86, no. 3 (May-June 2006): 105-7.

*10　クラウゼヴィッツは同時代のほぼすべての軍事思想家と同様に反乱を戦争と見なしておらず、対反乱戦とは単なる暴徒の鎮圧でしかなかった。クラウゼヴィッツにとって、反乱とは死罪に値する犯罪行為であり、農民はプロフェッショナルな軍隊の敵ではなかったため、総じて対反乱を問題視しなかったのである。歴史の大半は、こうした考えが支配的であった。*On War*, 479-83を参照。

*11　Mao Tse-tung [Mao Zedong], *On Guerrilla Warfare*, trans. Samuel B. Griffith II (Chicago: University of Illinois Press, 2000).

*12　"Peaceful Liberation of Tibet," *Xinhua*, 22 May 2001, accessed at China.org on 8 June 2018, www.china.org.cn/english/13235.htm.

*13　Slobodan Lekic, "Americans Struggle to Meet the French Foreign Legion's High Bar," *Stars*

Times, 27 August 2017, www.navytimes.com/news/your-navy/2017/08/27/navy-swos-a-culture-in-crisis.

＊18 US Congress, House, Committee on Armed Services, Subcommittees on Readiness and Seapower and Projection Forces, *Navy Readiness: Actions Needed to Address Persistent Maintenance, Training, and Other Challenges Facing the Fleet*, 115th Cong., 1st sess., 7 September 2017, testimony of John H. Pendleton, director, Defense Capabilities and Management, released online by the Government Accountability Office, GAO-17-798T, 7 September 2017, www.gao.gov/assets/690/686995.pdf.

＊19 アメリカ海軍士官のイギリス海軍学校での教育については、Mitch McGuffie, "A Rude Awakening," *Proceedings* (US Naval Institute) 135, no. 1 (January 2009), https://www.usni.org/magazines/proceedings/2009-01/rude-awakening.

ルール3：「戦争か平和か」という区分はない。どちらも常に存在する

＊1 本章で述べた「USSステデム」の一連の行動については、具体的な目撃証言に基づくものではなく、2017年7月2日の艦上での行動を著者の推測に基づきストーリーを再構成したものである。それは、2017年にステデムと同様の南シナ海における「航行の自由作戦」(FONOPs) を指揮したアメリカ海軍アーレイバーク級駆逐艦艦長へのインタビューに基づいている。

＊2 「新世代戦争」という用語は欧米のアナリストによって考案されたもので、その他にもロシアの新たな戦争様式は「ゲラシモフ・ドクトリン」あるいは「ハイブリッド戦」と呼ばれている。ロシア側はこれらの用語をほとんど使っていない。詳細については、Dmitry Adamsky, "From Moscow with Coercion: Russian Deterrence Theory and Strategic Culture," *Journal of Strategic Studies* 41, no. 1-2 (2018) : 39を参照。

＊3 イスラエルの新たな戦争戦略については、"Deterring Terror: How Israel Confronts the Next Generation of Threats," English translation of the *Official Strategy of the Israel Defense Forces*, Harvard Kennedy School Belfer Center for Science and International Affairs, special report, August 2016, www.belfercenter.org/sites/default/files/legacy/files/IDFDoctrineTranslation.pdf.

＊4 Craig Whitlock, "Panetta to Urge China and Japan to Tone Down Dispute," *Washington Post*, 16 September 2012, www.washingtonpost.com/world/national-security/panetta-to-urge-china-and-japan-to-tone-down-dispute-over-islands/2012/09/16/9b6832c0-fff3-11e1-b916-7b5c8ce012c8_story.html.

＊5 Stefan Halper, *China: The Three Warfares*, report for the Office of Net Assessment, US Department of Defense, 2013, p. 11, available online at https://cryptome.org/2014/06/prc-three-wars.pdf.

＊6 Michael Martina, "US Business Group Urges Washington to 'Use Every Arrow' Against China," Reuters, 18 April 2017, www.reuters.com/article/us-china-usa-business/u-s-business-group-urges-washington-to-use-every-arrow-against-china-idUSKBN17K0G8.

＊7 "Annual Lobbying by the U.S. Chamber of Commerce 2017," Center for Responsible Politics, accessed 8 June 2018, www.opensecrets.org/lobby/clientsum.php?id=D000019798&year=2017.

＊8 "China's CCTV Launches Global 'Soft Power' Media Network to Extend Influence," Reuters, 31 December 2016, published online by Fortune, http://fortune.com/2016/12/31/chinas-cctv-global-influence.

＊9 Anita Busch and Nancy Tartaglione, "China & Hollywood: What Lies Beneath & Ahead in 2017," *Deadline*, 5 January 2017, http://deadline.com/2017/01/china-hollywood-deals-2017-donald-trump-1201875991.

＊10 "China's Non-Kinetic 'Three Warfares' Against America," *The National Interest*, 5 January 2016, http://nationalinterest.org/print/blog/the-buzz/chinas-non-kinetic-three-warfares-against-america-14808.

＊2　F-35のコストについては、Thompson, "The Most Expensive Weapon"; James Drew, "F-35A Cost and Readiness Data Improves in 2015 as Fleet Grows," FlightGlobal.com, 2 February 2016, www.flightglobal.com/news/articles/f-35a-cost-and-readiness-data-improves-in-2015-as-fl-421499.

＊3　A-10 の性能がF-35を上回っている点については、David Cenciotti, "'A-10 Will Always Be Better Than F-35 in Close Air Support. In All the Other Missions the JSF Wins,' F-35 Pilot Says," *The Aviationist*, 9 April 2015, https://theaviationist.com/2015/04/09/f-35-never-as-a10-in-cas.

＊4　F-15とF-16の性能がF-35を上回っている点については、David Axe, "Test Pilot Admits the F-35 Can't Dogfight," *War Is Boring*, 29 June 2015, https://warisboring.com/test-pilot-admits-the-f-35-can-t-dogfight.

＊5　Thompson, "The Most Expensive Weapon"; Clay Dillow, "Pentagon Report: The F-35 Is Still a Mess," *Fortune*, 10 March 2016, http://fortune.com/2016/03/10/the-f-35-is-still-a-mess.

＊6　「カテゴリーⅠ」エラーについては、"F-35 Joint Strike Fighter (JSF)," FY16 Department of Defense Programs, 2015, p. 49, www.dote.osd.mil/pub/reports/FY2015/pdf/dod/2015f35jsf.pdf.

＊7　Thompson, "The Most Expensive Weapon."

＊8　US Congress, Senate, Committee on Armed Services, *Global Challenges, US National Security Strategy and Defense Organization: Hearings before the Committee on Armed Services*, 114th Cong., 1st sess., 21, 27, 29 January and 22 October 2015, https://archive.org/details/gov.gpo.fdsys.CHRG-114shrg22944.

＊9　「第三のオフセット戦略」については、Robert O. Work, "The Third US Offset Strategy and Its Implications for Partners and Allies" (remarks delivered at the Willard Hotel, Washington, DC, 28 January 2015), www.defense.gov/News/Speeches/Speech-View/Article/606641/the-third-us-offset-strategy-and-its-implications-for-partners-and-allies.

＊10　Sydney J. Freedberg Jr., "War Without Fear: DepSecDef Work on How AI Changes Conflict," *Breaking Defense*, 31 May 2017, https://breakingdefense.com/2017/05/killer-robots-arent-the-problem-its-unpredictable-ai.

＊11　Cheryl Pellerin, "Work: Human-Machine Teaming Represents Defense Technology Future," *Department of Defense News*, 8 October 2015, www.defense.gov/News/Article/Article/628154/work-human-machine-teaming-representsdefense-technology-future.

＊12　Franz-Stefan Gady, "New US Defense Budget: $18 Billion for Third Offset Strategy," *The Diplomat*, 10 February 2016, http://thediplomat.com/2016/02/new-us-defense-budget-18-billion-for-third-offset-strategy.

＊13　"Robert O. Work Elected to Raytheon Board of Directors," CISION PR Newswire, 14 August 2017, www.prnewswire.com/news-releases/robert-o-work-elected-to-raytheon-board-of-directors-300503294.html; Aaron Mehta, "The Top 100: A Return to Prosperity?," *Defense News*, 20 July 2017, www.defensenews.com/2017/07/20/finally-defense-revenues-grow-for-first-time-in-five-years.

＊14　メイヴェン・プロジェクトについては、Office of the Deputy Secretary of Defense, "Establishment of an Algorithmic Warfare Cross-Functional Team (Project Maven)," memorandum, 26 April 2017, www.govexec.com/media/gbc/docs/pdfs_edit/establishment_of_the_awcft_project_maven.pdf.

＊15　Scott Shane et al., "'The Business of War': Google Employees Protest Work for the Pentagon," *New York Times*, 4 April 2018, www.nytimes.com/2018/04/04/technology/google-letter-ceo-pentagon-project.html.

＊16　「USS フィッツジェラルド」の衝突事件については、Tom Vanden Brook, "Commander and Leadership of Stricken Destroyer Fitzgerald to Be Relieved for Collision," *USA Today*, 19 August 2017.

＊17　Mark D. Faram, "Maybe Today's Navy Is Just Not Very Good at Driving Ships," *Navy*

(New York: Verso, 2003) を参照。

＊8 J. J. Messner et al., *Fragile States Index 2017-Annual Report* (Washington, DC: Fund for Peace, 14 May 2017), http://fundforpeace.org/fsi/2017/05/14/fragile-states-index-2017-annual-report.

＊9 図のデータについては、Chart data: Uppsala Conflict Data Program (UCDP) /Peace Research Institute Oslo (PRIO) Armed Conflict Dataset, version 17.2. (注：このデータセットは最低でも一国が関与した武力紛争のみを扱っており、非国家主体同士の紛争は除外されている)。また、Marie Allansson, Erik Melander, and Lotta Themnér, "Organized Violence, 1989-2016," *Journal of Peace Research* 54, no. 4 (2017) ; Nils Petter Gleditsch et al., "Armed Conflict, 1946-2001: A New Dataset," *Journal of Peace Research* 39, no. 5 (2002) : 615-37を参照。

＊10 武力紛争のトレンドについては、Kendra Dupuy et al., *Trends in Armed Conflict, 1046-2015* (Oslo: Peace Research Institute Oslo, August 2016), www.prio.org/utility/DownloadFile.ashx?id=15&type=publicationfile. その他の研究として、"COW War Data, 1817-2007 (v 4.0)," The Correlates of War Project, 8 December 2011, www.correlatesofwar.org/data-sets; Meredith Reid Sarkees and Frank Wayman, *Resort to War: 1816-2007* (Washington DC: CQ Press, 2010) ; Uppsala Conflict Data Program (UCDP) /Peace Research Institute Oslo (PRIO) Armed Conflict Dataset, 31 December 2016, www.ucdp.uu.se/gpdatabase/search.php. がある。また、Gleditsch et al., "Armed Conflict 1946-2001"; Kalevi Holsti, *Kalevi Holsti: Major Texts on War, the State, Peace, and International Order* (Springer International Publishing, 2016) を参照。

＊11 Tom Ricks, "U.S. Faces Defense Choices: Terminator, Peacekeeping Globocop or Combination," *Wall Street Journal*, 12 November 1999, www.wsj.com/articles/SB942395118449418125.を参照。

＊12 US Congress, Senate, House, *National Defense Authorization Act For Fiscal Year 2018*, HR 2810, 115th Cong., 1st sess., enacted 3 January 2017, www.congress.gov/115/bills/hr2810/BILLS-115hr2810enr.pdf.

＊13 アメリカ特殊作戦部隊の年間予算については、US Congress, House, Committee on Armed Services, Subcommittee on Emerging Threats and Capabilities, *The Future of U.S. Special Operations Forces: Hearing before the Subcommittee on Emerging Threats and Capabilities*, 112th Cong., 2nd sess., 11 July 2012, www.gpo.gov/fdsys/pkg/CHRG-112hhrg75150/pdf/CHRG-112hhrg75150.pdf. また、Linda Robinson, *The Future of US Special Operations Forces*, Council Special Report no. 66 (New York: Council on Foreign Relations, 2013) を参照。

＊14 アメリカ軍の予備役が戦争のニーズに対応できない点については、Office of the Secretary of Defense, *Final Report of the Defense Science Board Task Force on Deployment of Members of the National Guard and Reserve in the Global War on Terrorism*, September 2007, www.acq.osd.mil/dsb/reports/2000s/ADA478163.pdf.

＊15 US Congress, Senate, Armed Services Committee, *Defense Authorization for Central Command and Special Operations*, 3 March 2013, testimony by James N. Mattis, commander (former) US Central Command. マティスの証言はC-SPAN〔議会中継など公共ニュースを放映する非営利のケーブルテレビ局〕に録画されている。2017年2月28日付で掲載されたユーザー作成クリップで視聴できる。www.c-span.org/video/?c4658822/mattis-ammunition.

ルール２：「テクノロジー」は救いにならない

＊1 Mark Thompson, "The Most Expensive Weapon Ever Built," *Time*, 25 February 2013, http://content.time.com/time/printout/0,8816,2136312,00.html; Amanda Macias, "We Spent a Day with the People Who Fly and Fix the F-35—Here's What They Have to Say about the Most Expensive Weapons Project in History," *Business Insider*, 26 September 2016, www.businessinsider.com/f35-pilot-interview-2016-9.

彼らの採った行動は自らの主義に反する道義的失敗を反映したものだと言える。シンセキのほか、こうした陰鬱な傾向とは異なる態度を取った例外は、グレゴリー・ニューボールド海兵隊中将であり、彼はラムズフェルドのイラク戦争計画を公然と批判し、2002年に半ば抗議を理由に退役した。

＊15　The Art of the Future Project, The Atlantic Council, Brent Scowcroft Center on International Security, http://artoffuturewarfare.org.

＊16　120億9000万ドルである。Kris Osborn, "In Quest for 355 Ships, Navy May Buy Two Supercarriers At Once," Military.com, 20 March 2018, www.military.com/dodbuzz/2018/03/20/quest-355-ships-navy-may-buy-two-supercarriers-once.html.

ルール1：「通常戦」は死んだ

＊1　一般市民の虐殺については、William Caferro, *John Hawkwood: An English Mercenary in Fourteenth-Century Italy* (Baltimore: JHU Press, 2006), 189.

＊2　BCEは「西暦紀元前」(Before Common Era) を表し、CEは「西暦紀元」(Common Era) を表す。それぞれ、BC (Before Christ) およびAD (Anno Domini) と言い換えることができる。双方の表記法は同じ意味で使われ、例えば400 BCE は400 BCと同じである。ただし学者の間では宗教上の中立性を保つため、BCEとCEの表記が好まれる。

＊3　厳密に言えば、「通常戦争」(conventional war) ではなく、「通常戦」(conventional warfare) を用いるべきである。しかし、慣例的には文法に縛られず、通常戦を表す場合でもconventional warが使われる場合が多いため、私もそうした慣例にしたがっている。

＊4　第2次世界大戦を描いた映画については、Internet Movie Database (IMDb), https://www.imdb.com.

＊5　こうした畏敬の念にもかかわらず、クラウゼヴィッツはペンタゴンで最も頻繁に引用されるが理解されていない人物である。通常戦に関するもう一人の偉大な思想家であるアントワーヌ - アンリ・ジョミニ（スイス人でナポレオンに仕えた将軍）は、1838年に『戦争概論』を出版した。ジョミニの著書はかつて、クラウゼヴィッツよりも影響力があったが、今では人気が落ちている。ジョミニとクラウゼヴィッツの思想には共通点が多く、両者は欧米の戦略思想の主流を成している。クラウゼヴィッツは戦争の戦略的概念を提起しているが、その評価については今でも盛んに議論されている。例えば、クラウゼヴィッツを評価する議論については、Christopher Coker, *Rebooting Clausewitz: 'On War' in the Twenty-First Century* (New York: Oxford University Press, 2017)。批判論については、William J. Olson, "The Continuing Irrelevance of Clausewitz," *Small Wars Journal*, 26 July 2013, http://smallwarsjournal.com/jrnl/art/the-continuing-irrelevance-of-clausewitz.

＊6　本書では「通常戦」(conventional war)「正規戦」(regular war)「対称戦」(symmetrical war) を同一のものとして扱う。同様に、「国民国家」(nation-state) と「国家」(state) を同一に扱う。

＊7　ウェストファリアの平和が近代世界秩序の誕生をもたらしたという見解は、政治学者たちの間でのコンセンサスである。とはいえ、ウェストファリアの平和を構成したミュンスター・オスナブリュック条約には国家間の国際システムに関する条文はない。20世紀の学者たちが事実として明らかにしたのは、むしろ同条約は単に三十年戦争の停戦を実現したものであったということである。ウェストファリアの平和の詳細については、Stephen D. Krasner, "Westphalia and All That," in *Ideas and Foreign Policy: Beliefs, Institutions, and Political Change*, ed. Judith Goldstein and Robert O. Keohane (Cornell, NY: Cornell University Press, 1993), 235; Stephen D. Krasner, *Sovereignty: Organized Hypocrisy* (Princeton, NJ: Princeton University Press, 1999), 82; Edward Keene, *Beyond the Anarchical Society: Grotius, Colonialism and Order in World Politics* (Cambridge: Cambridge University Press, 2002) ; Andreas Osiander, "Sovereignty, International Relations, and the Westphalian Myth," *International Organization 55*, no. 2 (2001) : 284; Benno Teschke, *The Myth of 1648: Class, Geopolitics, and the Making of Modern International Relations*

2015).

なぜ、我々は戦争を見誤ったのか？

＊1　Lawrence Freedman, *The Future of War: A History* (New York: Public Affairs, 2017).

＊2　「CIAがソ連崩壊の予測に失敗した」という点に関しては、Elaine Sciolino, "Director Admits CIA Fell Short in Predicting the Soviet Collapse," *New York Times*, 21 May 1992, www.nytimes.com/1992/05/21/world/director-admits-cia-fell-short-in-predicting-the-soviet-collapse.html.

＊3　TALOSに8000万ドルでは少なすぎるという見方もある。1990年代、陸軍はランド・ウォーリアと呼ばれた類似の事業に5億ドルを支出したが、うまくいかなかった。Matt Cox, "Congress Wants More Control of Special Ops Iron Man Suit," Military.com, 29 April 2014, www.military.com/defensetech/2014/04/29/ congress-wants-more-control-of-special-ops-iron-man-suit; Matthew Cox, "Industry: Iron Man Still Hollywood, Not Reality," Military.com, 7 June 2018, www.military.com/daily-news/2014/04/22/industry-iron-man-still-hollywood-not-reality.htmlを参照。

＊4　ロボットの台頭については、Matthew Rosenberg and John Markoff, "The Pentagon's 'Terminator Conundrum': Robots That Could Kill on Their Own," *New York Times*, 25 October 2016, www.nytimes.com/2016/10/26/us/pentagon-artificial-intelligence-terminator.html; Kevin Warwick, "Back to the Future," *Leviathan*, BBC News, 1 January 2000, http://news.bbc.co.uk/hi/english/static/special_report/1999/12/99/back_to_the_future/kevin_warwick.stm.

＊5　ロボットの知能の低さについては、Andrej Karpathy and Li Fei-Fei, "Deep Visual-Semantic Alignments for Generating Image Descriptions," *Proceedings of the IEEE Conference on Computer Vision and Pattern Recognition* (2015) :3128-37, http://cs.stanford.edu/people/karpathy/cvpr2015.pdf.

＊6　「サイバー」という用語はコンピュータ関連の接頭語であるが、それ自体が何かを説明しているわけではない。この用語は1980年代のSF作家・ウィリアム・ギブソンによる造語であるが、それ以来、概念としての進化はほとんどない。「芸術を模倣した人生」(life imitating art) に関する別の例は、William Gibson, *Burning Chrome* (New York: Ace Books, 1987).

＊7　Jason Ryan, "CIA Director Leon Panetta Warns of Possible Cyber-Pearl Harbor," *ABC News* 11 February 2011, http://abcnews.go.com/News/cia-director-leon-panetta-warns-cyber-pearl-harbor/story?id=12888905.

＊8　アメリカの送電網に対するサイバー攻撃の脅威については、*Transforming the Nation's Electricity System: The Second Installment of the Quadrennial Energy Review* (Washington, DC: Department of Energy, January 2017), S-15. 有害生物の脅威については、Cyber Squirrel 1, 31 January 2018, http://cybersquirrel1.com.を参照。

＊9　スタックスネットの誇大宣伝については、Michael Joseph Gross, "A Declaration of Cyber-War," *Vanity Fair*, 21 March 2011, www.vanityfair.com/news/2011/03/stuxnet-201104; Kim Zetter, "An Unprecedented Look at Stuxnet, the World's First Digital Weapon," *Wired*, 3 November 2014, www.wired.com/2014/11/countdown-to-zero-day-stuxnet.

＊10　William Mitchell, *Winged Defense: The Development and Possibilities of Modern Air Power—Economic and Military* (New York: G. P. Putnam's Sons, 1924), 25-26.

＊11　"Billy Mitchell's Prophecy," *American Heritage* 13, no. 2 (February 1962) : www.americanheritage.com/content/billy-mitchell's-prophecy.

＊12　John Frederick Charles Fuller, *On Future Warfare* (London: Sifton, Praed & Company, 1928).

＊13　William J. Olson, "Global Revolution and the American Dilemma," *Strategic Review* (Spring 1983) : 48-53.

＊14　将軍たちが戦争に異を唱えるのは、彼らが退官した後に限られる。回顧録やメディアのインタビューで、多くの将軍たちはラムズフェルドの計画に最初から疑問を抱いていたと〔退役後に〕語っている。その間、将軍たちは部隊を死地へと送り続けたのである。彼らのそうした発言を見ると、

原　注

戦略の退化

＊1　Michael Keane, *George S. Patton: Blood, Guts, and Prayer*（Washington, DC: Regnery History, 2012）,104.

＊2　Baxter Oliphant, "The Iraq War Continues to Divide the US Public, 15 Years after It Began," Pew Research Center, 19 March 2018, www.pewresearch.org/fact-tank/2018/03/19/iraq-war-continues-to-divide-u-s-public-15-years-after-it-began; Susan Page, "Poll: Grim Assessment of Wars in Iraq, Afghanistan," *USA Today*, 31 January 2014, https://eu.usatoday.com/story/news/politics/2014/01/30/usa-today-pew-research-poll-americans-question-results-in-iraq-afghanistan/5028097.

＊3　Theo Farrell, "Britain's War in Afghanistan: Was It Worth It?" *The Telegraph*, 6 June 2018, www.telegraph.co.uk/news/worldnews/asia/afghanistan/11377817/Britains-war-in-Afghanistan-was-it-worth-it.html.

＊4　Michael Hirsh, "John McCain's Last Fight," *Politico Magazine*, 18 May 2018, www.politico.com/magazine/story/2018/05/18/john-mccains-last-fight-218404.

＊5　私が「戦争の新しいルール」について論じるとき、民間人の殺害のような戦場での行為を規制する「武力紛争法」や他のさまざまな「戦争法」のことを語っているわけではない。本書は戦争倫理の重要な問題を一括して扱い、開戦の決断を議論の出発点に据えているが、どう振る舞うべきかという問題は議論の対象外である。

＊6　Marc Bloch, *Strange Defeat*（Oxford: Oxford University Press, 1949）, 36-37, 45.

＊7　国防長官を務めたジェームズ・N・マティス退役大将は、この言葉を使って懸念を表明していた。2018年国防戦略（National Defense Strategy）の開示部分に関する概要説明の中で、彼は「我々は軍事的優位をめぐる競争力が失われていることを自覚し、戦略的退化の時代から脱却しつつある。我々は、長く存続してきたルールに基づく国際秩序の衰退を特徴とする世界的無秩序に直面している」と語っている。*Summary of the 2018 National Defense Strategy of the United States of America: Sharpening the American Military's Competitive Edge*. Washington, DC: Department of Defense of the United States of America, 2018, 1, https://dod.defense.gov/Portals/1/Documents/pubs/2018-National-Defense-Strategy-Summary.pdfを参照。

＊8　「世界は冷戦期の方が安全であった」という点に関しては、"COW War Data, 1817-2007（v. 4.0）," The Correlates of War Project, 8 December 8, 2011,www.correlatesofwar.org/data-sets. また、Meredith Reid Sarkees and Frank Wayman, *Resort to War: 1816-2007*（Washington, DC: CQ Press, 2010）; *The Fragile States Index*, Fund for Peace, 2018, http://fundforpeace.org/fsi; *Conflict Barometer 2017*, The Heidelberg Institute for International Conflict Research, 31 December, 2017, https://hiik.de/2018/02/28/conflict-barometer-2017/?lang=en; David Backer, Ravinder Bhavnani, and Paul Huth, eds., *Peace and Conflict 2016*（Abingdon, UK: Routledge, 2016）; Therése Pettersson and Peter Wallensteen, "Armed Conflicts, 1946-2014," *Journal of Peace Research* 52, no. 4（2015）: 536-50についても参照。

＊9　「戦争が終結せず、永遠にくすぶり続けている」という点に関しては、Matthew Hoddie and Caroline Hartzell, "Civil War Settlements and the Implementation of Military Power-Sharing Arrangements," *Journal of Peace Research* 40, no. 3（2003）: 303-20; Monica Duffy Toft, *Securing the Peace: The Durable Settlement of Civil Wars*（Princeton: Princeton University Press, 2009）; Ben Connable and Martin C. Libicki, *How Insurgencies End*, vol. 965（Santa Monica: RAND Corporation, 2010）; Roger Mac Ginty, "No War, No Peace: Why So Many Peace Processes Fail to Deliver Peace," *International Politics* 47 no. 2（2010）: 145-62; Jasmine-Kim Westendorf, *Why Peace Processes Fail: Negotiating Insecurity after Civil War*（Boulder: Lynne Rienner Publishers,

William Scott Wilson. Boulder: Shambhala, 2012.

Thomson, Janice E. *Mercenaries, Pirates, and Sovereigns*. Princeton, NJ: Princeton University Press, 1996.

Tierney, Dominic. *The Right Way to Lose a War: America in an Age of Unwinnable Conflicts*. New York: Little, Brown and Company, 2015.

Tilly, Charles. "War Making and State Making as Organized Crime," in *Bringing the State Back In*, edited by Peter B. Evans, Dietrich Rueschmeyer, and Theda Skocpol. Cambridge, UK: Cambridge University Press, 1985.

Toft, Monica Duffy. *Securing the Peace: The Durable Settlement of Civil Wars*. Princeton, NJ: Princeton University Press, 2009.

Trinquier, Roger. *Modern Warfare: A French View of Counterinsurgency*. Westport, CT: Praeger Security International, 2006.

Tsunetomo,Yamamoto. *Hagakure: The Secret Wisdom of the Samurai*. Translated by Alexander Bennett. North Clarendon: Tuttle Publishing, 2014.〔菅野覚明、栗原剛、木澤景、菅原令子 訳『新校訂 全訳注 葉隠（上・中・下）』（講談社学術文庫、2017～2018年）〕

US Department of Defense. Joint Publication 1. *Doctrine for the Armed Forces of the United States*. Washington, DC, 2017.

———. Joint Publication 3—0. *Joint Operations*. Washington, DC, 2017.

———. *Summary of the 2018 National Defense Strategy of the United States of America: Sharpening the American Military's Competitive Edge*. Washington, DC, 2018.

US Department of the Army. Field Manual 3-24. *Counterinsurgency*. Washington, DC, 2006.

US Marine Corps. Fleet Marine Force Reference Publication 12-15. *Small Wars Manual*. Washington, DC, 1990.

Valentino, Benjamin, Paul Huth, and Dylan Balch-Lindsay. " 'Draining the Sea' : Mass Killing and Guerrilla Warfare." *International Organization* 58, no. 2（2004）: 375—407.

Vlahos, Michael. *Fighting Identity: Sacred War and World Change*. Westport, CT: Praeger, 2008.

Weigley, Russell Frank. *The American Way of War: A History of United States Military Strategy and Policy*. Bloomington: Indiana University Press, 1977.

Wilson, Peter H. *The Thirty Years War: Europe's Tragedy*. Cambridge, Mass.: Harvard University Press, 2009.

Woodmansee, John W. "Mao's Protracted War: Theory vs. Practice." *Parameters* 3, no. 1（1973）: 30—45.

Wright, Thomas. *All Measures Short of War: The Contest for the Twenty-First Century and the Future of American Power*. New Haven, CT: Yale University Press, 2017.

Osiander, Andreas. "Sovereignty, International Relations, and the Westphalian Myth." *International Organization* 55, no. 2（2001）: 251—87.

Paret, Peter, Gordon Alexander Craig, and Felix Gilbert. *Makers of Modern Strategy: From Machiavelli to the Nuclear Age*. Princeton, NJ: Princeton University Press, 1986.〔ピーター・パレット 編／防衛大学校戦争・戦略の変遷研究会 訳『現代戦略思想の系譜―マキャヴェリから核時代まで』（ダイヤモンド社、1989年）〕

Parker, Geoffrey. *The Military Revolution: Military Innovation and the Rise of the West, 1500—1800*. Cambridge, UK: Cambridge University Press, 1988.〔ジェフリ・パーカー著／大久保桂子訳『長篠合戦の世界史――ヨーロッパ軍事革命の衝撃 1500～1800年』（同文舘、1995年）〕

Parrott, David. *The Business of War: Military Enterprise and Military Revolution in Early Modern Europe*. Cambridge, UK: Cambridge University Press, 2012.

Patterson, Malcolm Hugh. *Privatising Peace: A Corporate Adjunct to United Nations Peacekeeping and Humanitarian Operations*. New York: Palgrave Macmillan, 2009.

Phillips, Thomas R. *Roots of Strategy: The 5 Greatest Military Classics of All Time*. Harrisburg, PA: Stackpole Books; 1985.

Porch, Douglas. *Counterinsurgency: Exposing the Myths of the New Way of War*. New York: Cambridge University Press, 2013.

Ricks, Thomas E. *The Generals: American Military Command from World War II to Today*. New York: Penguin, 2012

Roberts, Michael. *The Military Revolution*, 1560—1660. Belfast: Boyd, 1956.

Rogers, Clifford J. *The Military Revolution Debate: Readings on the Military Transformation of Early Modern Europe*. Boulder: Westview Press, 1995.

Rotberg, Robert, ed. *When States Fail: Causes and Consequences*. Princeton, NJ: Princeton University Press, 2004.

Rumelt, Richard P. *Good Strategy/Bad Strategy: The Difference and Why It Matters*. New York, NY: Crown Business, 2011.

Sawyer, R. D., and M. Sawyer. *The Seven Military Classics of Ancient China*. New York: Basic Books, 2007.

Senger, Harro von. *The Book of Stratagems: Tactics for Triumph and Survival*. Edited by Myron B. Gubitz. New York: Viking, 1991.

Simpson, Emile. *War From the Ground Up: Twenty-First Century Combat as Politics*. New York: Columbia University Press, 2012.

Smith, Rupert. *The Utility of Force: The Art of War in the Modern World*. London: Allen Lane, 2005.〔ルパート スミス 著／山口昇 監修、佐藤友紀 訳『ルパート・スミス 軍事力の効用: 新時代「戦争論」』（原書房、2014年）〕

Strachan, Hew. *The Direction of War*. New York: Cambridge University Press, 2012.

Strange, Susan. *The Retreat of the State: The Diffusion of Power in the World Economy*. New York: Cambridge University Press, 1996.〔スーザン・ストレンジ 著／櫻井公人 訳『国家の退場――グローバル経済の新しい主役たち』（岩波書店、2011年）〕

Sun Tzu. *The Art of War*. Translated by Thomas Cleary. Boston: Shambhala, 2005.〔町田三郎 訳『孫子』（中公文庫、2001年）〕

———. *The Art of War*. Translated by Victor H. Mair. New York: Columbia University Press, 2007.

———. *The Art of War*. Translated by John Minford. New York: Penguin Press, 2002.

Taber, R. *The War of the Flea: A Study of Guerrilla Warfare Theory and Practice*. New York: Citadel Press, 1970.

Takuan Sōhō. *The Unfettered Mind: Writings of the Zen Master to the Sword Master*. Translated by

Krasner, Stephen D. "Abiding Sovereignty." *International Political Science Review* 22, no. 3 (2001) : 229–51.

Lang, Michael. "Globalization and Its History." *Journal of Modern History* 78, no. 4 (2006) : 899–931.

Lawrence, Thomas Edward. "Guerrilla Warfare." Entry in *Encyclopedia Britannica: A New Survey of Universal Knowledge*. London: Encyclopaedia Britannica Co., 1929.

———. "The Evolution of a Revolt." *Army Quarterly and Defence Journal*, October 1920, pp. 55–69.

———. *Seven Pillars of Wisdom*. New York: Penguin Books, 1962.〔T・E・ロレンス 著、J・ウィルソン 編／田隅恒生 訳『完全版 知恵の七柱（1～5）』（平凡社東洋文庫、2008～2009年)〕

Liang, Qiao, and Wang Xiangsui. *Unrestricted Warfare*. Beijing: PLA Literature and Arts Publishing House, 1999.〔喬良、王湘穂 著／坂井臣之助 監修、劉琦 訳『超限戦――21世紀の「新しい戦争」』（角川新書、2020年）〕

Machiavelli, Niccolò. *The Portable Machiavelli*. Edited by Peter E. Bondanella and Mark Musa. New York: Penguin Books, 1979.

Mack, Andrew. "Why Big Nations Lose Small Wars: The Politics of Asymmetric Conflict." *World Politics* 27, no. 2 (1975) : 175–200.

Mackubin, Thomas Owens. "Strategy and the Strategic Way of Thinking." *Naval War College Review* 60, no. 4 (2007) : 111–24.

Mallett, Michael. *Mercenaries and Their Masters: Warfare in Renaissance Italy*. London: The Bodley Head, 1974.

——— and Christine Shaw. *The Italian Wars, 1494-1559: War, State and Society in Early Modern Europe*. London: Routledge, 2012.

Mao, Zedong. *On Guerrilla Warfare*. New York: Praeger, 1961.〔毛沢東 著／藤田敬一、吉田富夫 訳『遊撃戦論』（中公文庫、2001年）〕

———. *On Protracted War*. Beijing: Foreign Languages Press, 1966.

Marks, Thomas A. *Maoist Insurgency since Vietnam*. New York: Routledge, 2012.

McMaster, H. R. and Jake Williams. *Dereliction of Duty: Lyndon Johnson, Robert McNamara, the Joint Chiefs of Staff, and the Lies That Led to Vietnam*. New York: HarperPerennial, 1997.

Mead, Walter Russell. "America's Sticky Power." *Foreign Policy*, 29 October 2009.

Monaghan, Andrew. "The 'War' in Russia's 'Hybrid Warfare.' " *Parameters* 45, no. 4 (2015) : 65.

Murray, Williamson and Mark Grimsley. "Introduction: On Strategy." in *The Making of Strategy: Rulers, States, and War*, edited by Williamson Murray, MacGregor Knox, and Alvin Bernstein. New York: Cambridge University Press, 1994.

Musashi, Miyamoto. *The Complete Book of Five Rings*. Translated by Kenji Tokitsu. Boston: Shambhala, 2010.〔宮本武蔵 著／渡辺一郎 校註『五輪書』（岩波文庫、1985年）〕

Olson, William. J. "The Continuing Irrelevance of Clausewitz." *Small Wars Journal*, July 2013. http://indianstrategicknowledgeonline.com/web/Small%20Wars%20Journal%20-%20The%20Continuing%20Irrelevance%20of%20Clausewitz%20-%202013-07-26.pdf.

———. "Global Revolution and the American Dilemma," *Strategic Review*, Spring 1983, pp. 48–53.

———. "The Natural Law of Strategy: A Contrarian's Lament." *Small Wars Journal*, August 2011. http://smallwarsjournal.com/jrnl/art/the-natural-law-of-strategy.

———. "The Slow Motion Coup: Militarization and the Implications of Eisenhower's Prescience." *Small Wars Journal*, August 2012. http://smallwarsjournal.com/jrnl/art/the-slow-motion-coup-militarization-and-the-implications-of-eisenhower's-prescience.

———. "War Without a Center of Gravity: Reflections on Terrorism and Post-Modern War." *Small Wars and Insurgencies*, April 2007, pp. 559–583.

Evans, Michael. "Sun Tzu and the Chinese Military Mind." *Quadrant* 55, no. 9 (2011) : 62–68.
Freedman, Lawrence. *Strategy: A History*. New York: Oxford University Press, 2013. 〔ローレンス・フリードマン 著／貫井佳子 訳『戦略の世界史――戦争・政治・ビジネス（上・下）』（日本経済新聞出版、2018年)〕
————. *The Future of War: A History*. New York: Public Affairs, 2017.
Galeotti, Mark. *Global Crime Today: The Changing Face of Organized Crime*. New York: Routledge, 2014.
Galula, David. *Counterinsurgency Warfare: Theory and Practice*. Westport, CT: Praeger Security International, 2006.
Gentile, Gian. *Wrong Turn: America's Deadly Embrace of Counterinsurgency*. New York: New Press, 2013.
Gerasimov, Valery. "The Value of Science Is in the Foresight: New Challenges Demand Rethinking the Forms and Methods of Carrying Out Combat Operations." Translated by Robert Coalson. *Military Review*, January–February 2016, p. 23–29.
Gray, Colin S. "Why Strategy Is Difficult." *Joint Force Quarterly* 34 (Spring 2003) : 80–86.
————. *Fighting Talk: Forty Maxims on War, Peace, and Strategy*. Westport, CT: Praeger Security International, 2007.
Grayling, A. C. *War: An Enquiry*. New Haven: Yale University, 2017.
Guevara, Ernesto. *On Guerrilla Warfare*. Westport, CT: Praeger, 1961.
Hammes, Thomas X. *The Sling and the Stone: On War in the 21st Century*. Minneapolis: Zenith Press, 2006.
Hart, Liddell. *Strategy: The Indirect Approach*. New York: Faber, 1967. 〔B・H・リデルハート 著／市川良一 訳『リデルハート戦略論――間接的アプローチ（上・下）』（原書房、2010年）〕
Hill, Charles. *Grand Strategies: Literature, Statecraft, and World Order*. New Haven: Yale University Press, 2010.
Hoffman, Frank G. *Conflict in the 21st Century: The Rise of Hybrid Wars*. Arlington, VA: Potomac Institute for Policy Studies, 2007.
Howard, Michael. "Grand Strategy in the 20th Century, "*Defence Studies* 1, no. 1 (Spring 2001) : 1–10.
————. *War in European History*. New York: Oxford University Press, 2009. 〔マイケル・ハワード 著／奥村房夫、奥村大作 訳『ヨーロッパ史における戦争（改訂版）』（中公文庫、2010年）〕
Johnson, Robert. "Hard Truths, Uncomfortable Futures and the Perils of Group-Think: Rethinking Defence in the Twenty-First Century." Unpublished paper, Changing Character of War Centre, University of Oxford, 2017.
Jones, Milo, and Philippe Silberzahn. *Constructing Cassandra: Reframing Intelligence Failure at the CIA, 1947–2001*. Stanford, CA: Stanford University Press, 2013.
Josephus, Flavius. *The Jewish War*. Translated by G. A. Williamson. New York: Penguin Books, 1970. 〔フラウィウス・ヨセフス 著／秦剛平 訳『ユダヤ戦記（1～3）』（ちくま学芸文庫、2002年）〕
Jullien, François. *A Treatise on Efficacy : Between Western and Chinese Thinking*. Honolulu: University of Hawai' i Press, 2004.
Kane, Thomas M. *Ancient China and Postmodern War: Enduring Ideas from the Chinese Strategic Tradition*. London: Routledge, 2007.
Kautilya, *The Arthashastra*. Translated by L. N. Rangarajan. New Delhi: Penguin, 1992. 〔カウティリヤ 著／上村勝彦 訳『実利論――古代インドの帝王学（上・下）』（岩波文庫、1984年）〕
Kennedy, Paul. "Grand Strategy in War and Peace: Toward a Broader Definition," in *Grand Strategies in War and Peace*, edited by Paul Kennedy. New Haven, CT: Yale University Press, 1991.

主要参考文献

Arreguin-Toft, Ivan. "How the Weak Win Wars: A Theory of Asymmetric Conflict." *International Security* 26, no. 1 (2001) : 93–128.

Bacevich, Andrew J. *The New American Militarism: How Americans Are Seduced by War*. New York: Oxford University Press, 2013.

Bagehot, Walter. *The English Constitution*. London: Oxford University Press, 1956.

Barylski, Robert V. *The Soldier in Russian Politics: Duty, Dictatorship and Democracy Under Gorbachev and Yeltsin*. New Brunswick, NJ: Transaction Publishers, 1998.

Betts, Richard K. "Is Strategy an Illusion?" *International Security* 25, no. 2 (Fall 2000) : 5–50.

Bicheno, Hugh. *Vendetta: High Art and Low Cunning at the Birth of the Renaissance*. London: Weidenfeld & Nicolson, 2008.

Biddle, Stephen. "Strategy in War." *Political Science & Politics* 40, no. 3 (2007) : 461–66.

Boot, Max. *The Road Not Taken: Edward Lansdale and the American Tragedy in Vietnam*. New York: Liveright Publishing Corporation, 2018.

Brooks, Rosa. *How Everything Became War and the Military Became Everything: Tales from the Pentagon*. New York: Simon & Schuster, 2017.

Caferro, William. *Contesting the Renaissance*. Malden, MA: Wiley-Blackwell, 2011.

Callwell, Charles Edward. *Small Wars: Their Principles and Practice*. Wakefield, UK: EP Publishing, 1976.

Card, Orson Scott. *Ender's Game*. New York: Tor, 1985.〔オースン・スコット・カード 著/田中一江 訳『エンダーのゲーム(新訳版)(上・下)』(ハヤカワ文庫SF、2013年)〕

Cheng, Dean. "Winning without Fighting: Chinese Legal Warfare." *Heritage Foundation Backgrounder* no. 2692. May 2012.

Clausewitz, Carl von. *On War*. Translated by Michael Howard and Peter Paret. Princeton, NJ: Princeton University Press, 1976.〔カール・フォン・クラウゼヴィッツ 著/清水多吉 訳『戦争論(上・下)』(中公文庫、2001年)〕

Cohen, Eliot. *Supreme Command: Soldiers, Statesmen, and Leaders in Wartime*. New York: Anchor Books, 2002.〔エリオット・コーエン 著/中谷和男 訳『戦争と政治とリーダーシップ』(アスペクト、2003年)〕

———and John Gooch. *Military Misfortunes: The Anatomy of Failure in War*. New York: Free Press, 1990.

Coker, Christopher. *Future War*. Malden, MA: Polity Press, 2015.

———. *Rebooting Clausewitz: 'On War' in the Twenty-First Century*. New York: Oxford University Press, 2017.

Crowl, Philip A. "The Strategist's Short Catechism: Six Questions Without Answers." Harmon Memorial Lectures in Military History, no. 20. Air Force Academy, CO: United States Air Force Academy, 1977.

Dörner, Dietrich. *The Logic of Failure: Recognizing and Avoiding Error in Complex Situations*. Reading, Mass.: Perseus Books, 1996.

Drezner, Daniel W. *The Ideas Industry*. New York: Oxford University Press, 2017.

Echevarria II, Antulio J. *Reconsidering the American Way of War: US Military Practice from the Revolution to Afghanistan*. Washington: Georgetown University Press, 2014.

ワ行

マ行

ヤ行

ラ行

ナ行

ハ行

サ行

タ行

カ行

索　引

英数字

ア行

著　者

ショーン・マクフェイト　Sean McFate

アメリカの国防大学およびジョージタウン大学外交政策大学院の戦略学教授。外交政策、安全保障戦略の専門家。ランド研究所、アトランティック評議会、超党派政策センター、新アメリカ財団などのシンクタンク研究員。

軍歴としては、アメリカ陸軍第82空挺師団の将校としてスタンリー・マクリスタル将軍やデイヴィッド・ペトレイアス将軍のもとで勤務。パナマの「ジャングル戦スクール」エリート訓練プログラムを修了。

その後、民間軍事会社のコントラクターとなり、アフリカの現地軍閥勢力との取引、私設軍隊の創設、東欧諸国との武器取引に従事。ルワンダでは集団虐殺防止活動に携わった。

主な著書にノンフィクション作Mercenaries and War: Understanding Private Armies Today, The Modern Mercenary: Private Armies and What They Mean for World Orderの他、小説Tom Locke Thrillerシリーズ3部作として、Shadow War, Deep Black, High Treasonがある。

訳　者

川村幸城（かわむら・こうき）

慶應義塾大学卒業後、陸上自衛隊に入隊。防衛大学校総合安全保障研究科後期課程を修了し、博士号（安全保障学）を取得。

邦訳書『防衛の経済学』（日本評論社・共訳）、『戦場――元国家安全保障担当補佐官による告発』（中央公論新社）、『不穏なフロンティアの大戦略――辺境をめぐる攻防と地政学的考察』（中央公論新社）、『AI・兵器・戦争の未来』（東洋経済新報社）のほか、主な論文に「国家安全保障機構における情報フローの組織論的分析」などがある。

装　幀　柴田 淳 デザイン室

戦争《せんそう》の新《あたら》しい10のルール
――慢性的無秩序《まんせいてきむちつじょ》の時代《じだい》に勝利《しょうり》をつかむ方法《ほうほう》

2021年6月10日　初版発行

著　者　ショーン・マクフェイト
訳　者　川村《かわむら》 幸城《こうき》
発行者　松田 陽三
発行所　中央公論新社
〒100-8152　東京都千代田区大手町1-7-1
電話　販売 03-5299-1730　編集 03-5299-1740
URL http://www.chuko.co.jp/

DTP　嵐下英治
印　刷　図書印刷
製　本　大口製本印刷

Published by CHUOKORON-SHINSHA, INC.
Printed in Japan　ISBN978-4-12-005440-2 C0031
定価はカバーに表示してあります。落丁本・乱丁本はお手数ですが小社販売部宛お送り下さい。送料小社負担にてお取り替えいたします。